개념탑재
3D프린터운용기능사 실기

개념탑재
3D프린터운용기능사 실기

발　　행 | 2023년 2월 28일 초판 1쇄

저　　자 | 개념탑재팀
발 행 처 | 피앤피북
발 행 인 | 최영민
주　　소 | 경기도 파주시 신촌로 16
전　　화 | 031-8071-0088
팩　　스 | 031-942-8688
전자우편 | pnpbook@naver.com
출판등록 | 2015년 3월 27일
등록번호 | 제406-2015-31호

정가 : 24,000원

ISBN 979-11-92520-32-2 (13550)

국가직무능력표준
National Competency Standards

개념탑재팀 공저

3D프린터운용기능사 실기

국가기술자격 3D프린터운용기능사는 창의적인 아이디어를 실현하기 위해 3D모델링 작업능력과 적층 제조방식 3D프린터를 활용한 제품 제작 능력에 대해 평가하여 수험자의 기능 향상을 목표로 제정된 시험입니다.

3D프린터운용기능사 자격은 필기시험에 합격해야 실기 시험에 응시할 수 있으며, 실기 시험은 3D모델링 작업과 3D프린팅 작업으로 구분되어 있습니다. 〈개념탑재 3D프린터운용기능사 실기〉 도서에서는 실기 시험에 응시하는 수험자가 여러 예제들을 Autodesk 사의 Fusion360 S/W를 활용해 3D모델링 작업 능력을 향상시킬 수 있도록 구성하였고, 이외에도 여러분들의 아이디어를 Fusion360 S/W를 활용해 표현하고 실현시킬 수 있도록 다양한 3D모델링 작업 방법을 소개하고 있습니다.

그리고 이 책에서 다루는 모든 예제는 국내 CAD 관련 No.1 Youtube 채널 '개념탑재술'에 학습 동영상을 제공하여 도서만으로 학습하는 데 어려움을 겪는 분들에게 도움이 될 수 있도록 많은 준비를 하였습니다.

아무쪼록 본 도서가 3D프린터운용기능사 실기 시험을 앞둔 수험자들에게 3D모델링 작업을 준비하고 Fusion360 S/W를 활용한 아이디어 실현에 많은 도움이 되는 지침서가 되길 바라며, 전산응용기계제도기능사 등 다양한 국가기술자격 실기 시험에 대한 시리즈가 계획되어 있으니 많은 관심 부탁드립니다.

감사합니다.

2023년 2월 저자 일동

CHAPTER. 01

3D프린터운용기능사 실기 소개 8

CHAPTER. 02

3D프린터운용기능사 실기 도면 모델링 20

CONTENTS

CHAPTER. 01

3D프린터운용기능사 실기 소개

3D프린터운용기능사 실기 소개

SECTION 01

01 3D프린터운용기능사란?

3D프린터운용기능사 자격은 절삭 가공의 한계를 벗어난 적층 가공을 대표하는 3D프린터 산업에서 창의적인 아이디어를 실현하기 위해 시장조사, 제품 스캐닝, 디자인 및 3D모델링, 적층 시뮬레이션, 3D프린터 설정, 3D프린팅, 후가공 등의 기능 업무를 수행할 수 있는 숙련 기능인력 양성을 목표로 한 자격입니다.

02 3D프린터운용기능사 실기 출제 기준

1 시험 구성

1과제 : 3D 모델링 작업 (1시간)

1) 3D 모델링
2) 어셈블리
3) 슬라이싱
· 최종 제출파일 4개 작성

2과제 : 3D 프린팅 작업 (2시간)

1) 3D 프린터 세팅 (20분)
2) 3D 프린팅 (1시간 30분)
3) 후처리 (10분)

2 요구 사항 [1과제]

· 작업 순서는 1. 3D모델링 → 2. 어셈블리 → 3. 슬라이싱 순서로 작업합니다.

1. 3D 모델링

1) 주어진 도면의 부품①, 부품②를 1:1척도로 3D 모델링 작업을 합니다.

2) 상호 움직임이 발생하는 부위의 치수 A, B는 수험자가 결정하여 3D 모델링 작업을 합니다.

(단, 해당부위의 기준치수와 차이를 ±1 mm이하로 합니다.)

3) 도면과 같이 지정된 위치에 부여받은 비번호를 모델링에 음각으로 각인합니다.

(단, 글자체, 글자 크기, 글자 깊이 등은 별도의 정보가 없으므로 도면과 유사한 모양 및 크기로 작업합니다.

예시) 비번호 5번을 부여받은 경우 5 또는 05와 같이 각인합니다.)

2. 어셈블리

1) 각 부품을 도면과 같이 1:1척도 및 조립된 상태로 어셈블리 작업을 합니다.

(단, 도면과 같이 지정된 위치에 부여받은 비번호가 각인되어 있어야 합니다.)

2) 어셈블리 파일은 하나의 조립된 형태로 다음과 같이 저장합니다.

① '수험자가 사용하는 소프트웨어의 기본 확장자' 및 'STP(STEP) 확장자' 2가지로 저장합니다.

(단, STP 확장자 저장 시 버전이 여러 가지일 경우 상위 버전으로 저장합니다.)

② 슬라이싱 작업을 위하여 STL 확장자로 저장합니다.

(단, 어셈블리 형상의 움직이는 부분은 출력을 고려하여 움직임 범위 내에서 임의로 이동시킬 수 있습니다.)

③ 파일명은 부여받은 비번호로 저장합니다.

3. 슬라이싱

1) 어셈블리 형상을 1:1척도 및 조립된 상태로 출력할 수 있도록 슬라이싱 합니다.

2) 작업 전 반드시 수험자가 직접 출력할 3D프린터 기종을 확인한 후 슬라이서 소프트웨어의 설정값을 수험자가 결정하여 작업합니다.

(단, 3D프린터의 사양을 고려하여 슬라이서 소프트웨어에서 3D프린팅 출력시간이 1시간 20분 이내가 되도록 설정값을 결정합니다.)

3) 슬라이싱 작업 파일은 다음과 같이 저장합니다.

① 시험장의 3D프린터로 출력이 가능한 확장자로 저장합니다.

② 파일명은 부여받은 비번호로 저장합니다.

4. 최종 제출파일 목록

구분	작업명	파일명	비고
1	어셈블리	비번호.***	확장자: 수험자 사용 소프트웨어 규격
2		비번호.STP	채점용 (**※ 비번호 각인 확인**)
3		비번호.STL	슬라이서 소프트웨어 작업용
4	슬라이싱	비번호.***	3D프린터 출력용 확장자: 수험자 사용 소프트웨어 규격

1) 슬라이서 소프트웨어 상 출력예상시간을 시험감독위원에게 확인받고, 최종 제출파일을 지급된 저장매체(USB 또는 SD-card)에 저장하여 제출합니다.
2) 모델링 채점 시 STP확장자 파일을 기준으로 평가하오니, 이를 유의하여 변환합니다.
 (단, 시험감독위원이 정확한 평가를 위해 최종 제출파일 목록 외의 수험자가 작업한 다른 파일을 요구할 수 있습니다.)
3) 시험장별로 3D 프린터 장비의 종류가 다르므로, 시험장 장비에 맞는 슬라이싱 프로그램을 이용하여 G-Code 파일을 작성합니다.

3 요구 사항 [2과제]

· 작업순서는 1. 3D프린터 세팅 → 2. 3D프린팅 → 3. 후처리 순서로 작업시간의 구분 없이 작업합니다.

1. 3D프린터 세팅

1) 노즐, 베드 등에 이물질을 제거하여 출력 시 방해요소가 없도록 세팅합니다.
2) PLA 필라멘트 장착 여부 등 소재의 이상여부를 점검하고 정상 작동하도록 세팅합니다.
3) 베드 레벨링 기능 등을 활용하여 베드 위치를 세팅합니다.

· 별도의 샘플 프로그램을 작성하여 출력테스트를 할 수 없습니다.

2. 3D프린팅

1) 출력용 파일을 3D프린터로 수험자가 직접 입력합니다.
 (단, 무선 네트워크를 이용한 데이터 전송 기능은 사용할 수 없습니다.)
2) 3D프린터의 장비 설정값을 수험자가 결정합니다.
3) 설정작업이 완료되면 3D모델링 형상을 도면치수와 같이 1:1척도 및 조립된 상태로 출력합니다.

3. 후처리

1) 출력을 완료한 후 서포트 및 거스러미를 제거하여 제출합니다.
2) 출력 후 노즐 및 베드 등 사용한 3D프린터를 시험 전 상태와 같이 정리하고 시험감독위원에게 확인받습니다.

SECTION 02

최종 제출 파일 저장 방법

구문	작업명	파일명	비고
1	어셈블리	비번호.***	확장자: 수험자 사용 소프트웨어 규격
2		비번호.STP	채점용 (※ **비번호 각인 확인**)
3		비번호.STL	슬라이서 소프트웨어 작업용
4	슬라이싱	비번호.***	3D프린터 출력용 확장자: 수험자 사용 소프트웨어 규격

1 어셈블리 파일 (비번호.f3d)

01 파일 메뉴의 내보내기 명령을 실행합니다.

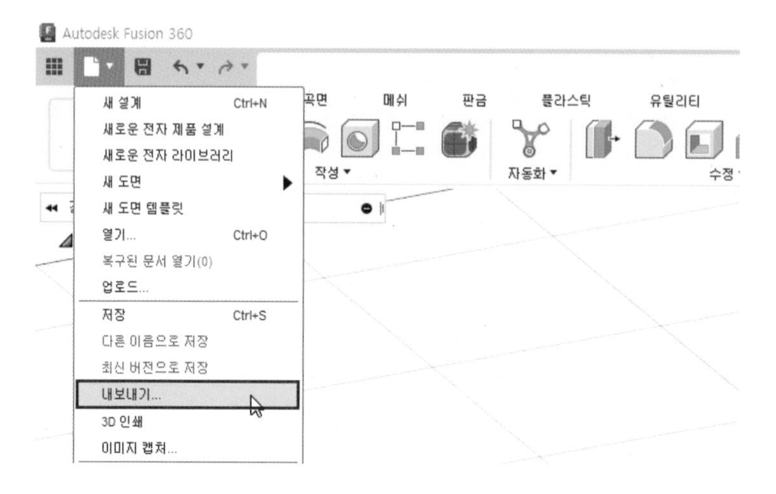

02 파일명은 부여받은 비번호로 입력하고 파일 유형은 Fusion 360의 고유 파일 형식인 [Autodesk Fusion 360 보관 파일(*.f3d)]로 설정한 다음 내보냅니다.

2 어셈블리 채점용 파일 (비번호.step)

01 파일 메뉴의 내보내기 명령을 실행합니다.

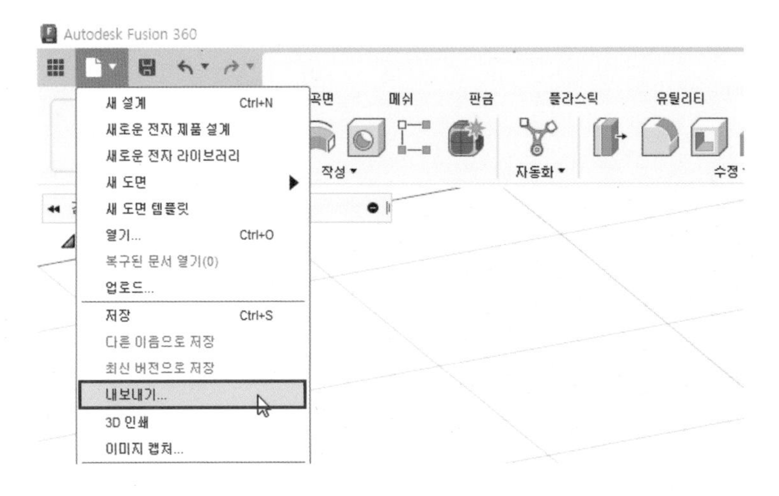

02 파일명은 부여받은 비번호로 입력하고 파일 유형은 [STEP 파일(*.stp *.step)]로 설정한 다음 내보냅니다.

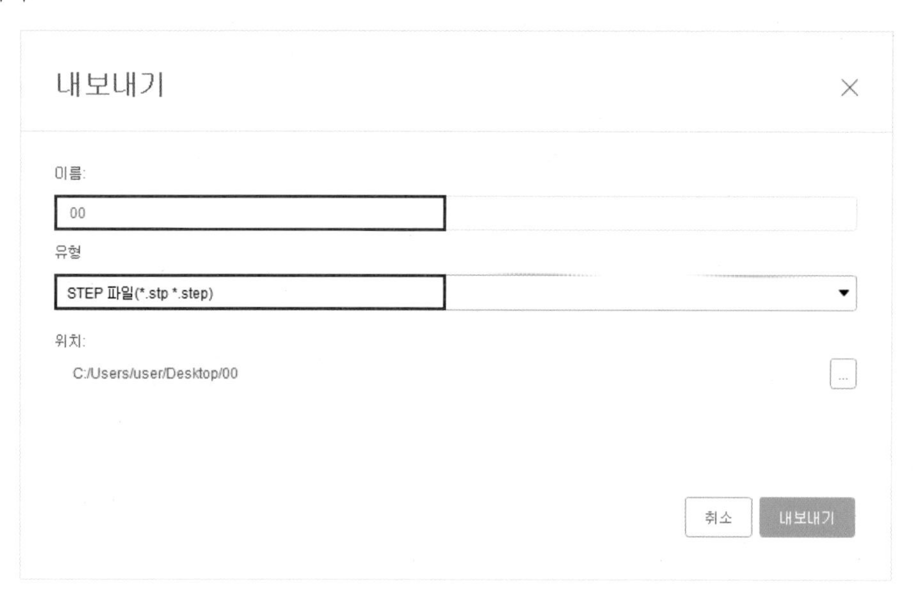

3 어셈블리 STL 파일 (비번호.stl)

오프라인 모드에서 STL 파일 변환시에는 앞서 설명한 .f3d, .step 파일처럼 내보내기 기능을 이용하면 다음과 같은 에러 메시지가 뜹니다.

온라인 모드에서는 내보내기 기능으로도 문제없이 STL 파일 변환이 가능하지만, 실기 시험시에는 인터넷 연결이 끊긴 오프라인 모드로 작업하게 되므로 오프라인 모드에서 STL 파일을 저장해야 한다면 다음과 같은 방법을 이용하시기 바랍니다.

01 검색기의 가장 최상단에 있는 부품 항목을 마우스 우측 버튼으로 클릭하여 [메쉬로 저장] 명령을 실행합니다.

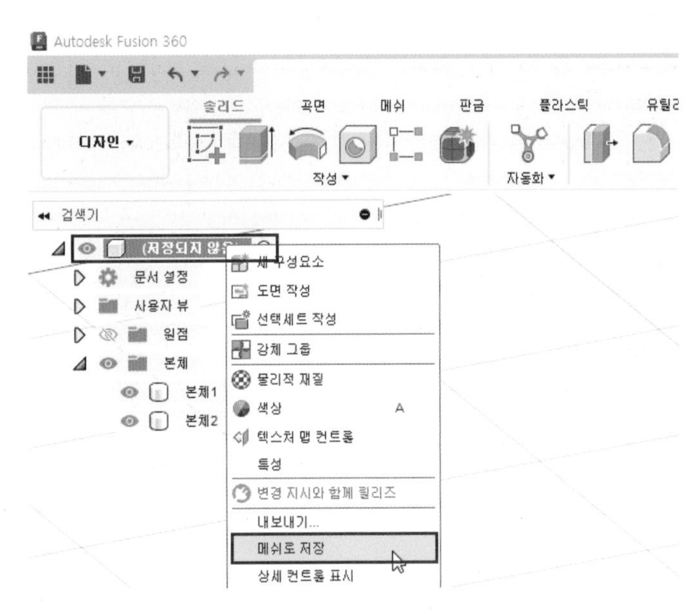

02 다음과 같이 설정한 다음 확인 버튼을 클릭하여 원하는 위치에 STL 파일을 저장합니다.

* 형식 : STL(ASCII) 또는 STL(이진)

* 미세 조정(품질) : 높음

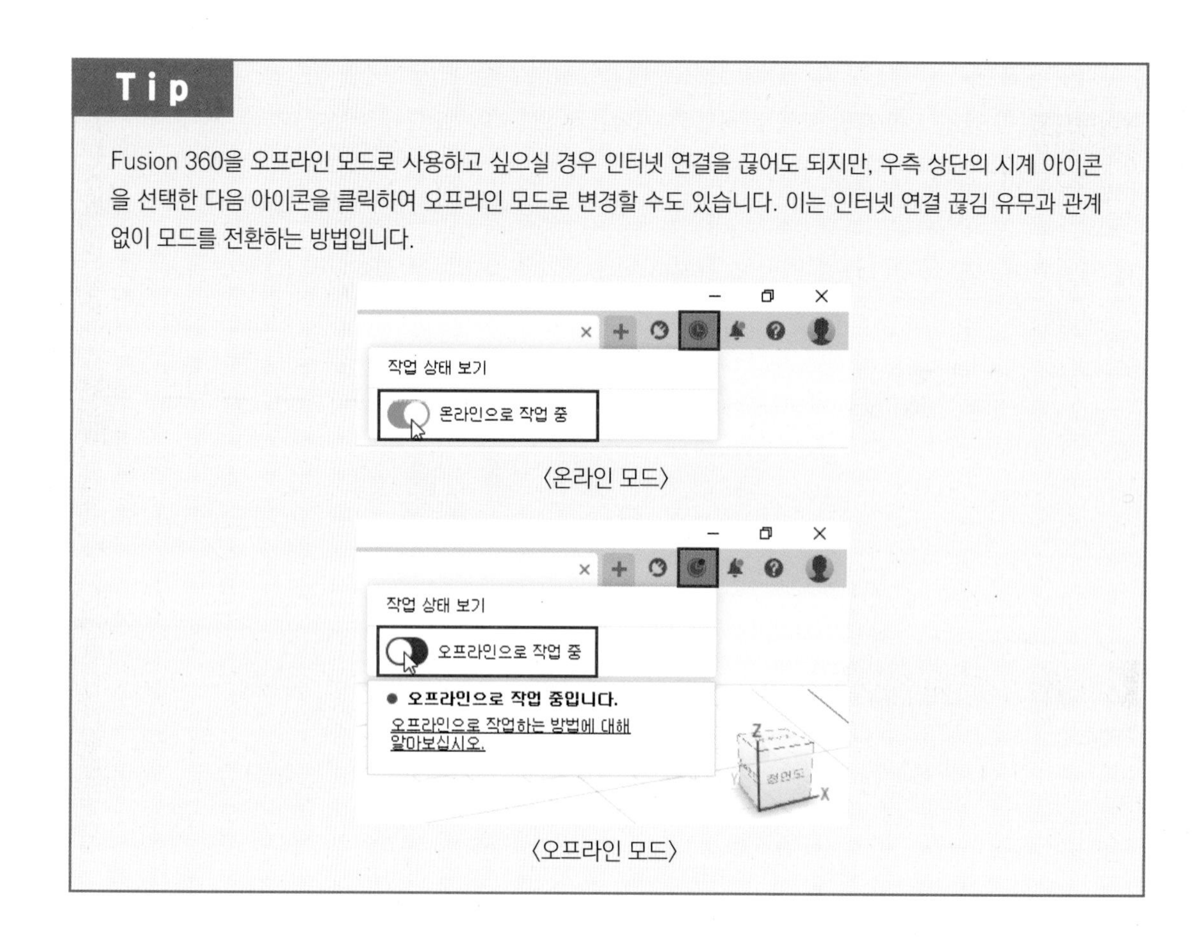

Tip

Fusion 360을 오프라인 모드로 사용하고 싶으실 경우 인터넷 연결을 끊어도 되지만, 우측 상단의 시계 아이콘을 선택한 다음 아이콘을 클릭하여 오프라인 모드로 변경할 수도 있습니다. 이는 인터넷 연결 끊김 유무과 관계없이 모드를 전환하는 방법입니다.

〈온라인 모드〉

〈오프라인 모드〉

4 3D 프린터 출력용 파일 (비번호.***)

3D 프린터 출력용 파일은 작업 전 반드시 수험자가 직접 출력할 3D 프린터 기종을 확인한 후 그에 맞는 슬라이서 소프트웨어에서 작업하셔야 합니다.

01 슬라이싱 프로그램을 실행한 다음 옵션 설정을 통해 출력 시간 1시간 15~20분 이내의 G-Code 파일을 생성합니다.

시간을 줄여야 한다면 다음과 같은 설정값을 바꾸시는 것을 추천합니다.

- 레이어 높이 (기본값에서 최대 +0.2mm)
- 내부 채움 (기본값에서 최대 −10%)
- 서포트 밀도 (기본값에서 최대 −10%)
- 출력 속도 (기본값에서 최대 +5mm/s)

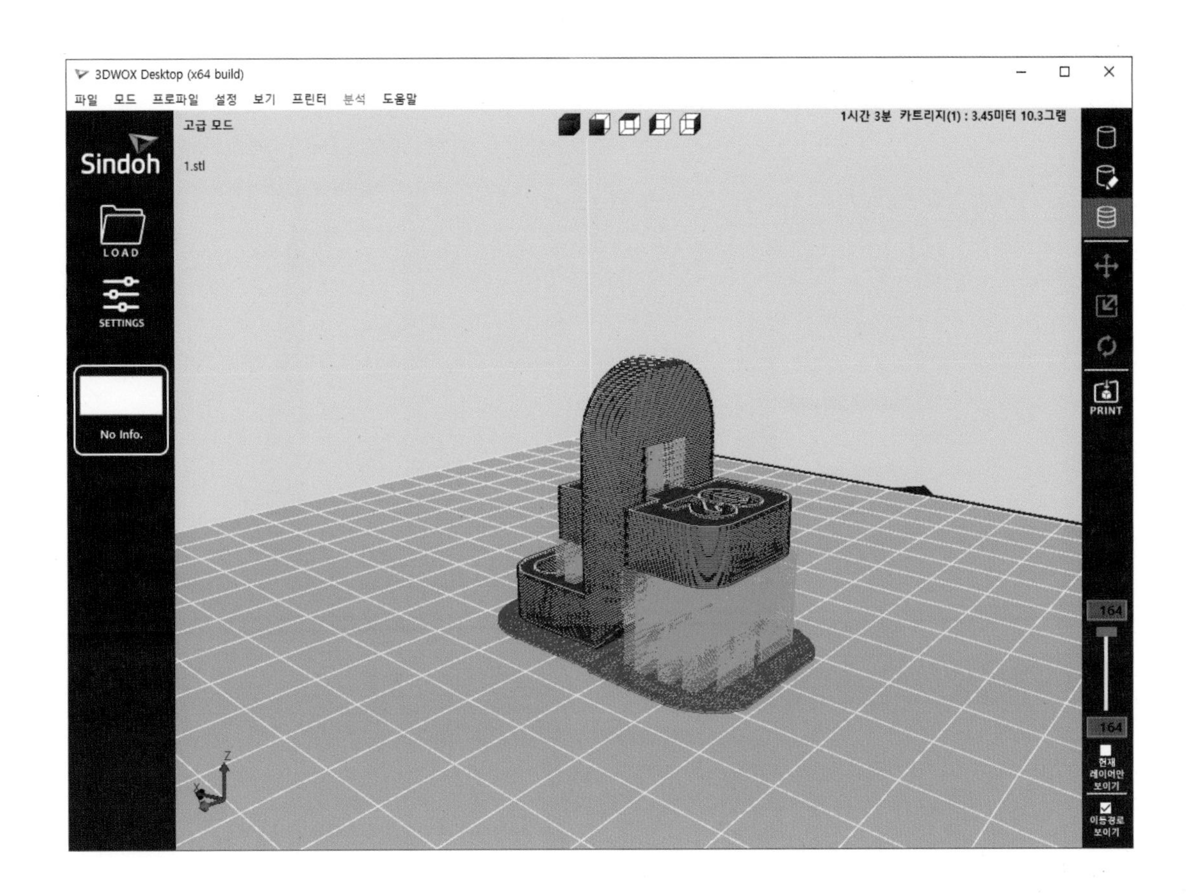

02 파일명은 비번호, 파일 형식은 3D 프린터 출력용 파일로 설정한 다음 내보냅니다. 파일 형식은 3D프린터 종류에 따라 달라질 수 있습니다.

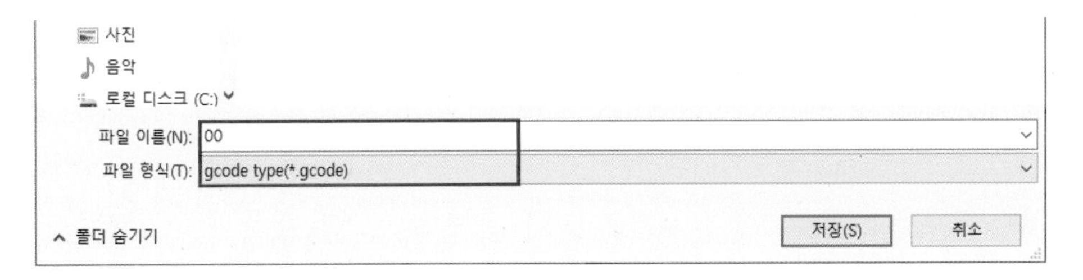

CHAPTER. 02

3D프린터운용기능사 실기 도면 모델링

실기 도면 1

SECTION 01

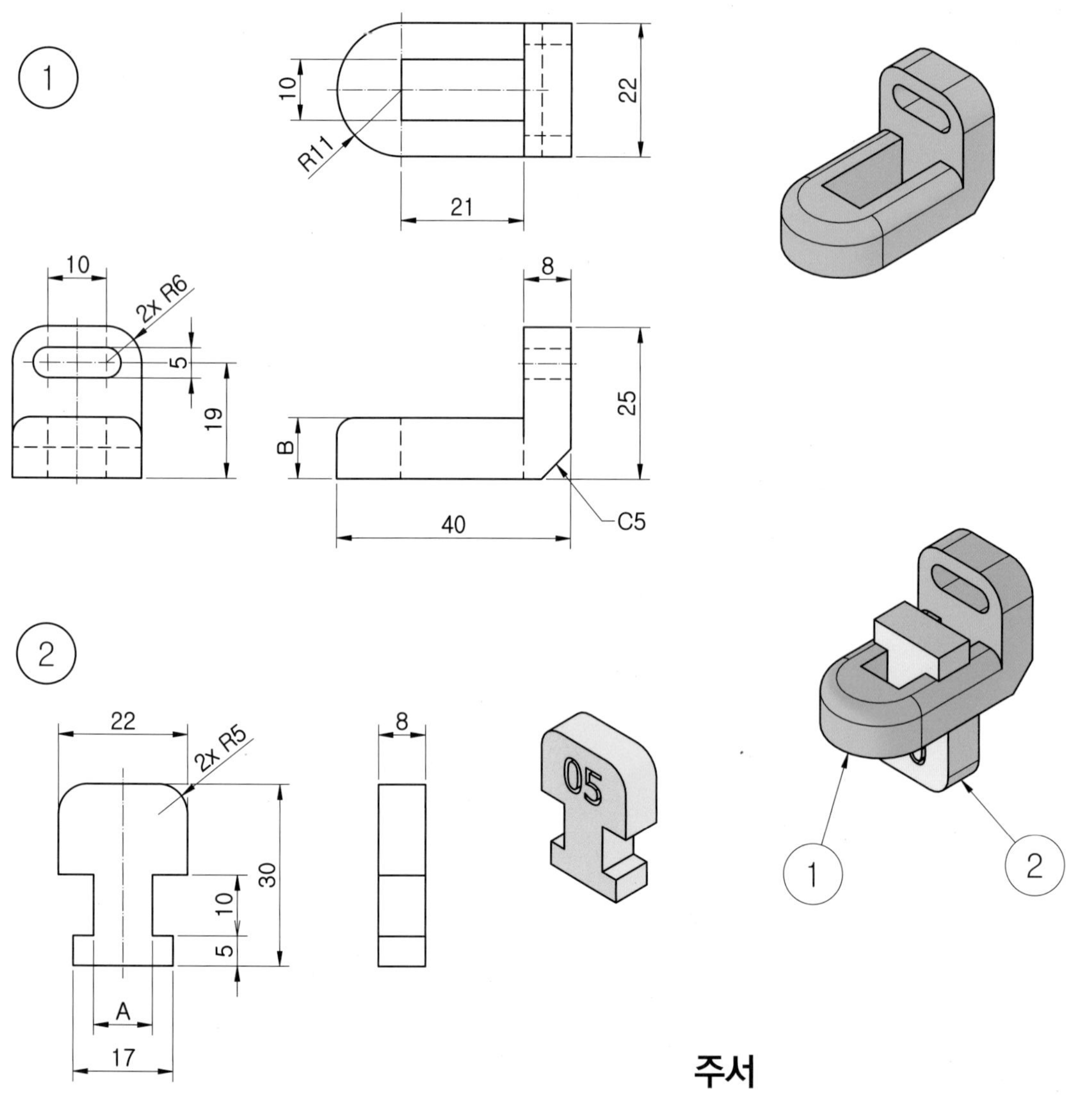

주서

도시되고 지시없는 라운드 R3

1 ①번 부품 모델링

01 정면도에 해당하는 XZ 평면에 다음과 같은 스케치를 작성합니다. (어느 평면에 작업하셔도 무방합니다.)

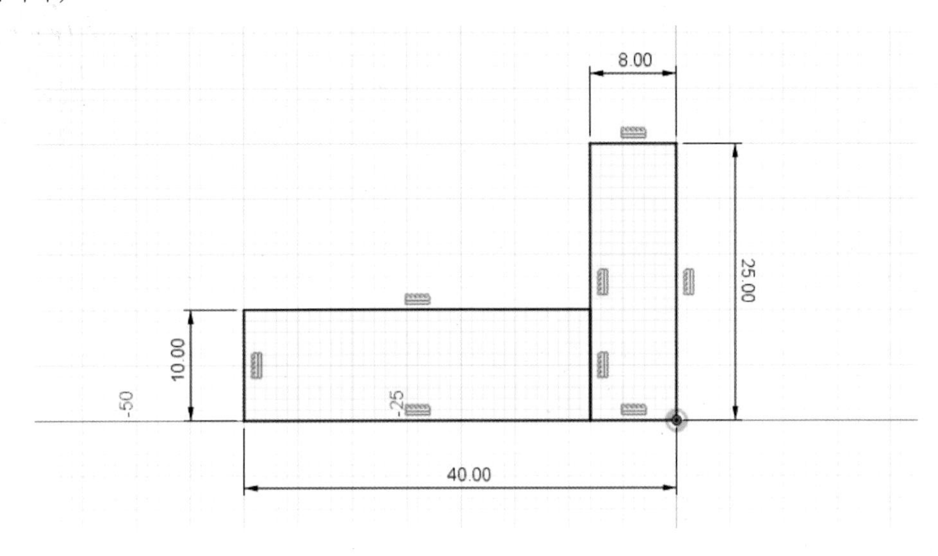

02 [돌출] 명령을 실행하고 다음과 같이 옵션 및 값을 입력하여 형상을 작성합니다.

· 방향 : 대칭 / · 측정값 : 전체 길이 / · 거리 : 22mm / · 생성 : 새 본체

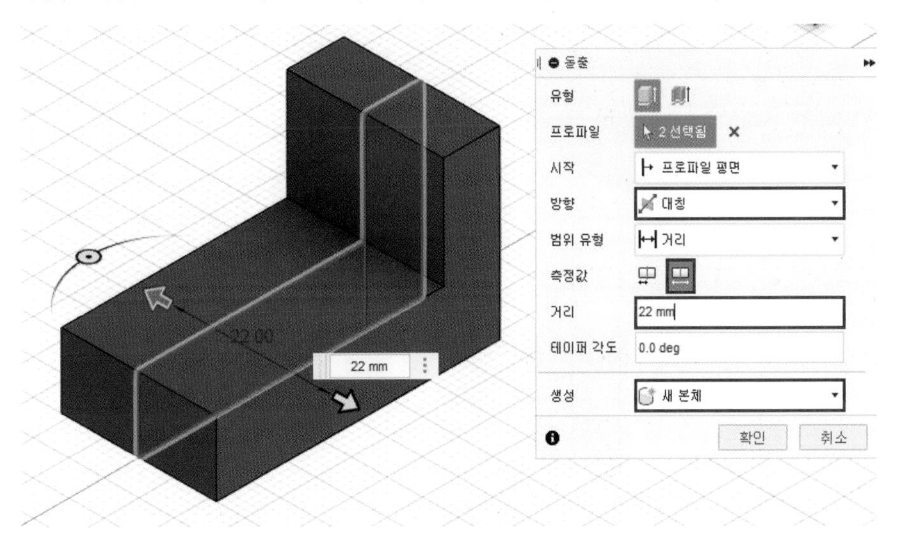

03 선택한 평면에 다음과 같이 스케치를 작성합니다.

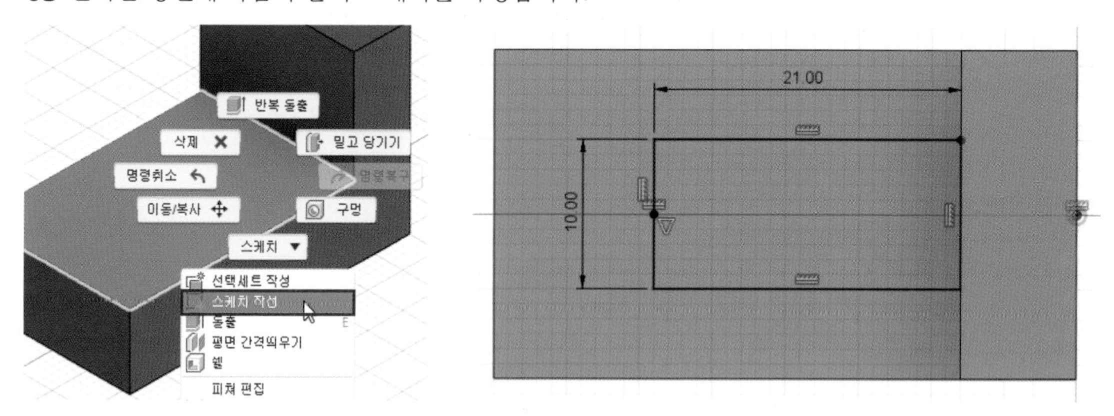

04 [돌출] 명령을 실행하고 다음과 같이 옵션 및 값을 입력하여 형상을 작성합니다.

· 방향 : 한쪽 방향 / · 범위 유형 : 모두 / · 반전 : 방향 반전 / · 생성 : 잘라내기

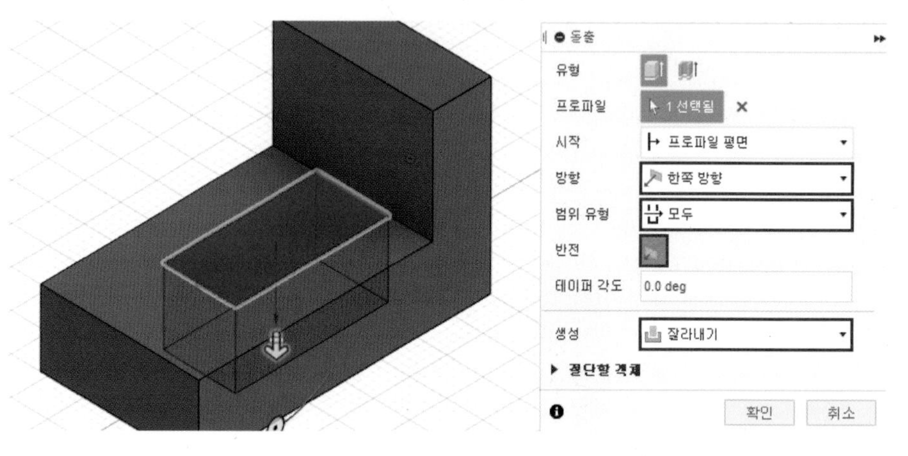

05 [모깎기] 명령을 실행하고 다음과 같이 선택한 모서리에 11mm의 모깎기를 작성합니다.

06 [모깎기] 명령을 실행하여 선택한 모서리에 6mm 모깎기를 작성합니다.

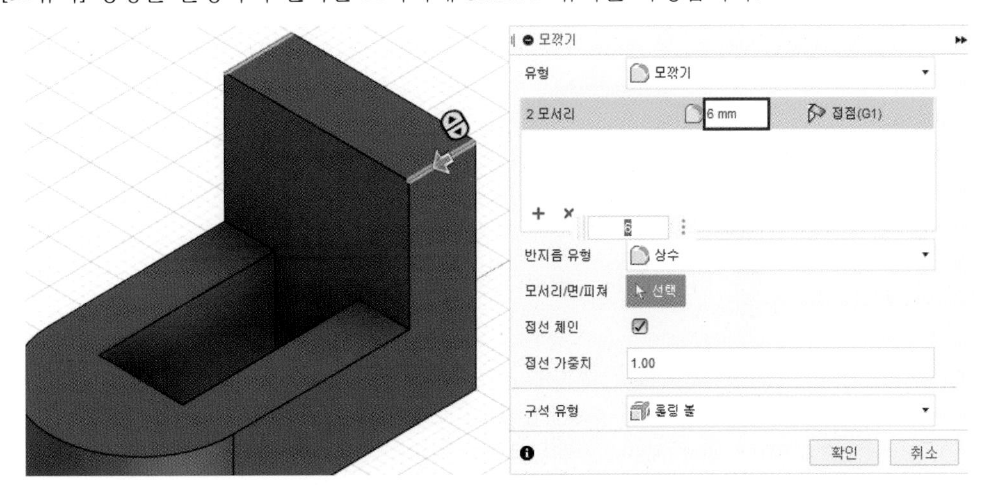

07 [모깎기] 명령을 실행하여 선택한 모서리에 3mm 모깎기를 작성합니다.

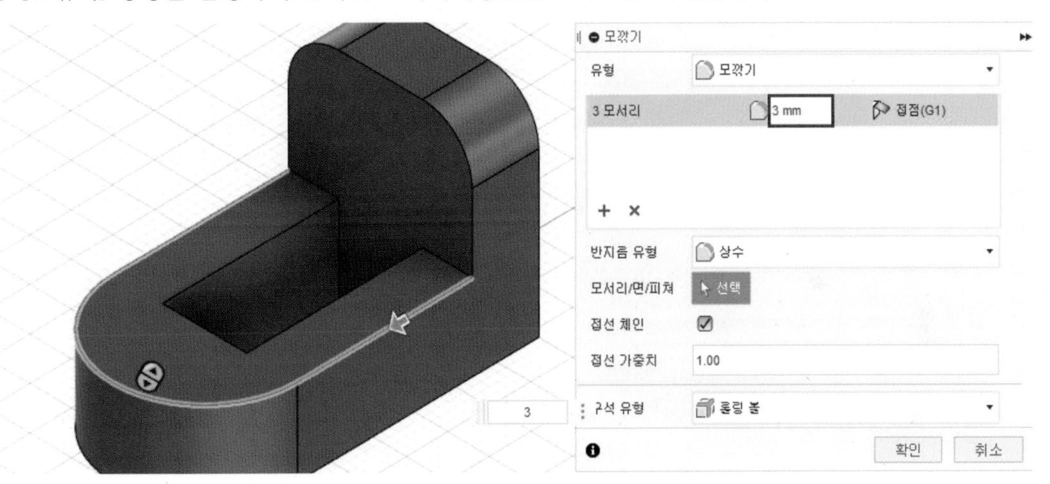

08 선택한 평면에 다음과 같이 스케치를 작성합니다.

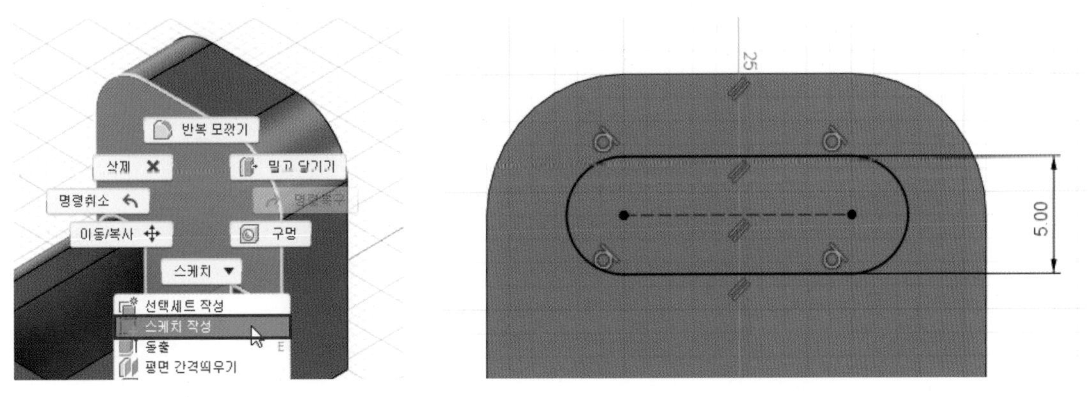

09 [돌출] 명령을 실행하고 다음과 같이 옵션 및 값을 입력하여 형상을 작성합니다.

· 방향 : 한쪽 방향 / · 범위 유형 : 모두 / · 생성 : 잘라내기

10 [모따기] 명령을 실행하고 선택한 모서리에 5mm의 모따기를 작성하여 ①번 부품 모델링 작업을 완료합니다.

2 ②번 부품 모델링

01 정면도에 해당하는 XZ 평면에 새 스케치를 작성합니다.

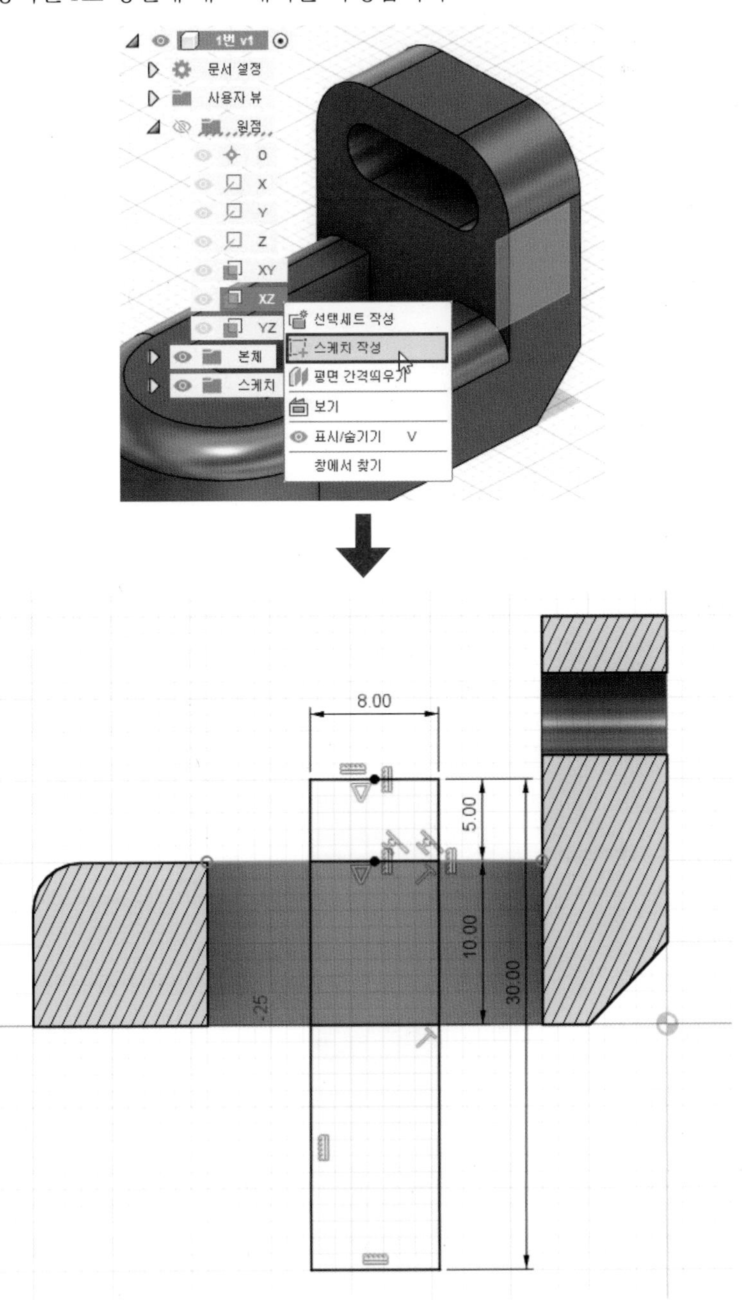

02 [돌출] 명령을 실행하고 다음과 같이 옵션 및 값을 입력하여 형상을 작성합니다.

· 방향 : 대칭 / · 측정값 : 전체 길이 / · 거리 : 22mm / · 생성 : 새 본체

03 [돌출] 명령을 실행하고 다음과 같이 옵션 및 값을 입력하여 형상을 작성합니다. 이때, 본체 1은 가시성을 끄고 작업합니다.

· 방향 : 대칭 / · 측정값 : 전체 길이 / · 거리 : 10mm / · 생성 : 접합

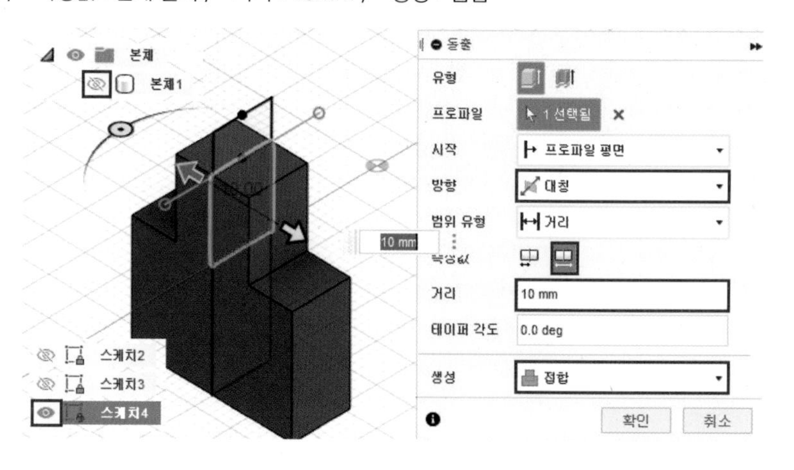

Tip

스케치를 작성하고 피처 작업을 완료하면 사용된 스케치는 가시성이 자동으로 꺼집니다. 해당 스케치를 재사용하고 싶으실 경우 해당 스케치의 가시성 아이콘을 클릭하여 제어할 수 있습니다.

04 [돌출] 명령을 실행하고 다음과 같이 옵션 및 값을 입력하여 형상을 작성합니다.

· 방향 : 대칭 / · 측정값 : 전체 길이 / · 거리 : 17mm / · 생성 : 접합

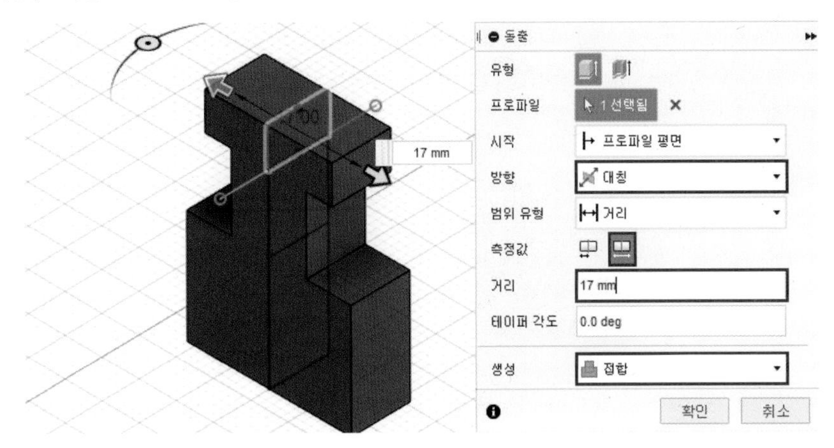

05 [모깎기] 명령을 실행하고 다음과 같이 선택한 모서리에 5mm의 모깎기를 작성합니다.

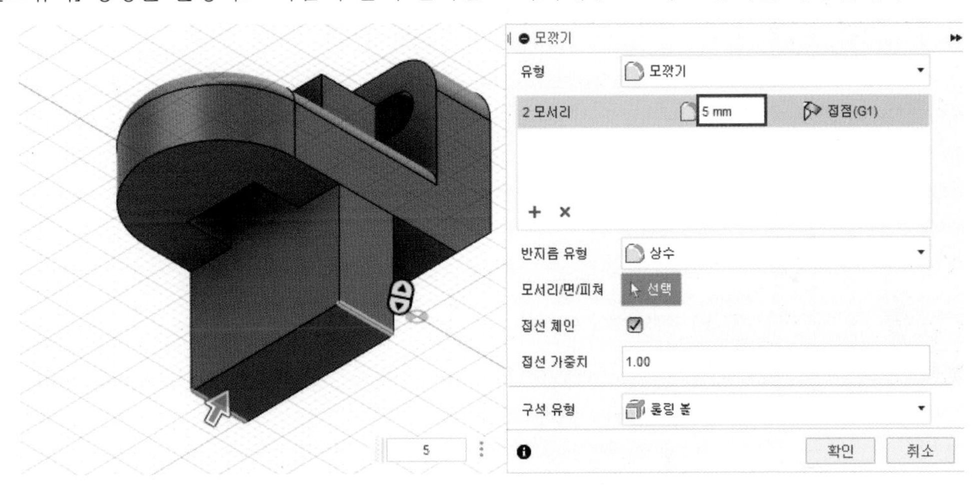

06 선택한 평면에 스케치를 작성하고 [문자] 명령으로 비번호를 작성합니다.

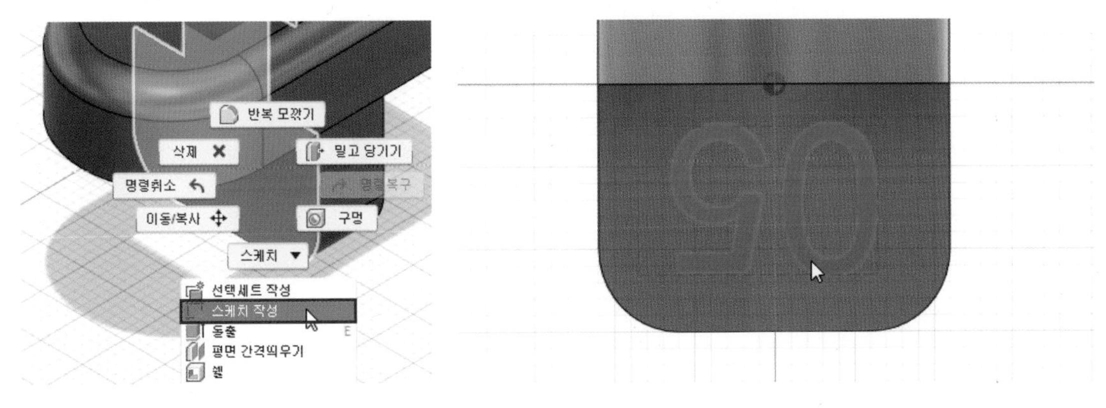

07 [돌출] 명령을 실행하고 다음과 같이 옵션 및 값을 입력하여 형상을 작성합니다.

· 방향 : 한쪽 방향 / · 거리 : -1mm / · 생성 : 잘라내기

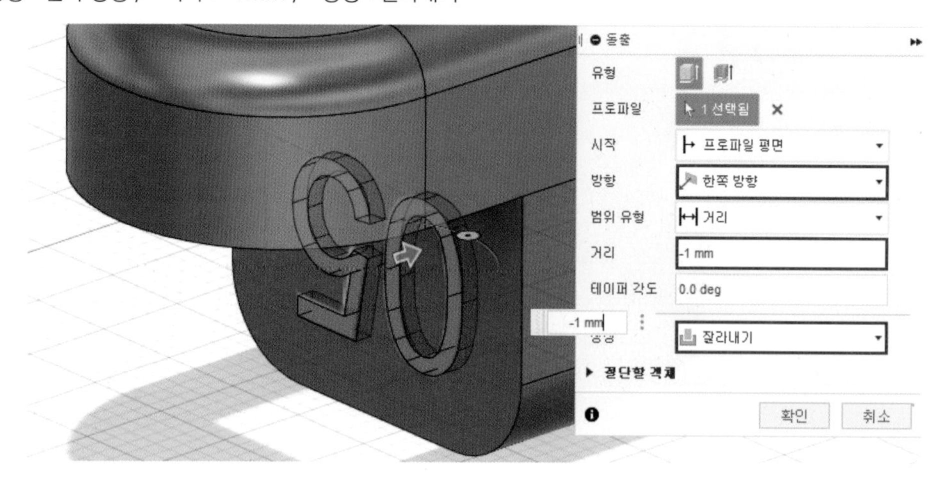

08 움직임이 발생하는 부위에 틈새를 주기 위해 수정 메뉴의 [밀고 당기기] 명령을 실행하고 선택한 양쪽 면을 1mm 줄입니다.

09 [밀고 당기기] 명령을 실행하고 선택한 면을 -0.5mm 줄입니다.

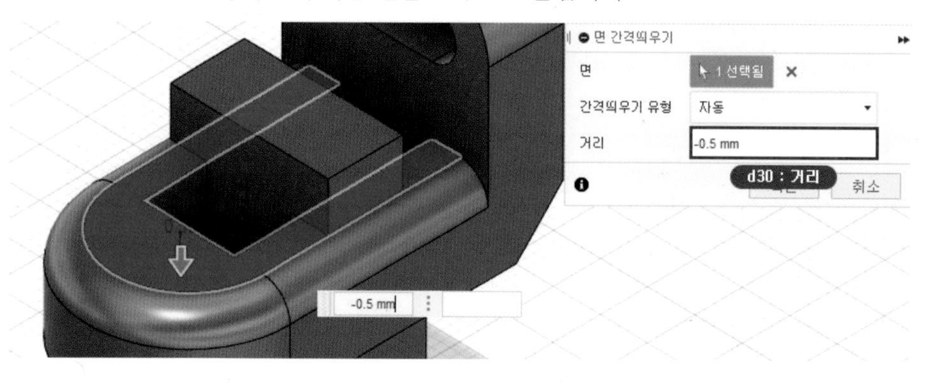

10 [밀고 당기기] 명령을 실행하고 선택한 면을 -0.5mm 줄여 움직임이 발생하는 부위에 틈새 적용을 완료합니다.

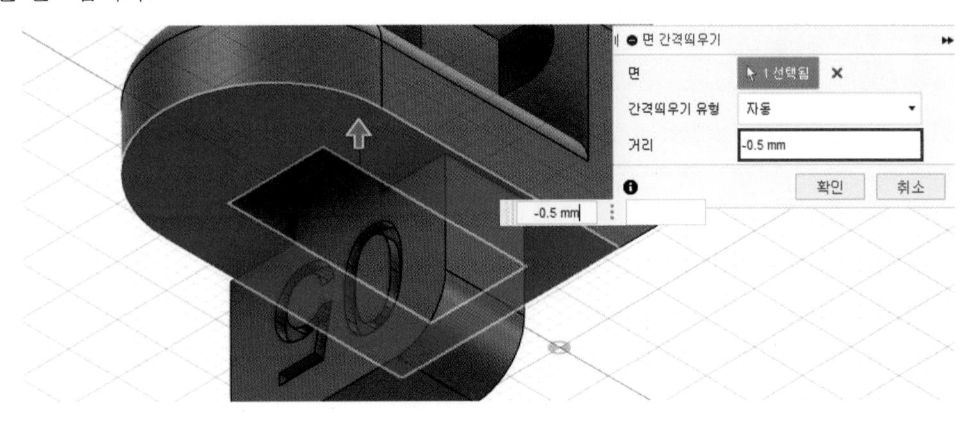

11 ①번과 ②번 부품 모델링이 완료되었습니다.

SECTION 02

실기 도면 2

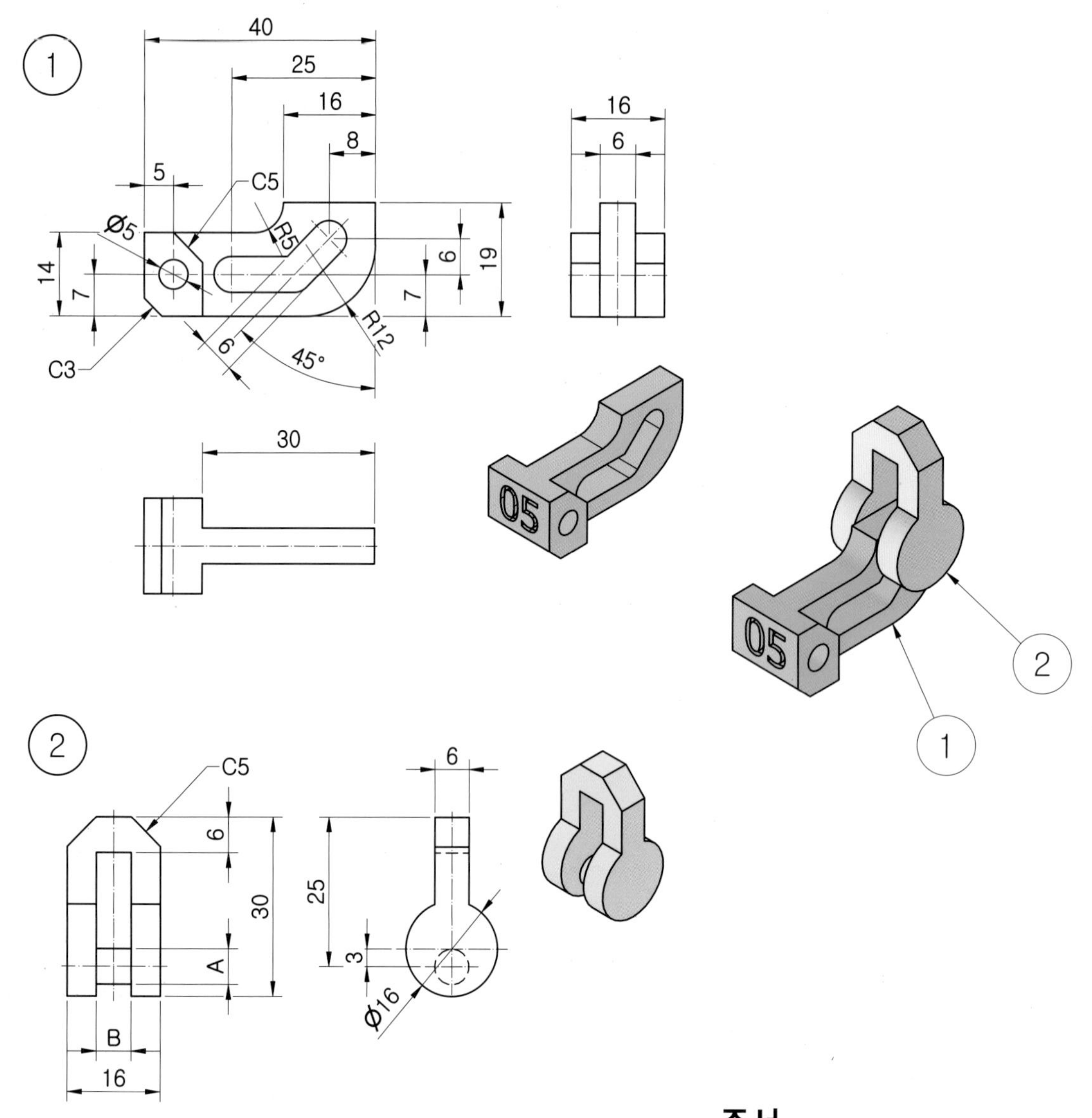

주서

도시되고 지시없는 라운드는 R3

1 ①번 부품 모델링

01 정면도에 해당하는 XZ 평면에 다음과 같은 스케치를 작성합니다. (어느 평면에 작업하셔도 무방합니다.)

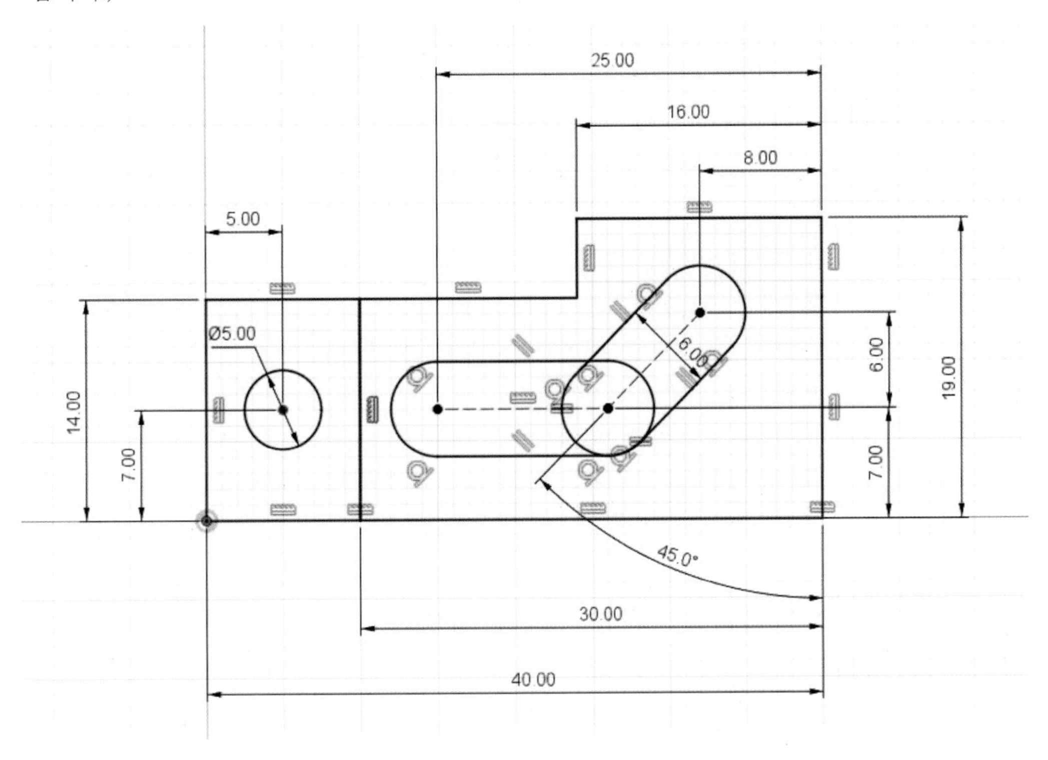

02 [돌출] 명령을 실행하고 다음과 같이 옵션 및 값을 입력하여 형상을 작성합니다.

· 방향 : 대칭 / · 측정값 : 전체 길이 / · 거리 : 16mm / · 생성 : 새 본체

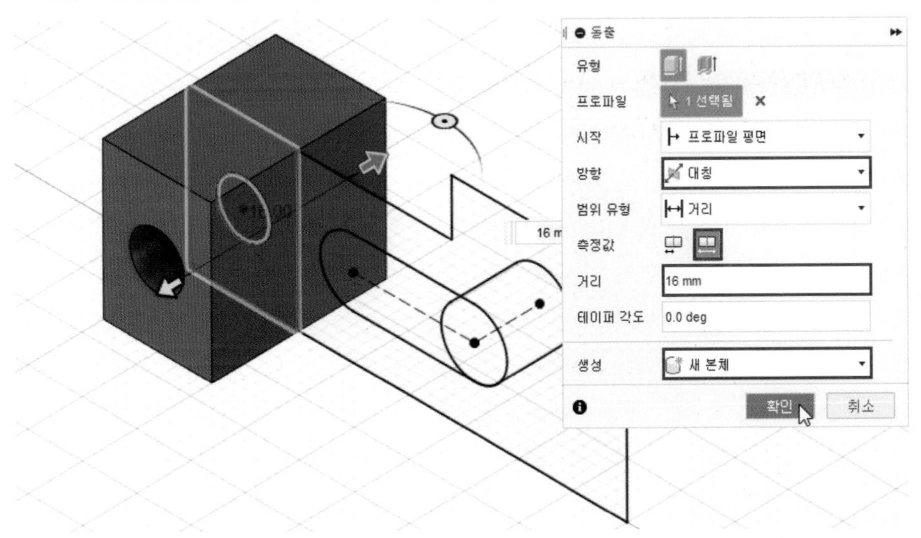

03 [돌출] 명령을 실행하고 다음과 같이 옵션 및 값을 입력하여 형상을 작성합니다.

· 방향 : 대칭 / · 측정값 : 전체 길이 / · 거리 : 6mm / · 생성 : 접합

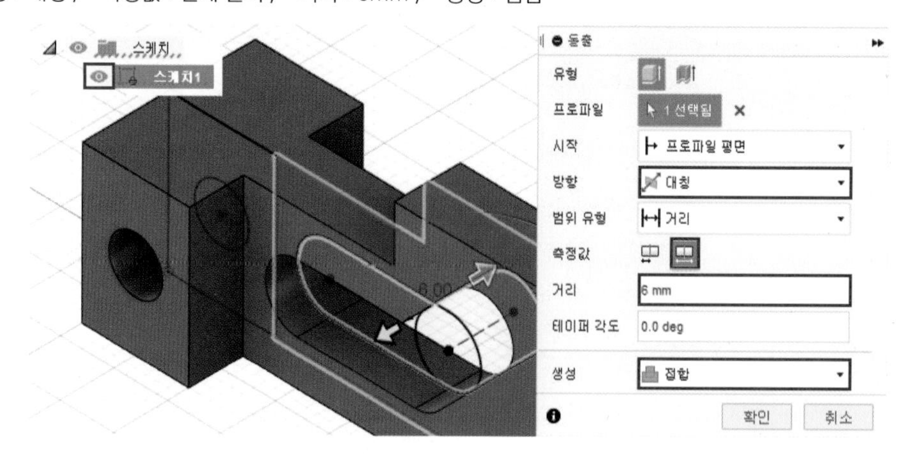

04 [모따기] 명령을 실행하고 다음과 같이 각 모서리에 3mm, 5mm의 모따기를 작성합니다.

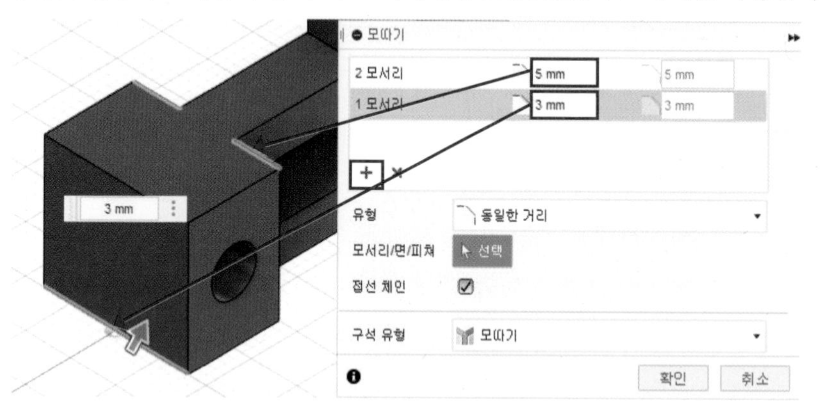

05 [모깎기] 명령을 실행하고 다음과 같이 각 모서리에 5mm, 12mm의 모깎기를 작성합니다.

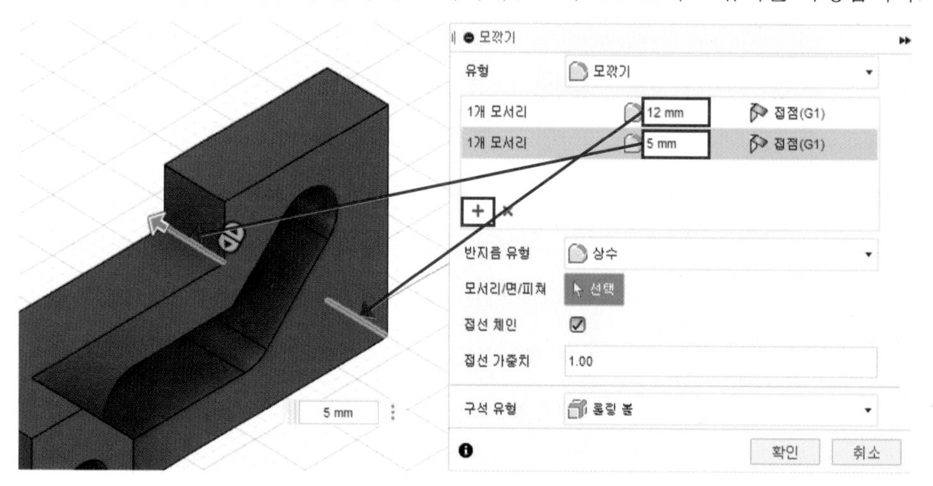

06 선택한 평면에 스케치를 작성하고 [문자] 명령으로 비번호를 작성합니다.

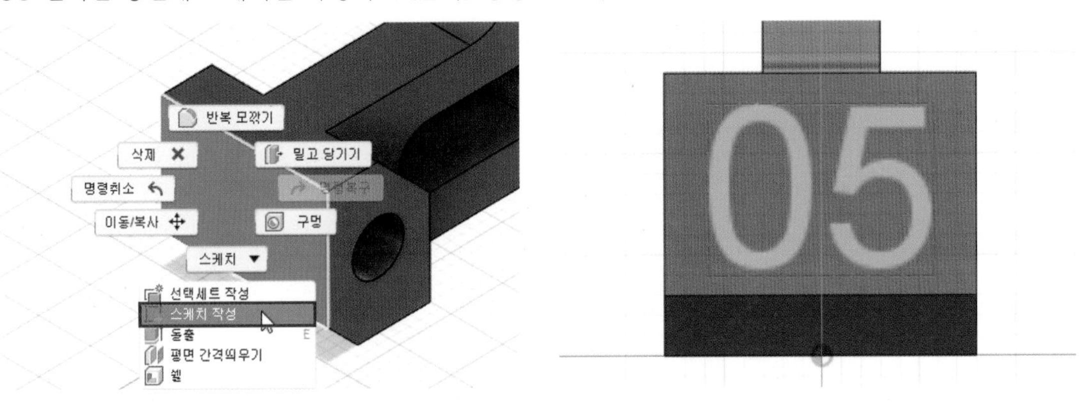

07 [돌출] 명령을 실행한 후 다음과 같이 옵션 및 값을 입력하고 형상을 작성하여 ①번 부품 모델링 작업을 완료합니다.

· 방향 : 한쪽 방향 / · 거리 : −1mm / · 생성 : 잘라내기

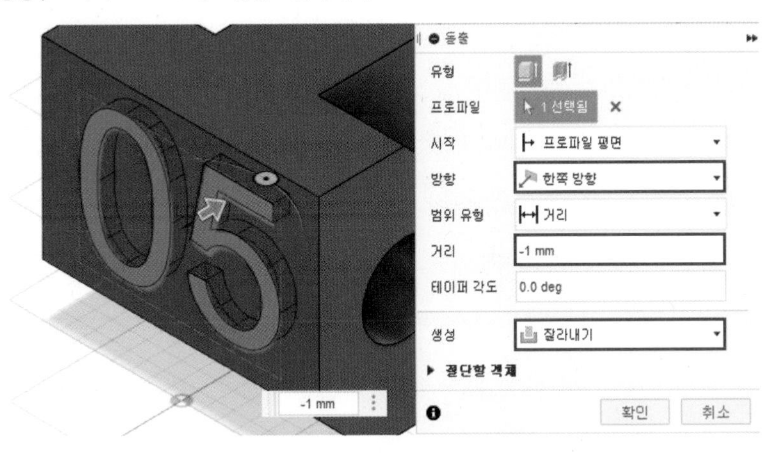

2 ②번 부품 모델링

01 정면도에 해당하는 XZ 평면에 다음과 같은 스케치를 작성합니다.

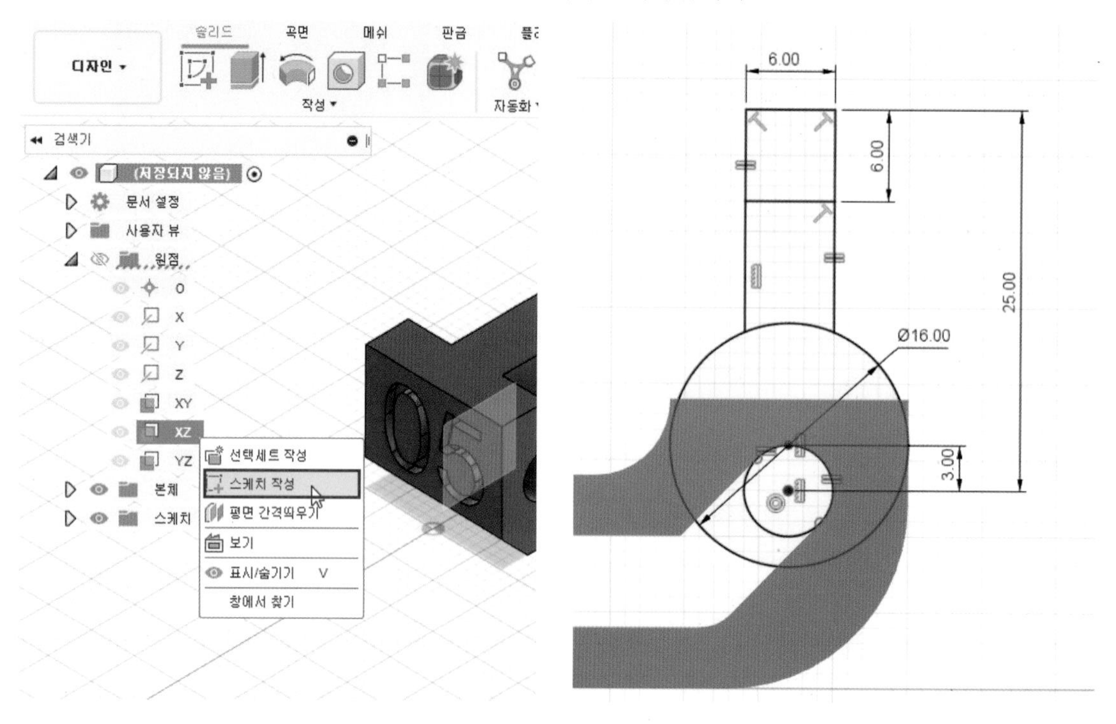

02 [돌출] 명령을 실행하고 다음과 같이 옵션 및 값을 입력하여 형상을 작성합니다. 이때, 본체 1은 가시성을 끄고 작업합니다.

· 방향 : 대칭 / · 측정값 : 전체 길이 / · 거리 : 16mm / · 생성 : 새 본체

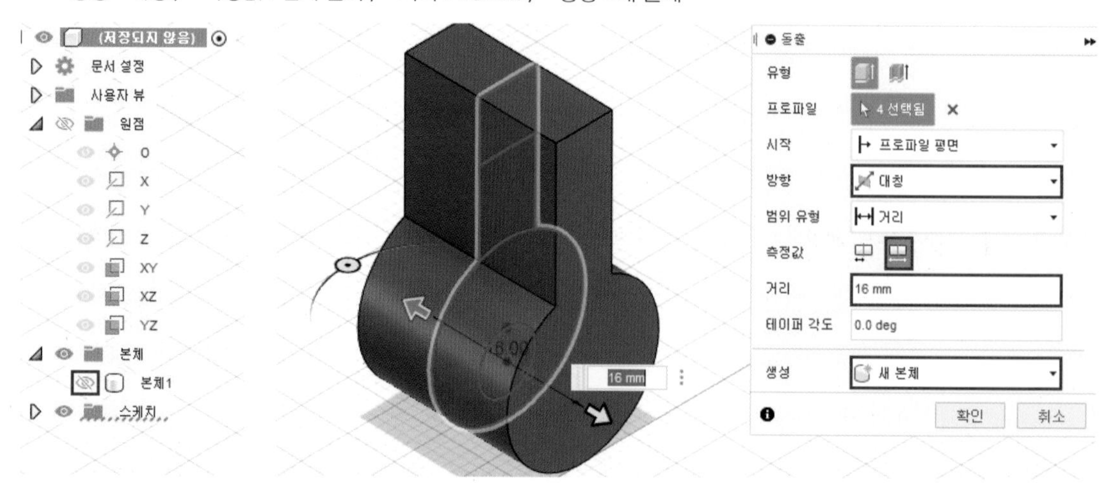

03 [돌출] 명령을 실행하고 다음과 같이 옵션 및 값을 입력하여 형상을 작성합니다.

· 방향 : 대칭 / · 측정값 : 전체 길이 / · 거리 : 6mm / · 생성 : 잘라내기

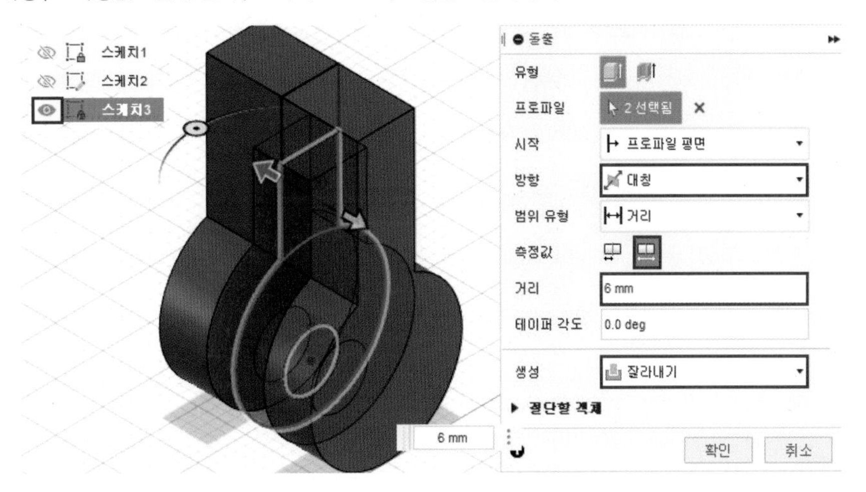

04 [모따기] 명령을 실행하고 선택한 모서리에 5mm의 모따기를 작성합니다.

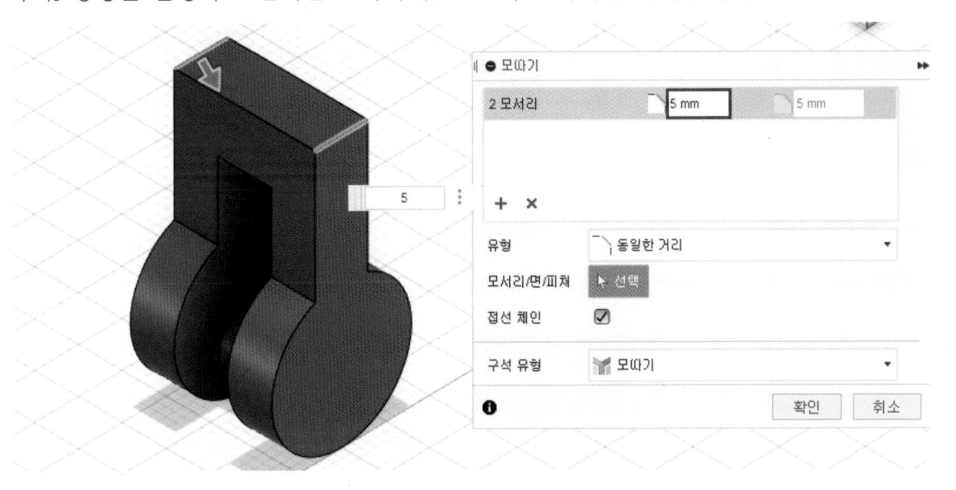

05 움직임이 발생하는 부위에 틈새를 주기 위해 수정 메뉴의 [밀고 당기기] 명령을 실행합니다.

06 선택한 원통면의 반지름을 -0.5mm 줄입니다.

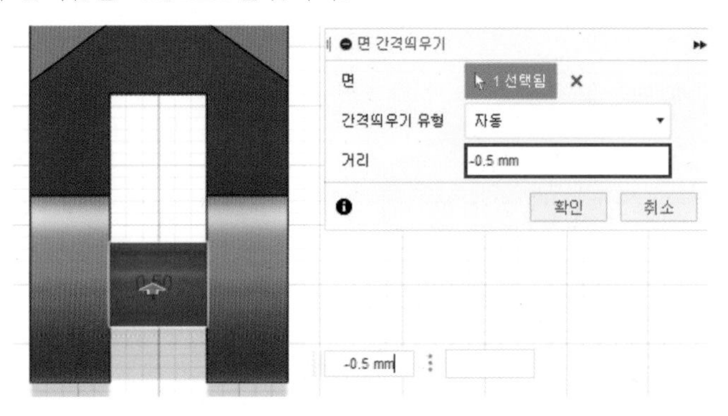

07 [밀고 당기기] 명령을 실행하고 선택한 양쪽 면을 1mm 늘립니다.

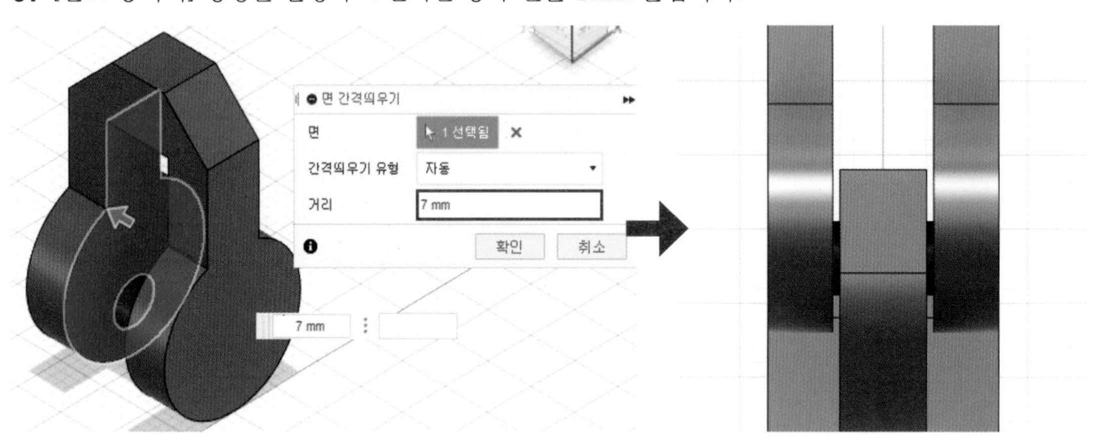

08 ①번과 ②번 부품 모델링이 완료되었습니다.

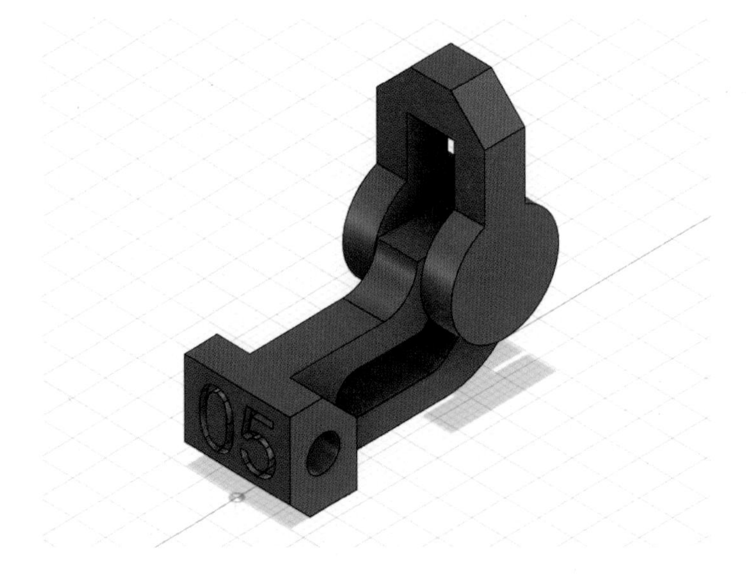

실기 도면 3

SECTION
03

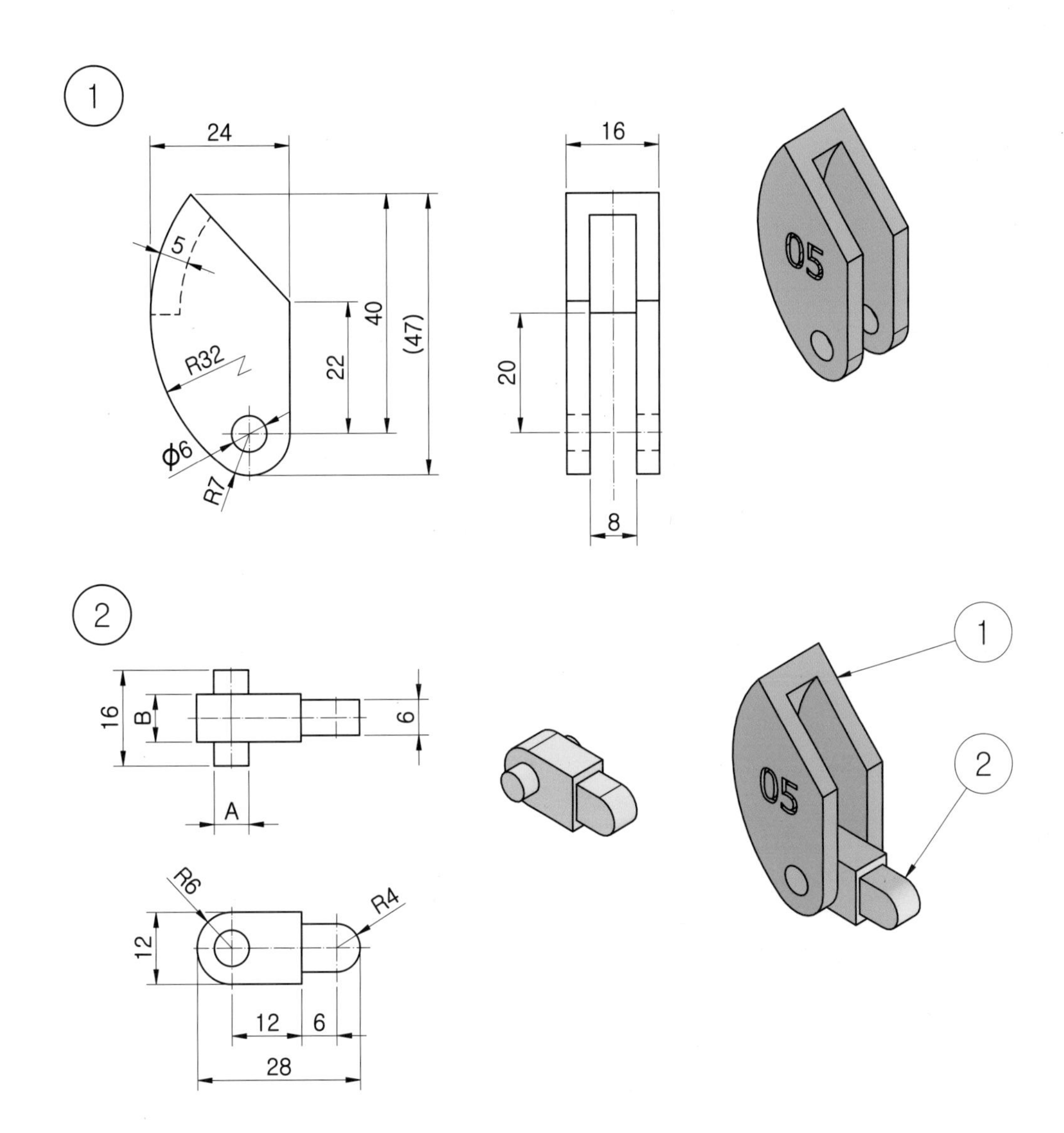

1 ①번 부품 모델링

01 정면도에 해당하는 XZ 평면에 다음과 같은 스케치를 작성합니다. (어느 평면에 작업하셔도 무방합니다.)

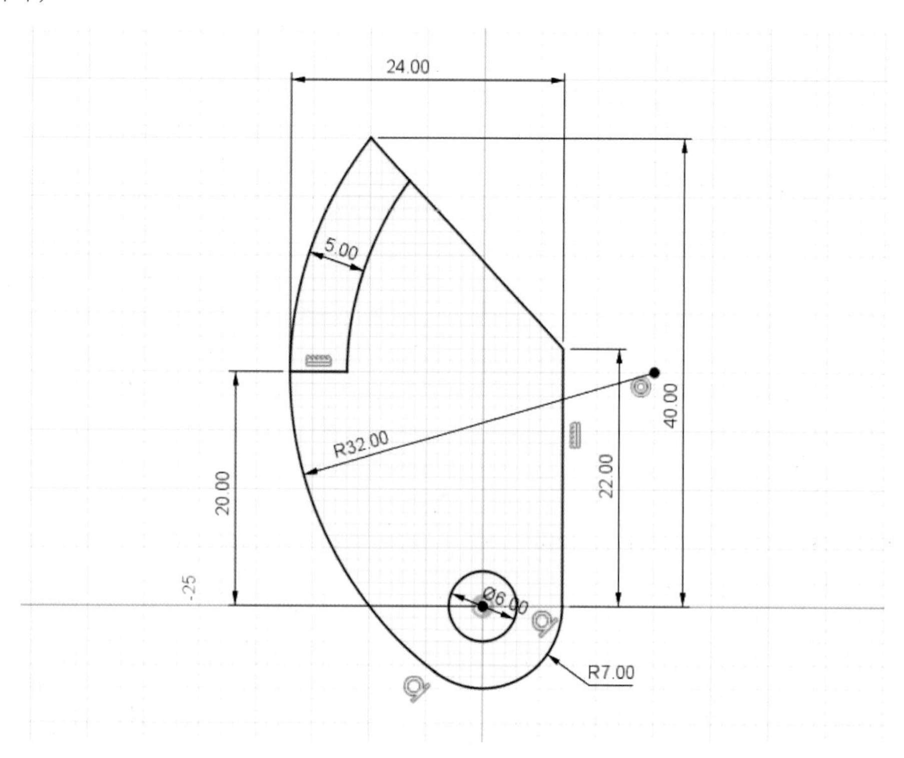

02 [돌출] 명령을 실행하고 다음과 같이 옵션 및 값을 입력하여 형상을 작성합니다.

· 방향 : 대칭 / · 측정값 : 전체 길이 / · 거리 : 16mm / · 생성 : 새 본체

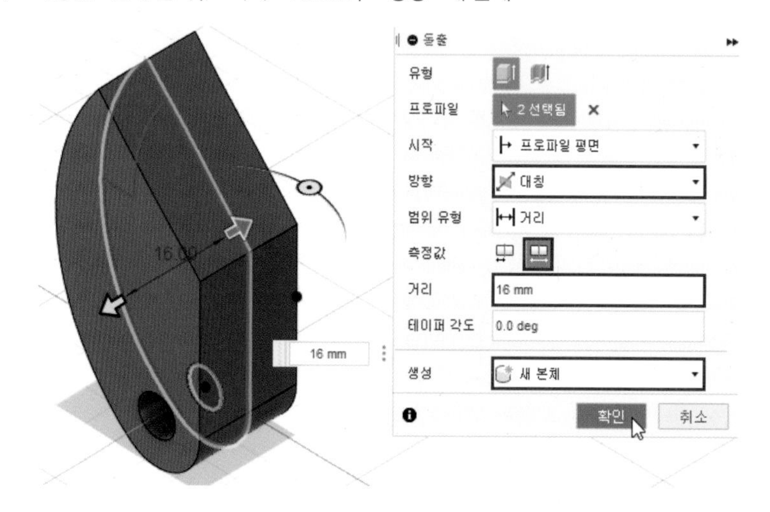

03 [돌출] 명령을 실행하고 다음과 같이 옵션 및 값을 입력하여 형상을 작성합니다.

· 방향 : 대칭 / · 측정값 : 전체 길이 / · 거리 : 8mm / · 생성 : 잘라내기

04 선택한 평면에 스케치를 작성하고 [문자] 명령으로 비번호를 작성합니다.

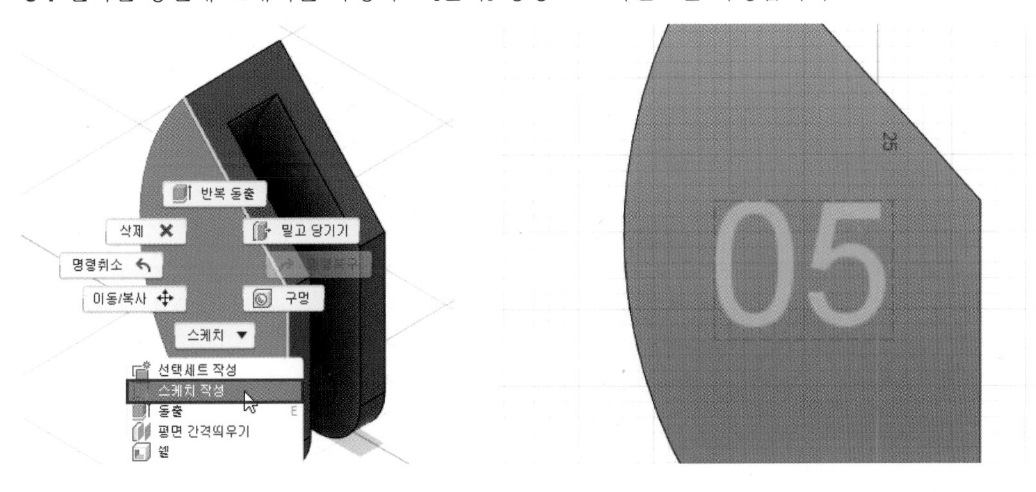

05 [돌출] 명령을 실행한 후 다음과 같이 옵션 및 값을 입력하고 형상을 작성하여 ①번 부품 모델링 작업을 완료합니다.

· 방향 : 한쪽 방향 / · 거리 : −1mm / · 생성 : 잘라내기

2 ②번 부품 모델링

01 정면도에 해당하는 XZ 평면에 다음과 같은 스케치를 작성합니다.

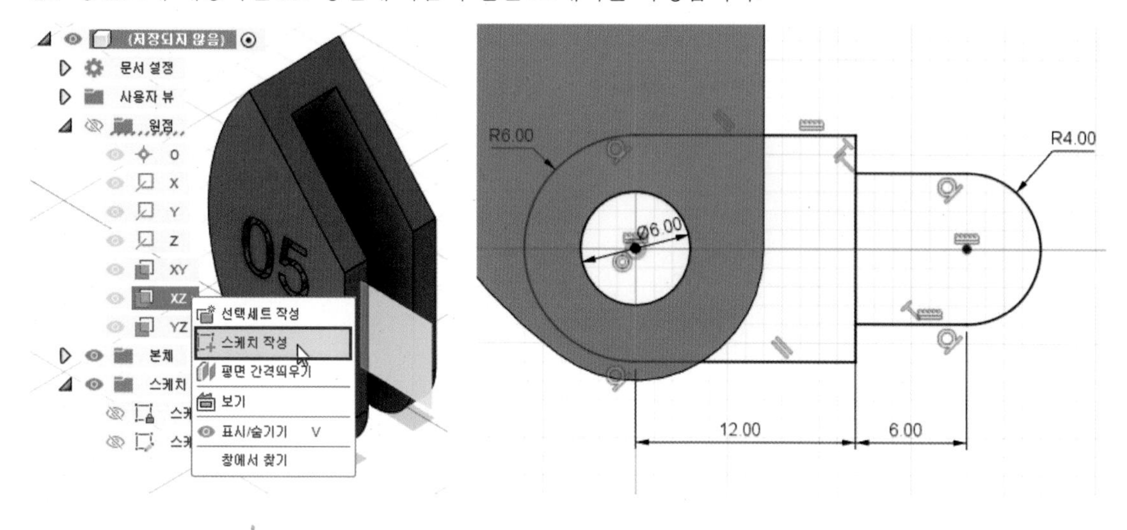

02 [돌출] 명령을 실행하고 다음과 같이 옵션 및 값을 입력하여 형상을 작성합니다.

· 방향 : 대칭 / · 측정값 : 전체 길이 / · 거리 : 16mm / · 생성 : 새 본체

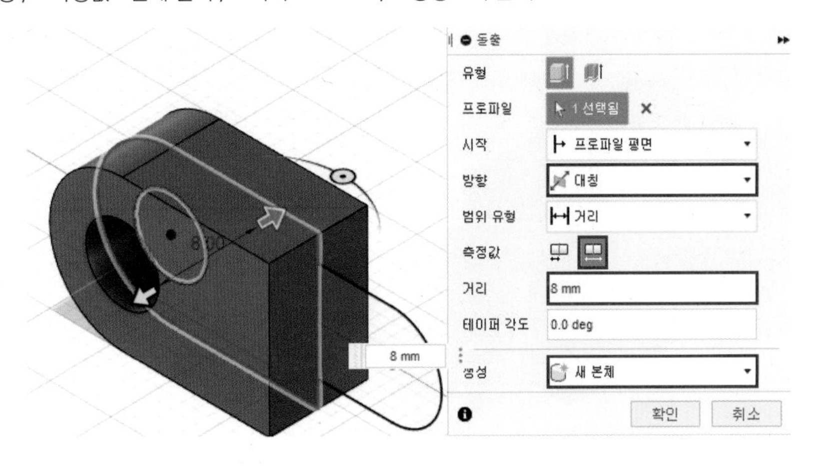

03 [돌출] 명령을 실행하고 다음과 같이 옵션 및 값을 입력하여 형상을 작성합니다. 이때, 본체 1은 가시성을 끄고 작업합니다.

· 방향 : 대칭 / · 측정값 : 전체 길이 / · 거리 : 16mm / · 생성 : 접합

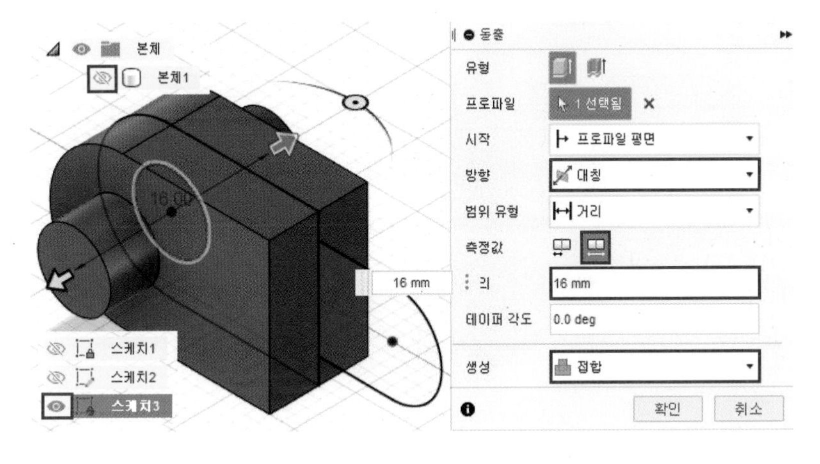

04 [돌출] 명령을 실행하고 다음과 같이 옵션 및 값을 입력하여 형상을 작성합니다.

· 방향 : 대칭 / · 측정값 : 전체 길이 / · 거리 : 6mm / · 생성 : 접합

05 움직임이 발생하는 부위에 틈새를 주기 위해 [밀고 당기기] 명령을 실행하고 선택한 양쪽 원통면의 반지름을 -0.5mm 줄입니다.

06 [밀고 당기기] 명령을 실행하고 선택한 양쪽 면을 1mm 줄입니다.

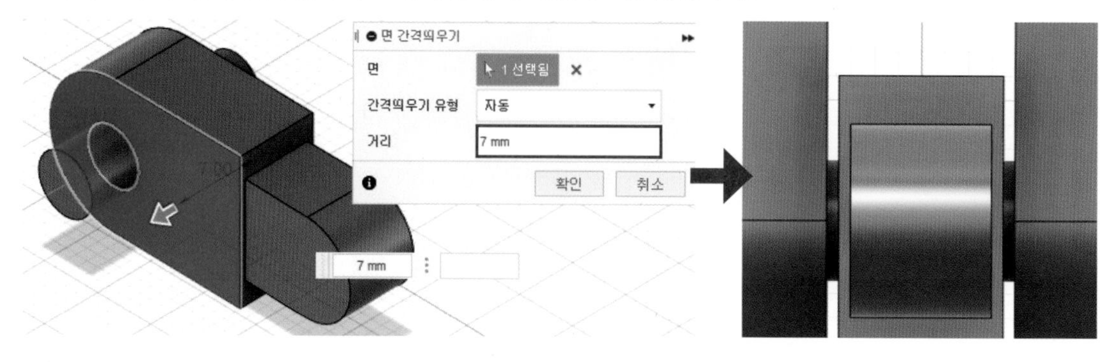

07 ①번과 ②번 부품 모델링이 완료되었습니다.

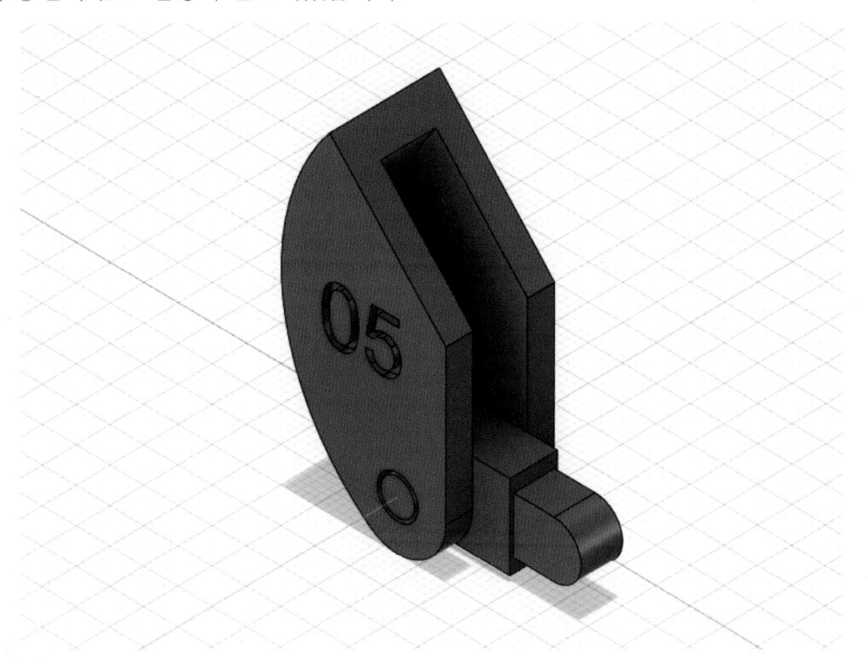

실기 도면 4

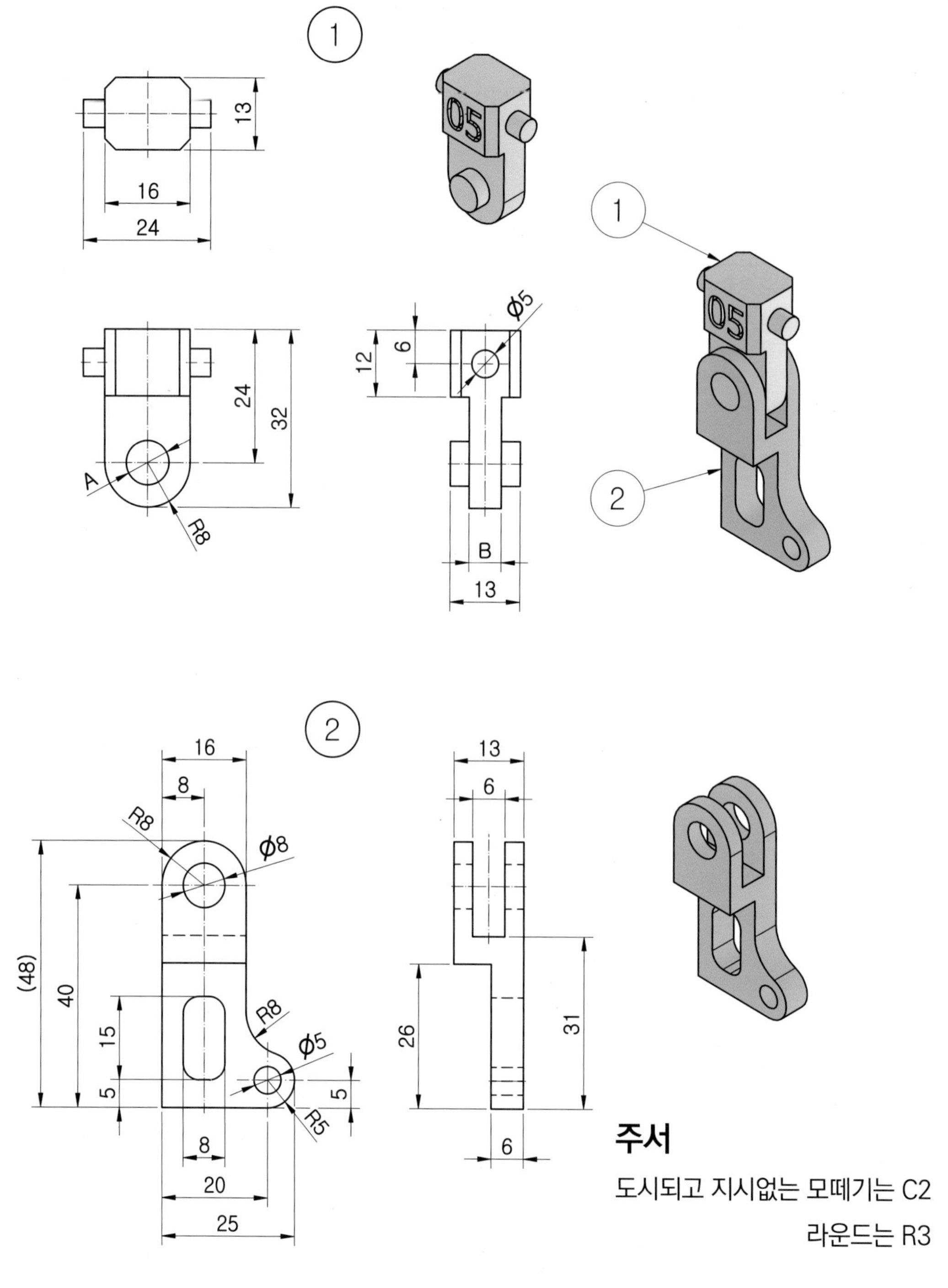

주서

도시되고 지시없는 모떼기는 C2

라운드는 R3

1 ②번 부품 모델링

01 정면도에 해당하는 XZ 평면에 다음과 같은 스케치를 작성합니다. (어느 평면에 작업하셔도 무방합니다.)

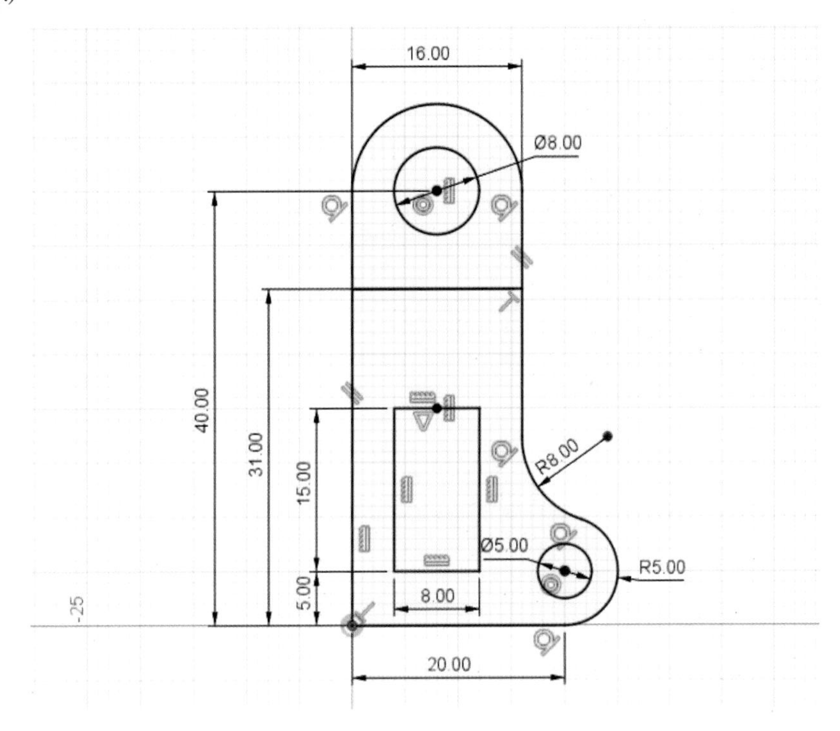

02 [돌출] 명령을 실행하고 다음과 같이 옵션 및 값을 입력하여 형상을 작성합니다.

· 방향 : 대칭 / · 측정값 : 전체 길이 / · 거리 : 13mm / · 생성 : 새 본체

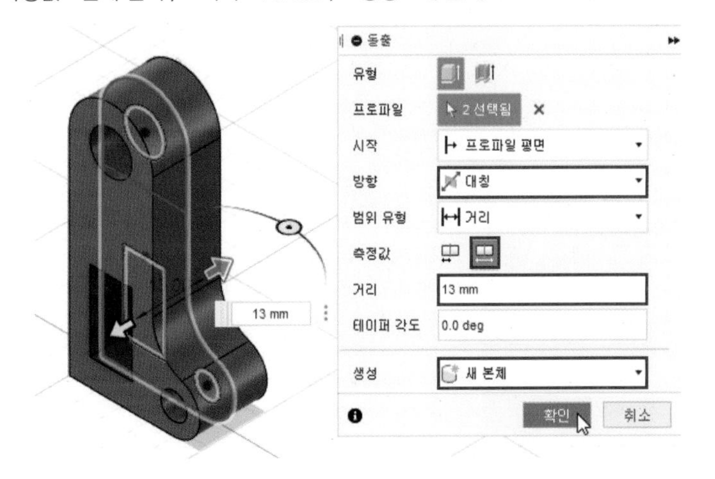

03 [돌출] 명령을 실행하고 다음과 같이 옵션 및 값을 입력하여 형상을 작성합니다.

· 방향 : 대칭 / · 측정값 : 전체 길이 / · 거리 : 6mm / · 생성 : 잘라내기

04 선택한 평면에 다음과 같이 선 스케치를 작성합니다.

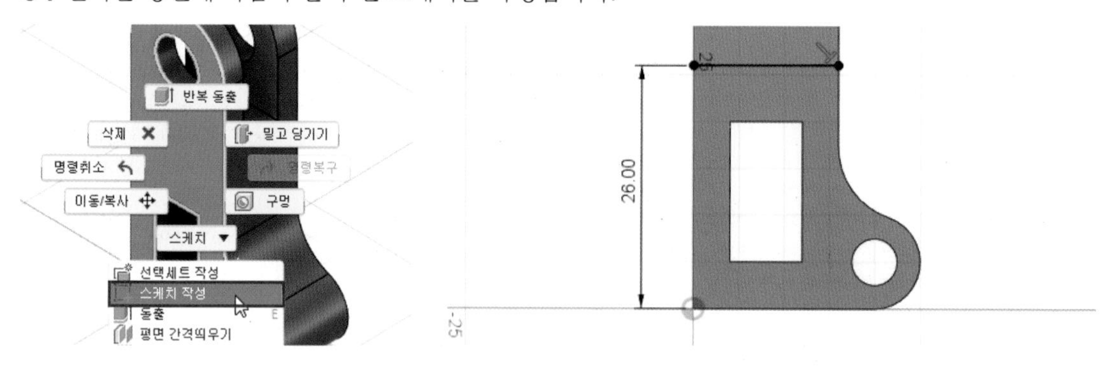

05 [돌출] 명령을 실행하고 다음과 같이 옵션 및 값을 입력하여 형상을 작성합니다.

· 방향 : 한쪽 방향 / · 거리 : −7mm / · 생성 : 잘라내기

06 [모깎기] 명령을 실행하고 다음과 같이 선택한 모서리에 3mm의 모깎기를 작성하여 ②번 부품 모델링 작업을 완료합니다.

2 ①번 부품 모델링

01 정면도에 해당하는 XZ 평면에 다음과 같은 스케치를 작성합니다.

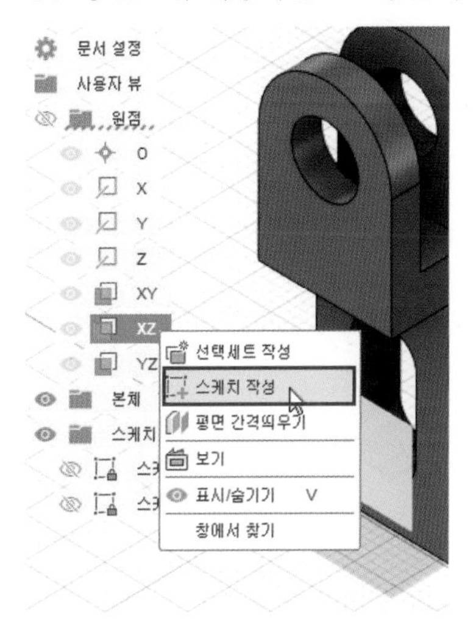

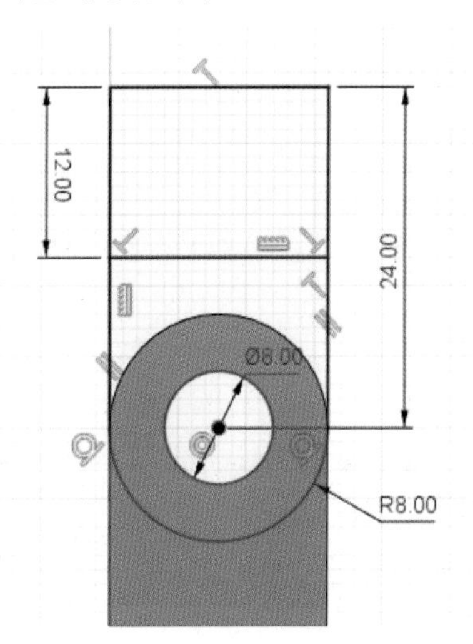

02 [돌출] 명령을 실행하고 다음과 같이 옵션 및 값을 입력하여 형상을 작성합니다.

· 방향 : 대칭 / · 측정값 : 전체 길이 / · 거리 : 13mm / · 생성 : 새 본체

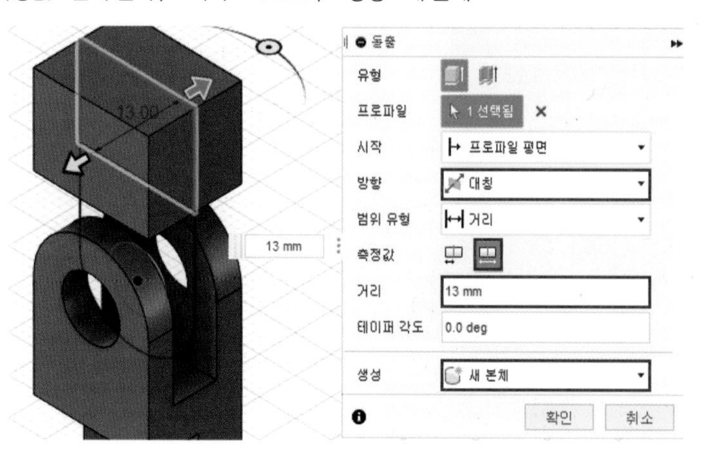

03 [돌출] 명령을 실행하고 다음과 같이 옵션 및 값을 입력하여 형상을 작성합니다. 이때, 본체 1은 가시성을 끄고 작업합니다.

· 방향 : 대칭 / · 측정값 : 전체 길이 / · 거리 : 6mm / · 생성 : 접합

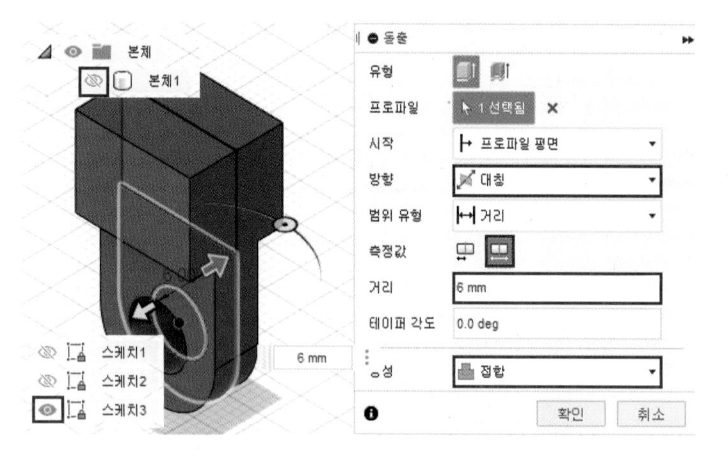

04 [돌출] 명령을 실행하고 다음과 같이 옵션 및 값을 입력하여 형상을 작성합니다.

· 방향 : 대칭 / · 측정값 : 전체 길이 / · 거리 : 13mm / · 생성 : 접합

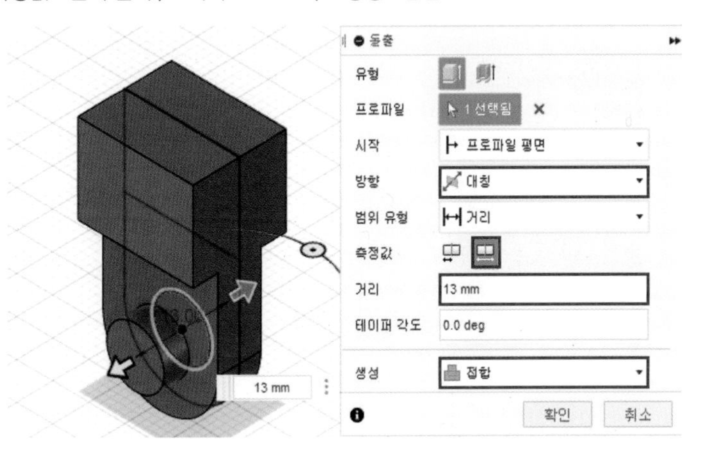

05 구성 메뉴의 [중간평면] 명령을 실행합니다.

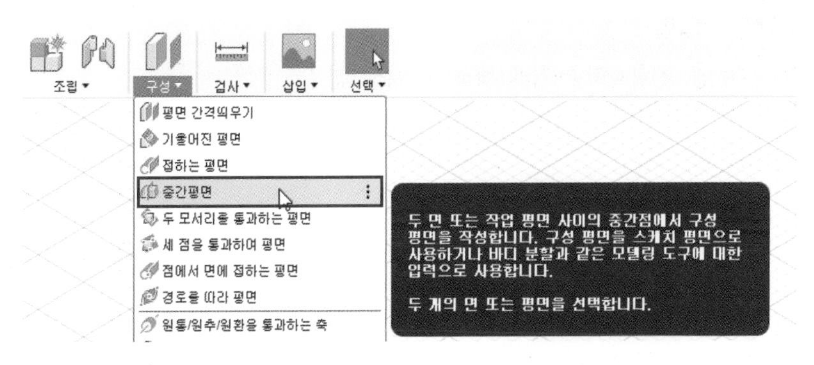

06 선택한 두 면을 클릭하여 두 면 사이에 중간 평면을 작성합니다.

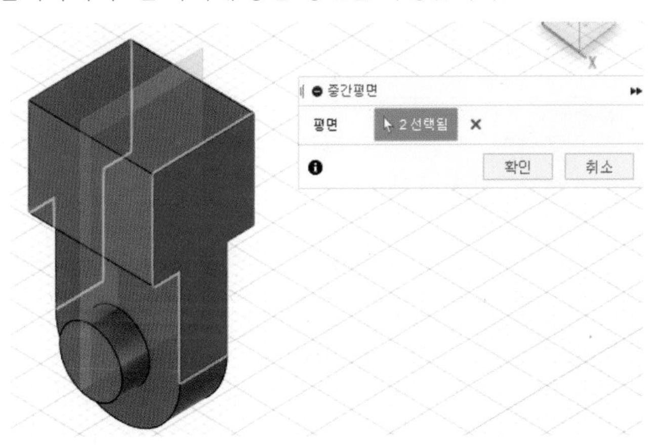

07 작업한 중간 평면에 다음과 같이 원 스케치를 작성합니다.

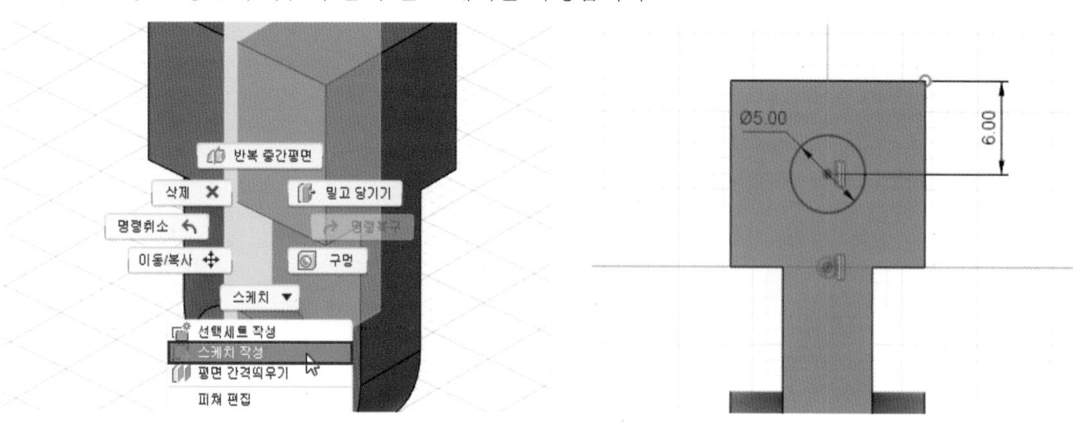

08 [돌출] 명령을 실행하고 다음과 같이 옵션 및 값을 입력하여 형상을 작성합니다.

· 방향 : 대칭 / · 측정값 : 전체 길이 / · 거리 : 24mm / · 생성 : 접합

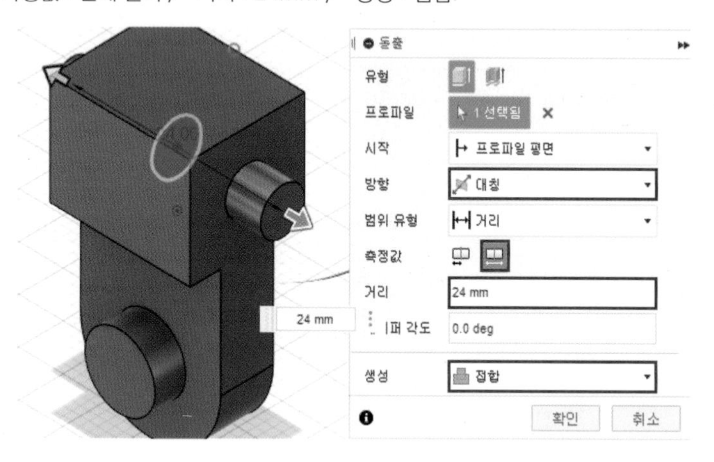

09 [모따기] 명령을 실행하고 선택한 모서리에 2mm의 모따기를 작성합니다.

10 선택한 평면에 스케치를 작성하고 [문자] 명령으로 비번호를 작성합니다.

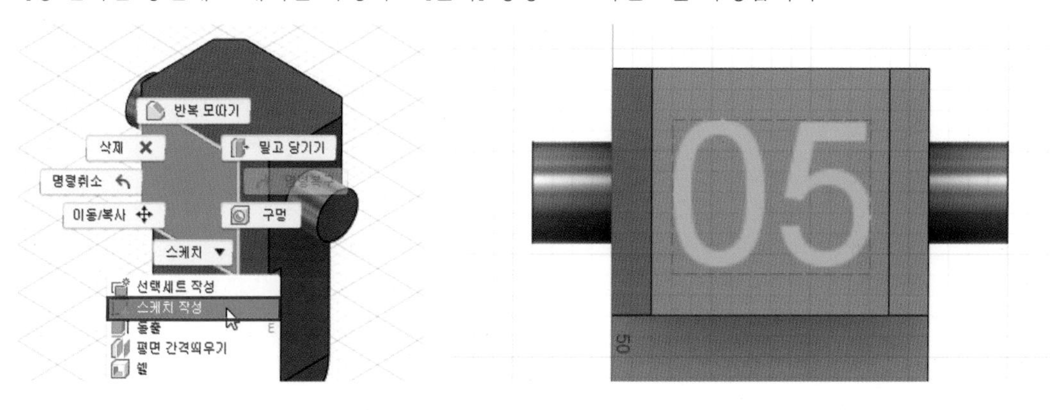

11 [돌출] 명령을 실행하고 다음과 같이 옵션 및 값을 입력하여 형상을 작성합니다.

· 방향 : 한쪽 방향 / · 거리 : -1mm / · 생성 : 잘라내기

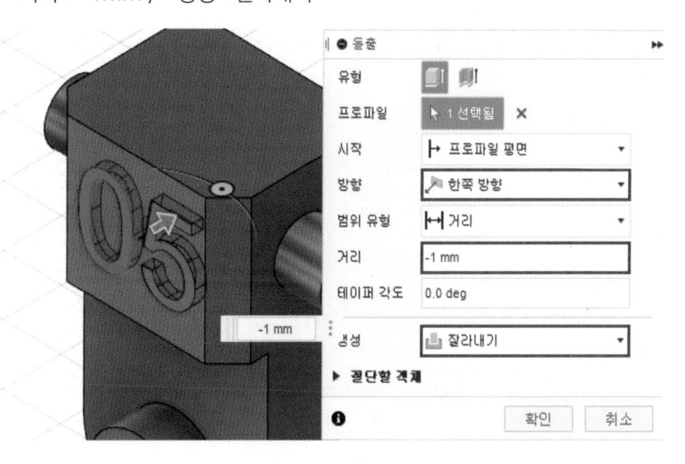

12 움직임이 발생하는 부위에 틈새를 주기 위해 [밀고 당기기] 명령을 실행하고 선택한 양쪽 원통면의 반지름을 -0.5mm 줄입니다.

13 [밀고 당기기] 명령을 실행하고 선택한 양쪽 면을 1mm 줄입니다.

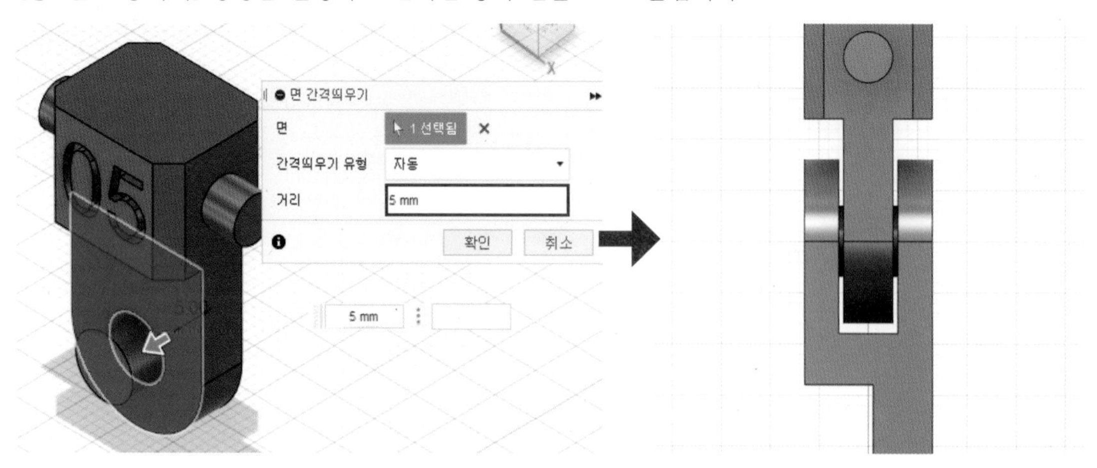

14 ①번과 ②번 부품 모델링이 완료되었습니다.

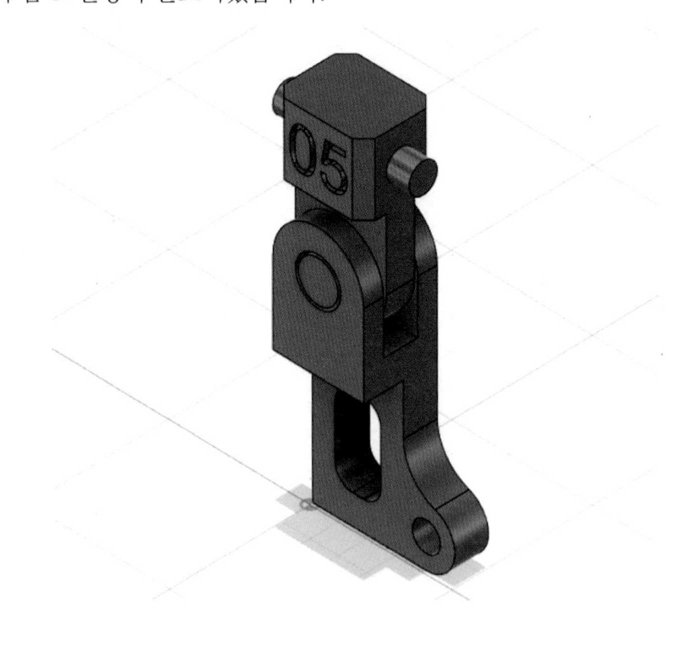

실기 도면 5

SECTION 05

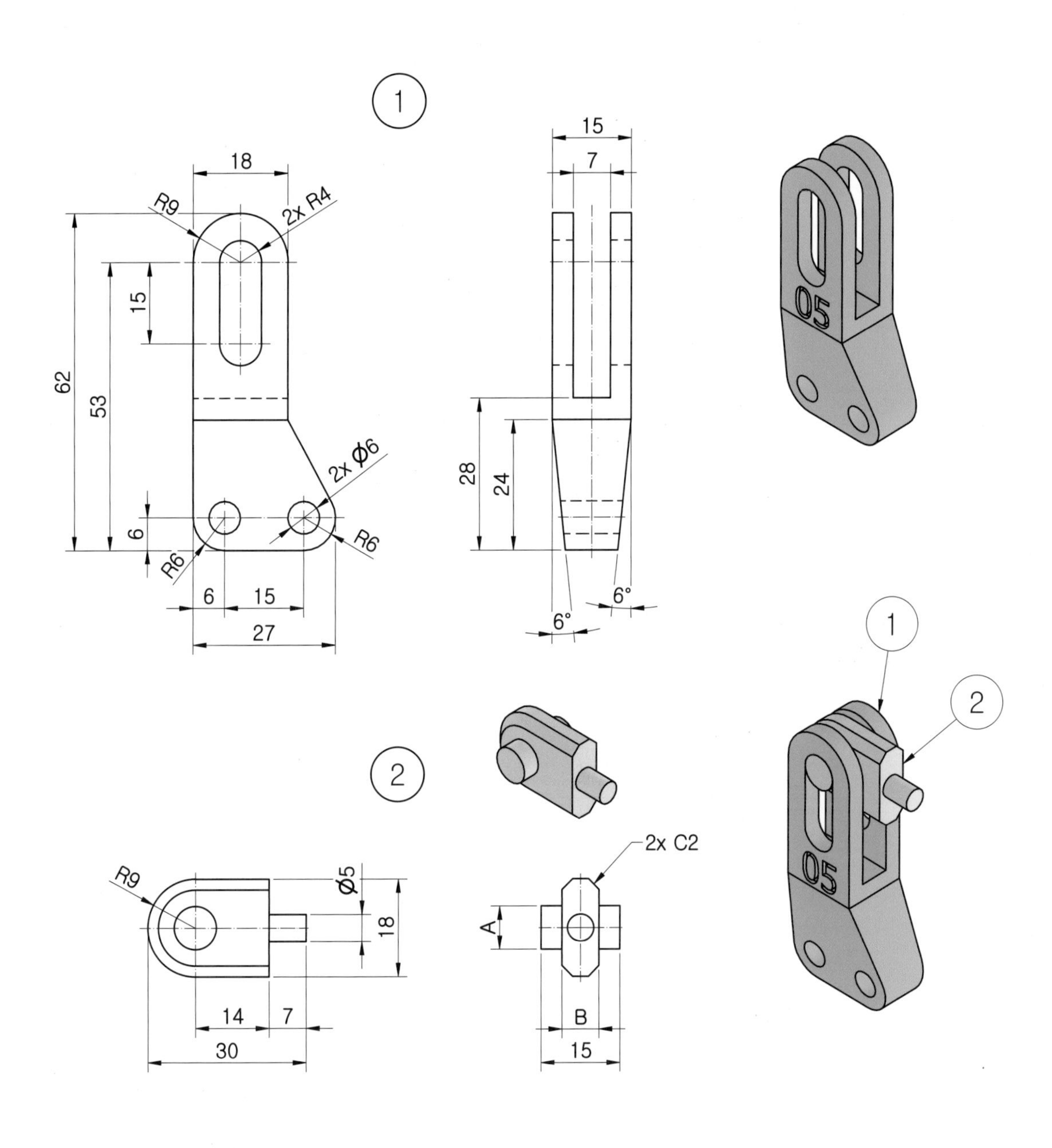

1 ①번 부품 모델링

01 정면도에 해당하는 XZ 평면에 다음과 같은 스케치를 작성합니다. (어느 평면에 작업하셔도 무방합니다.)

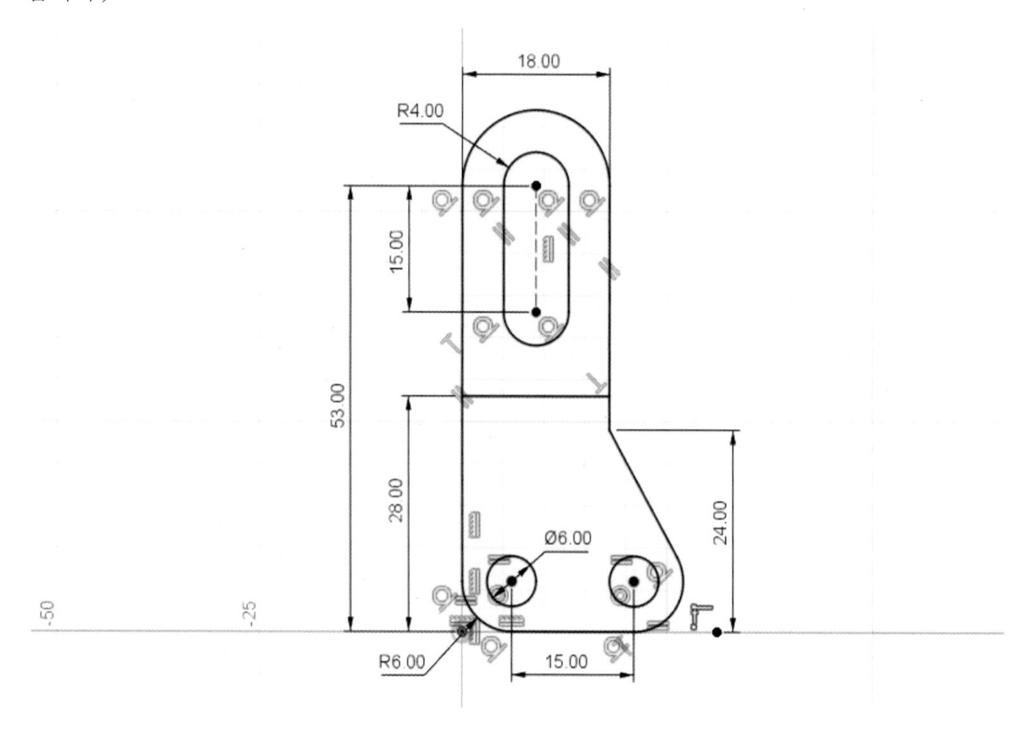

02 [돌출] 명령을 실행하고 다음과 같이 옵션 및 값을 입력하여 형상을 작성합니다.

· 방향 : 대칭 / · 측정값 : 전체 길이 / · 거리 : 15mm / · 생성 : 새 본체

03 [돌출] 명령을 실행하고 다음과 같이 옵션 및 값을 입력하여 형상을 작성합니다.

· 방향 : 대칭 / · 측정값 : 전체 길이 / · 거리 : 7mm / · 생성 : 잘라내기

04 선택한 평면에 다음과 같이 선 스케치를 작성합니다.

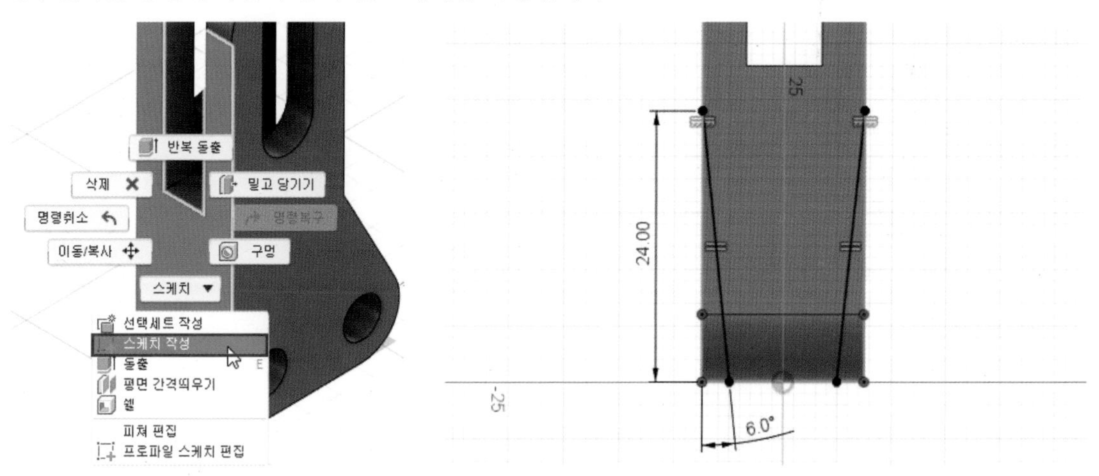

05 [돌출] 명령을 실행하고 다음과 같이 옵션 및 값을 입력하여 형상을 작성합니다.

· 방향 : 한쪽 방향 / · 범위 유형 : 모두 / · 반전 : 방향 반전 / · 생성 : 잘라내기

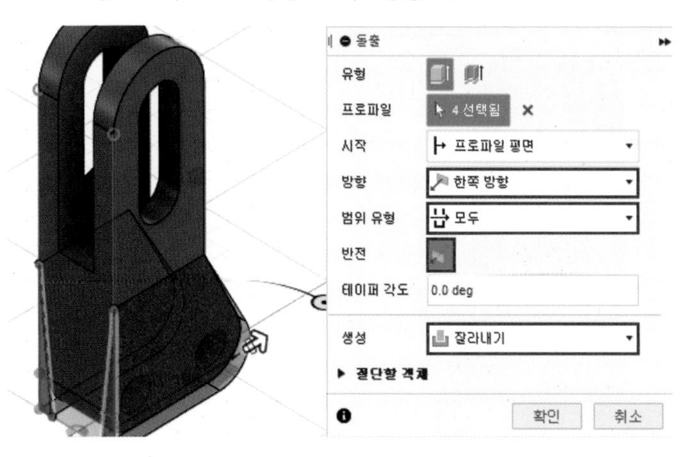

06 선택한 평면에 스케치를 작성하고 [문자] 명령으로 비번호를 작성합니다.

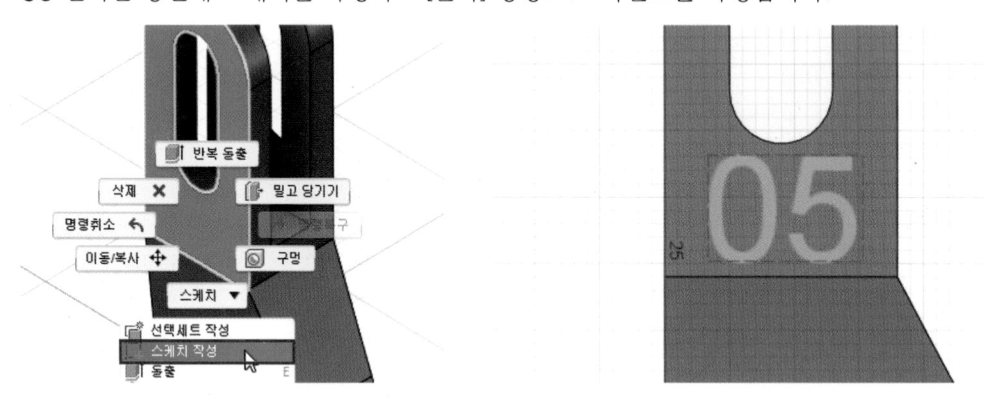

07 [돌출] 명령을 실행한 후 다음과 같이 옵션 및 값을 입력하고 형상을 작성하여 ①번 부품 모델링 작업을 완료합니다.

· 방향 : 한쪽 방향 / · 거리 : -1mm / · 생성 : 잘라내기

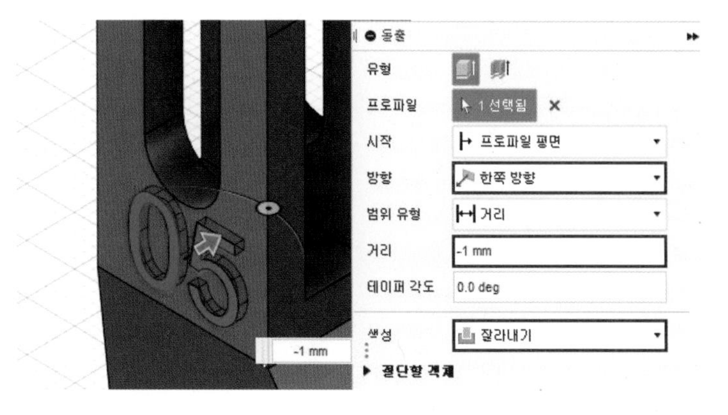

2 ②번 부품 모델링

01 정면도에 해당하는 XZ 평면에 다음과 같은 스케치를 작성합니다.

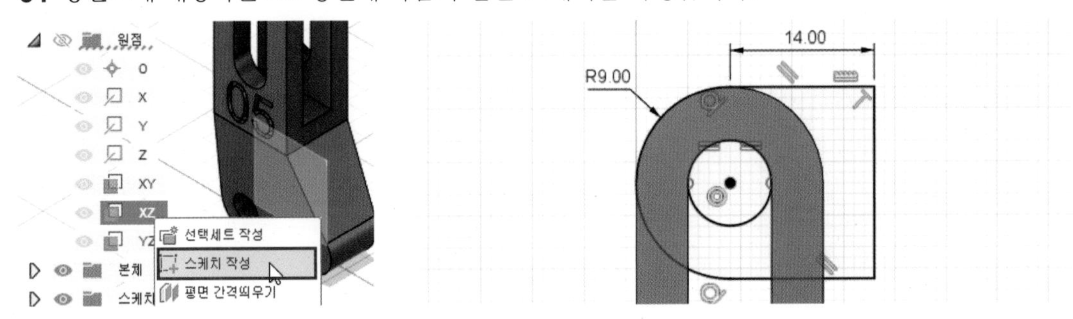

02 [돌출] 명령을 실행하고 다음과 같이 옵션 및 값을 입력하여 형상을 작성합니다.

· 방향 : 대칭 / · 측정값 : 전체 길이 / · 거리 : 7mm / · 생성 : 새 본체

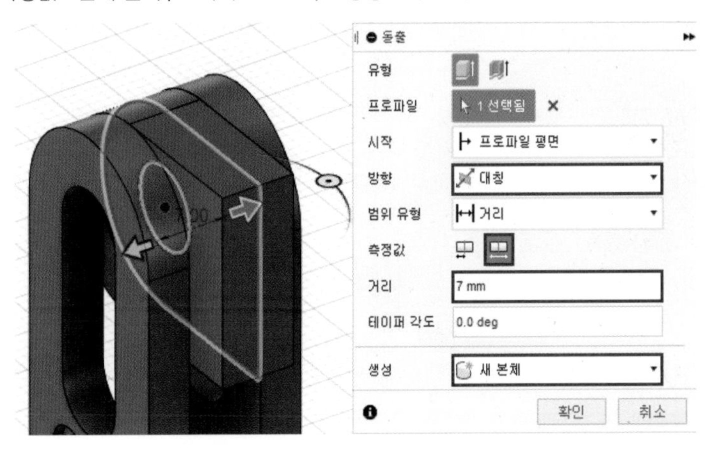

03 [돌출] 명령을 실행하고 다음과 같이 옵션 및 값을 입력하여 형상을 작성합니다. 이때, 본체 1은 가시성을 끄고 작업합니다.

· 방향 : 대칭 / · 측정값 : 전체 길이 / · 거리 : 15mm / · 생성 : 접합

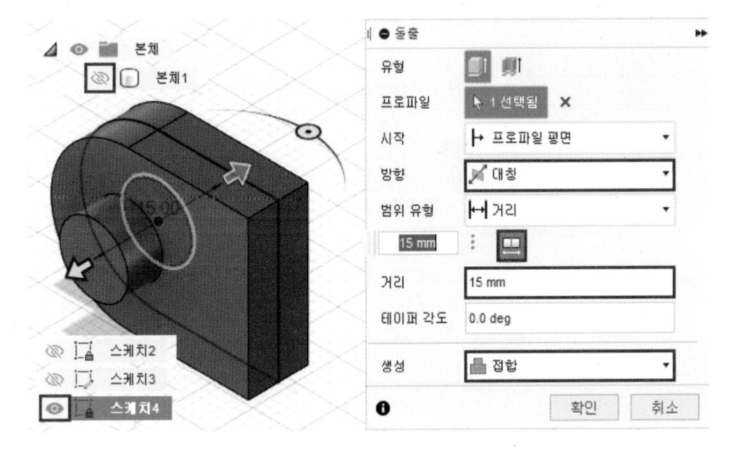

04 선택한 평면에 다음과 같이 원 스케치를 작성합니다.

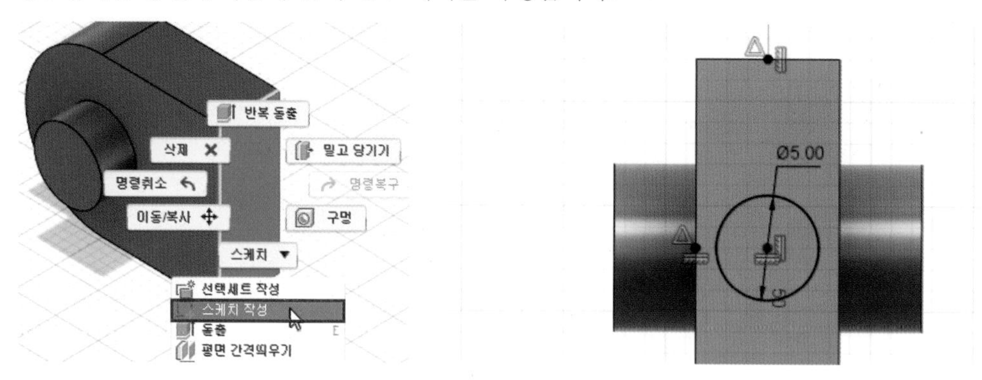

05 [돌출] 명령을 실행하고 다음과 같이 옵션 및 값을 입력하여 형상을 작성합니다.

· 방향 : 한쪽 방향 / · 거리 : 7mm / · 생성 : 접합

06 [모따기] 명령을 실행하고 선택한 모서리에 2mm의 모따기를 작성합니다.

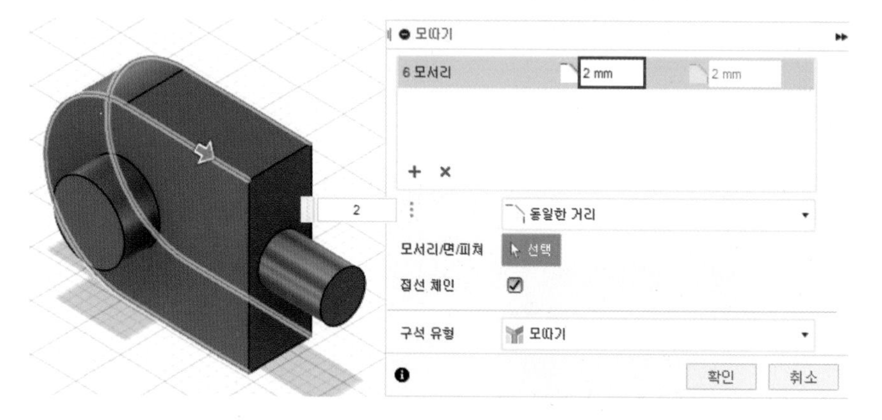

07 움직임이 발생하는 부위에 틈새를 주기 위해 [밀고 당기기] 명령을 실행하고 선택한 양쪽 원통면의 반지름을 -0.5mm 줄입니다.

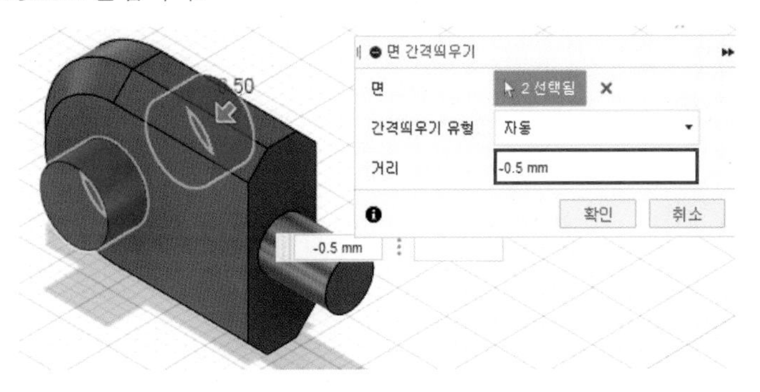

08 [밀고 당기기] 명령을 실행하고 선택한 양쪽 면을 1mm 줄입니다.

09 ①번과 ②번 부품 모델링이 완료되었습니다.

SECTION 06

실기 도면 6

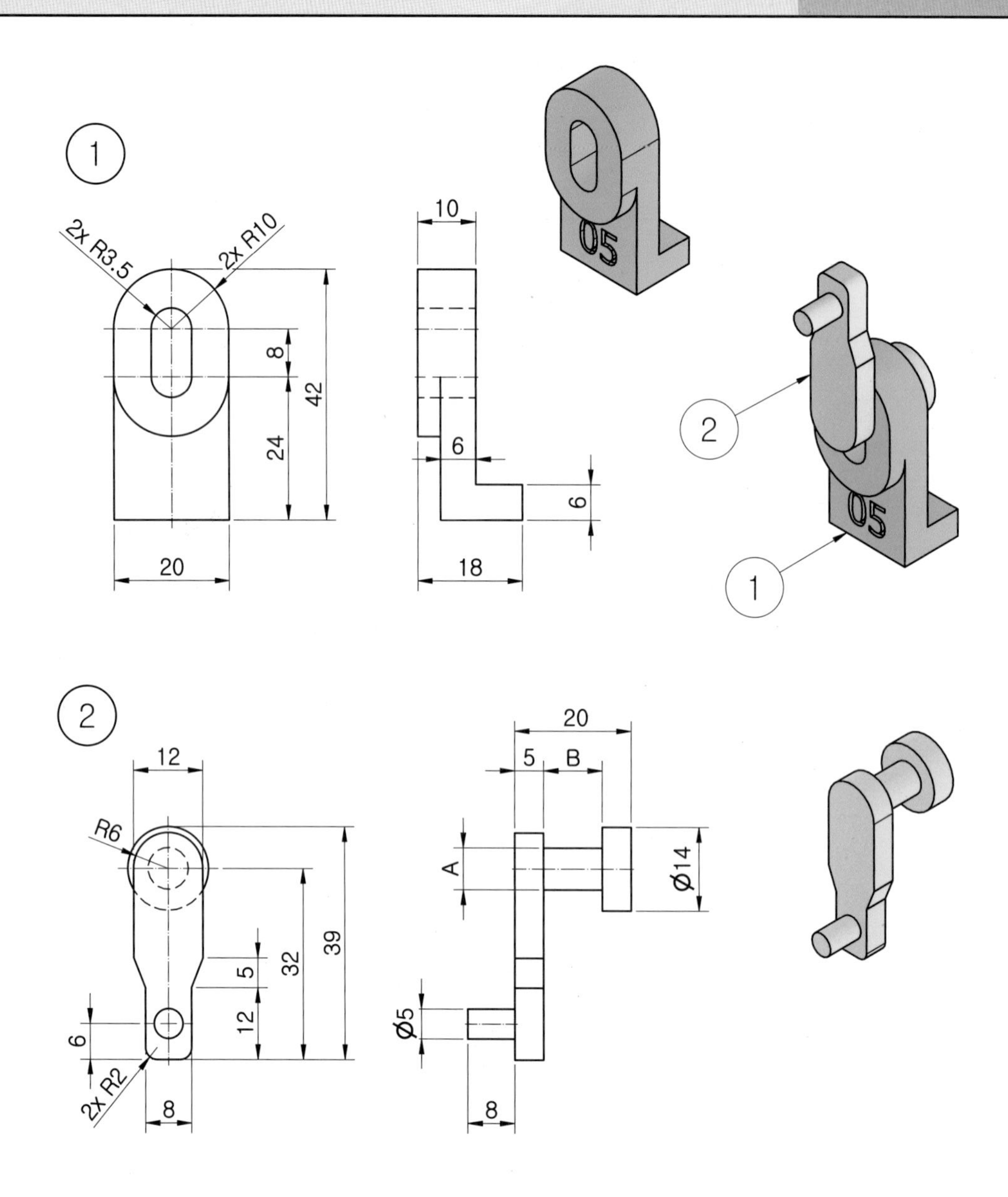

1 ①번 부품 모델링

01 정면도에 해당하는 XZ 평면에 다음과 같은 스케치를 작성합니다. (어느 평면에 작업하셔도 무방합니다.)

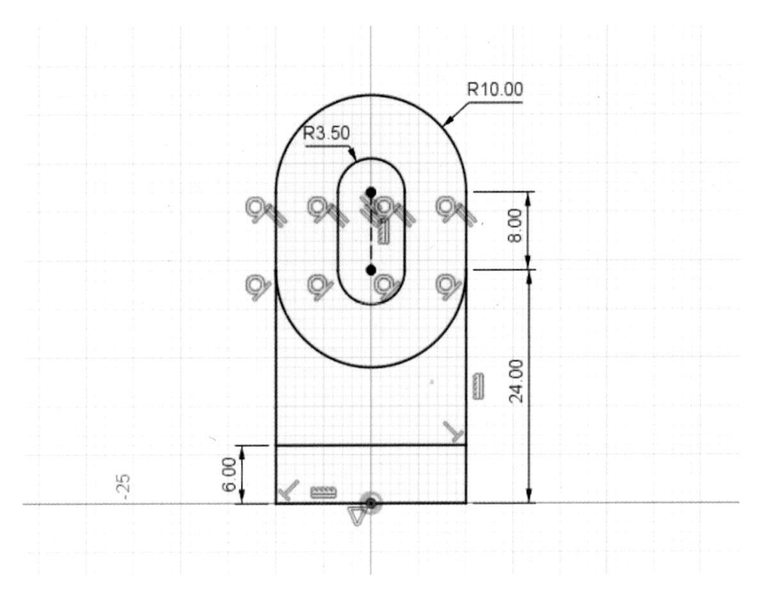

02 [돌출] 명령을 실행하고 다음과 같이 옵션 및 값을 입력하여 형상을 작성합니다.

· 방향 : 한쪽 방향 / · 거리 : -10mm / · 생성 : 새 본체

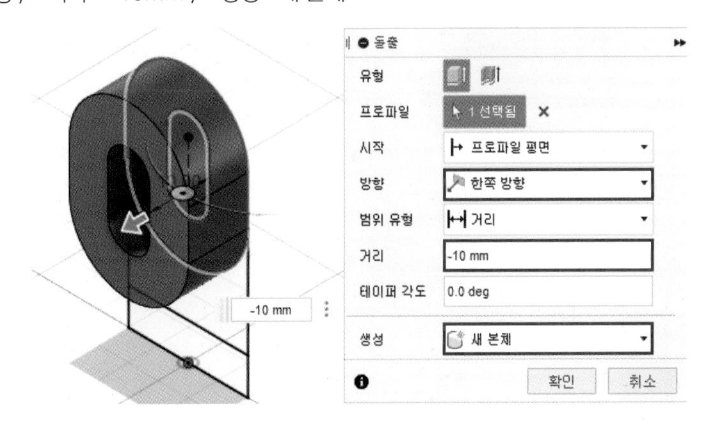

03 [돌출] 명령을 실행하고 다음과 같이 옵션 및 값을 입력하여 형상을 작성합니다.

· 방향 : 한쪽 방향 / · 거리 : −6mm / · 생성 : 접합

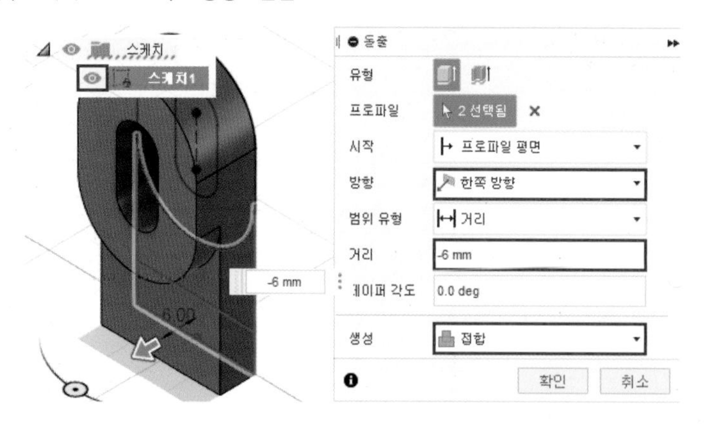

04 [돌출] 명령을 실행하고 다음과 같이 옵션 및 값을 입력하여 형상을 작성합니다.

· 방향 : 한쪽 방향 / · 거리 : 8mm / · 생성 : 접합

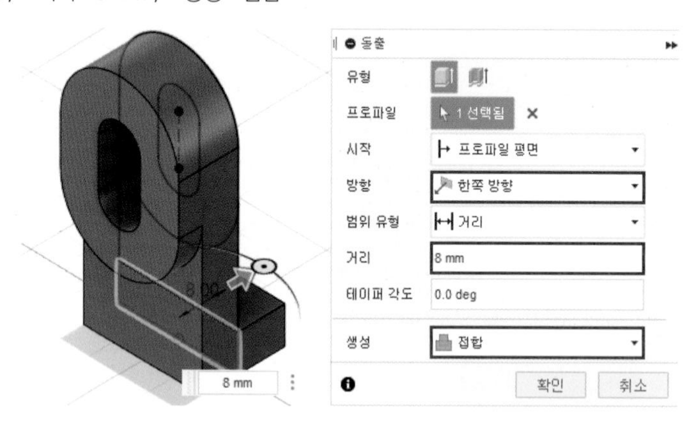

05 선택한 평면에 스케치를 작성하고 [문자] 명령으로 비번호를 작성합니다.

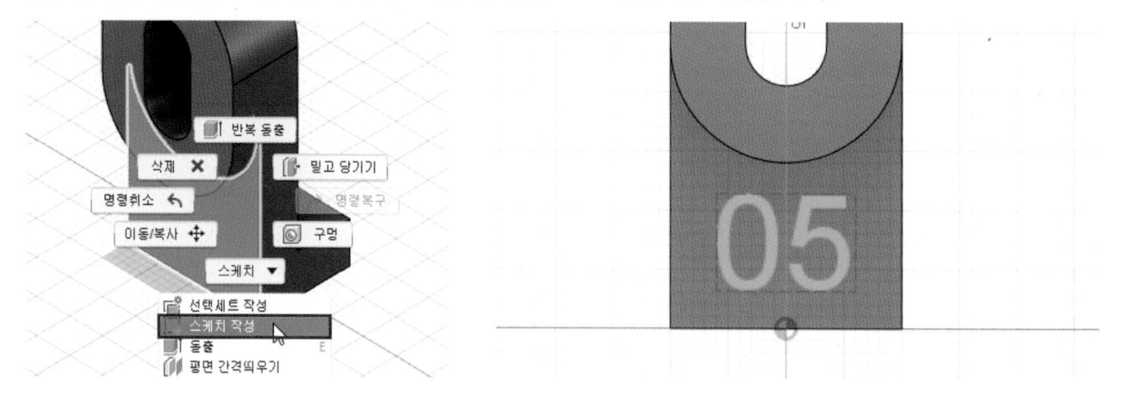

06 [돌출] 명령을 실행한 후 다음과 같이 옵션 및 값을 입력하고 형상을 작성하여 ①번 부품 모델링 작업을 완료합니다.

· 방향 : 한쪽 방향 / · 거리 : −1mm / · 생성 : 잘라내기

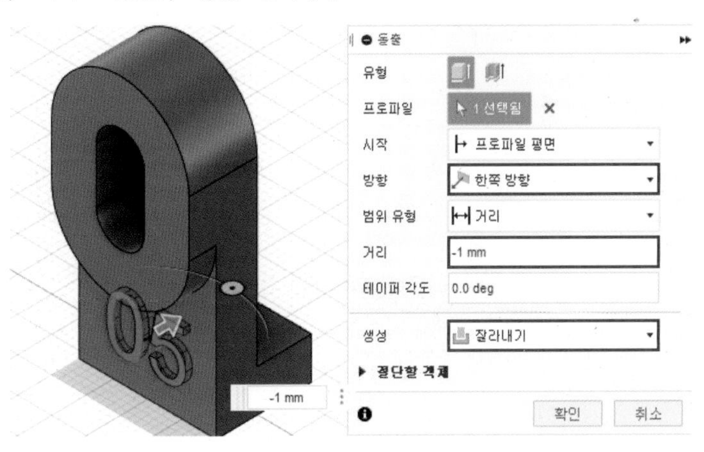

2 ②번 부품 모델링

01 선택한 평면에 다음과 같은 스케치를 작성합니다.

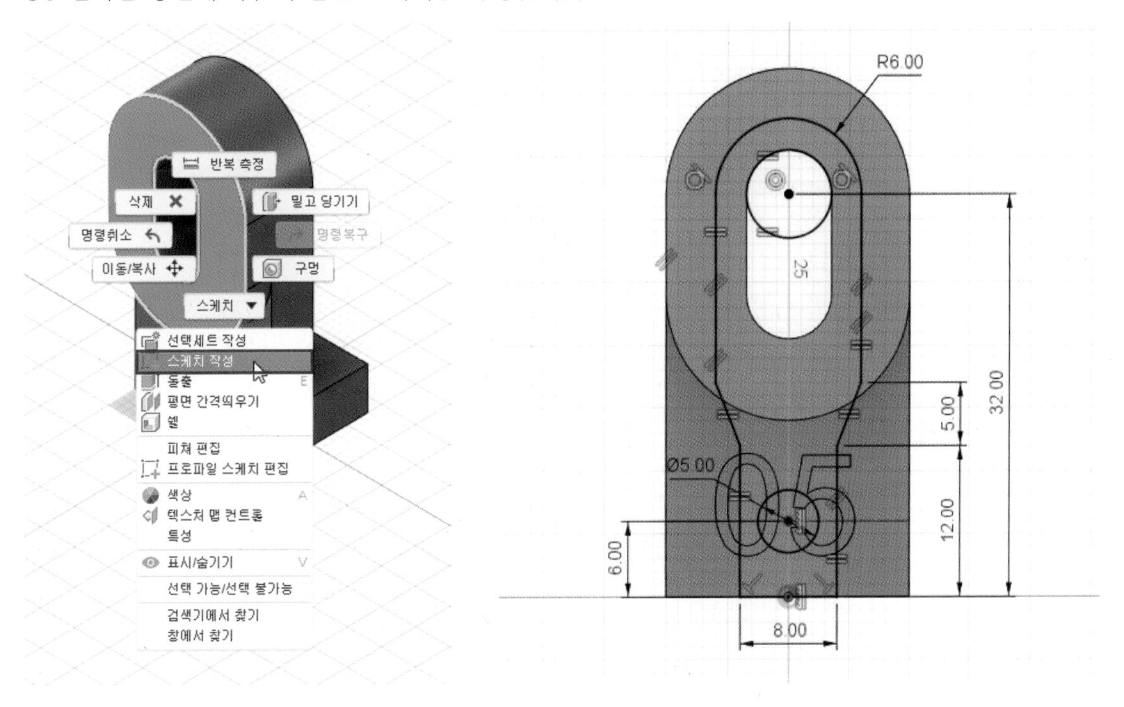

02 [돌출] 명령을 실행하고 다음과 같이 옵션 및 값을 입력하여 형상을 작성합니다.

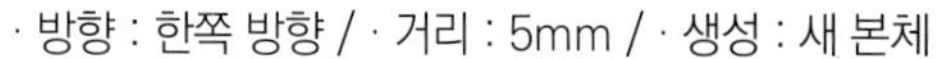

03 [돌출] 명령을 실행하고 다음과 같이 옵션 및 값을 입력하여 형상을 작성합니다.

· 방향 : 한쪽 방향 / · 거리 : 13mm / · 생성 : 접합

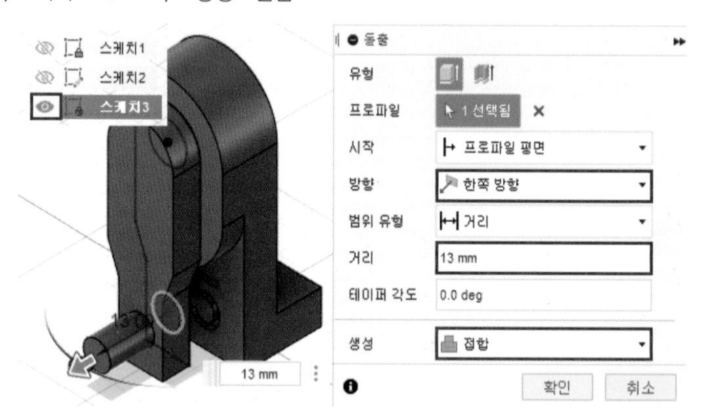

04 [돌출] 명령을 실행하고 다음과 같이 옵션 및 값을 입력하여 형상을 작성합니다. 이때, 본체 1은 가시성을 끄고 작업합니다.

· 방향 : 한쪽 방향 / · 거리 : -10mm / · 생성 : 접합

05 선택한 평면에 다음과 같이 원 스케치를 작성합니다.

06 [돌출] 명령을 실행하고 다음과 같이 옵션 및 값을 입력하여 형상을 작성합니다.

· 방향 : 한쪽 방향 / · 거리 : 5mm / · 생성 : 접합

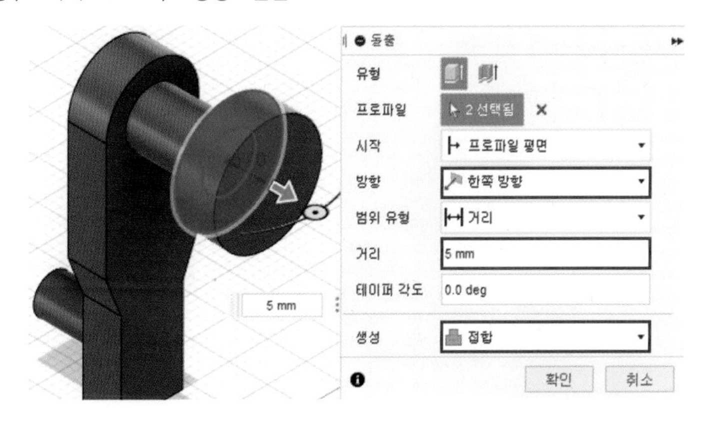

07 [모깎기] 명령을 실행하고 다음과 같이 선택한 모서리에 2mm의 모깎기를 작성합니다.

08 움직임이 발생하는 부위에 틈새를 주기 위해 [밀고 당기기] 명령을 실행하고 선택한 원통면의 반지름을 -0.5mm 줄입니다.

09 [밀고 당기기] 명령을 실행하고 선택한 면을 -1mm 줄입니다.

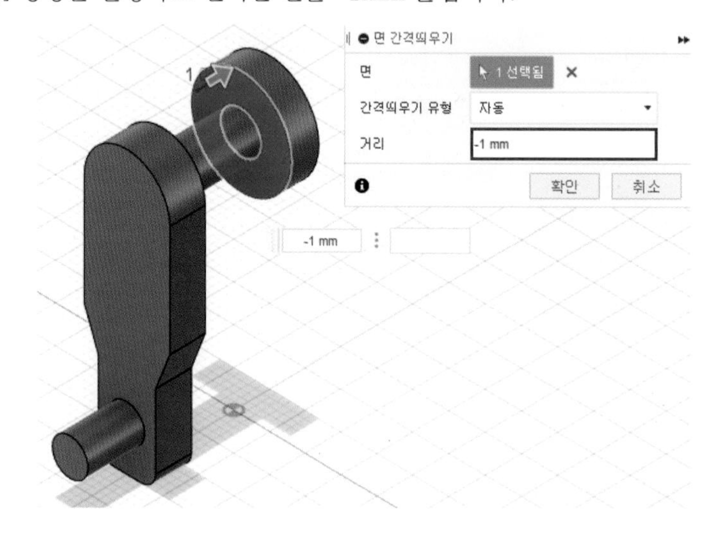

10 수정 메뉴의 [이동/복사] 명령을 실행하여 ②번 부품을 X축 방향으로 -0.5mm 이동합니다. (두 부품의 면이 붙는 것을 방지하기 위함입니다.)

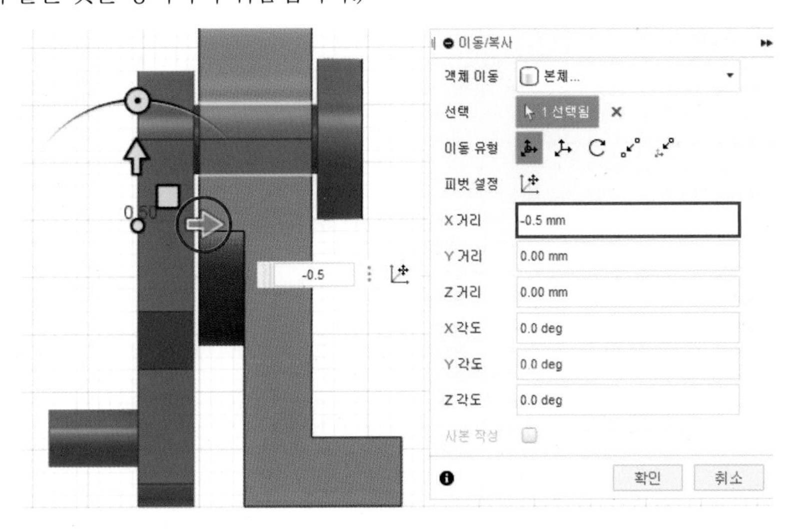

11 ①번과 ②번 부품 모델링이 완료되었습니다.

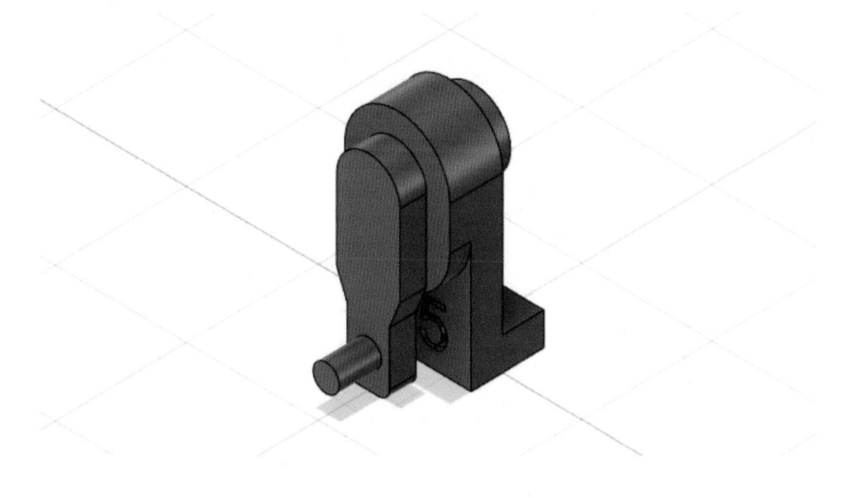

SECTION 07

실기 도면 7

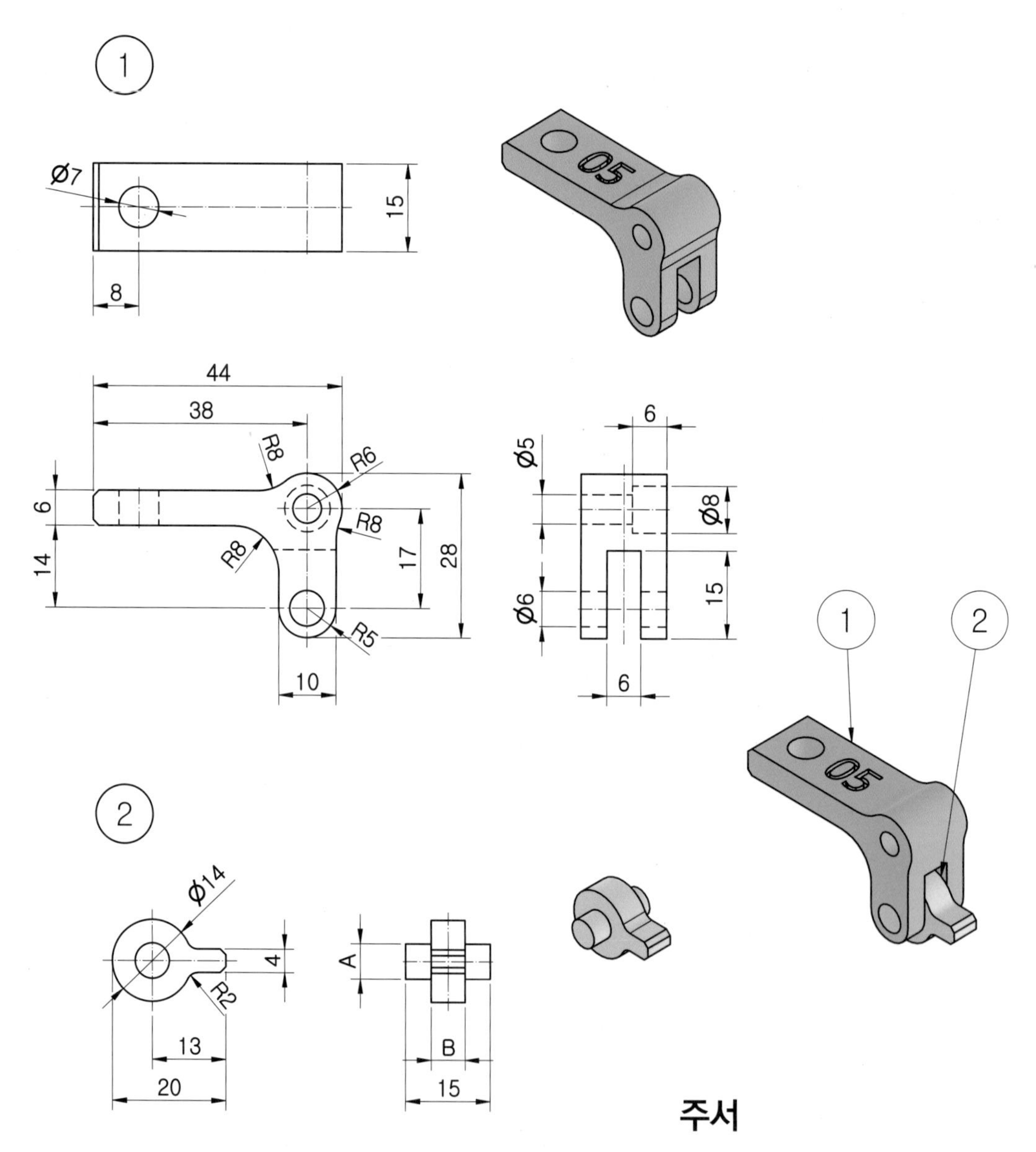

주서

도시되고 지시없는 모떼기는 C1

1 ①번 부품 모델링

01 정면도에 해당하는 XZ 평면에 다음과 같은 스케치를 작성합니다. (어느 평면에 작업하셔도 무방합니다.)

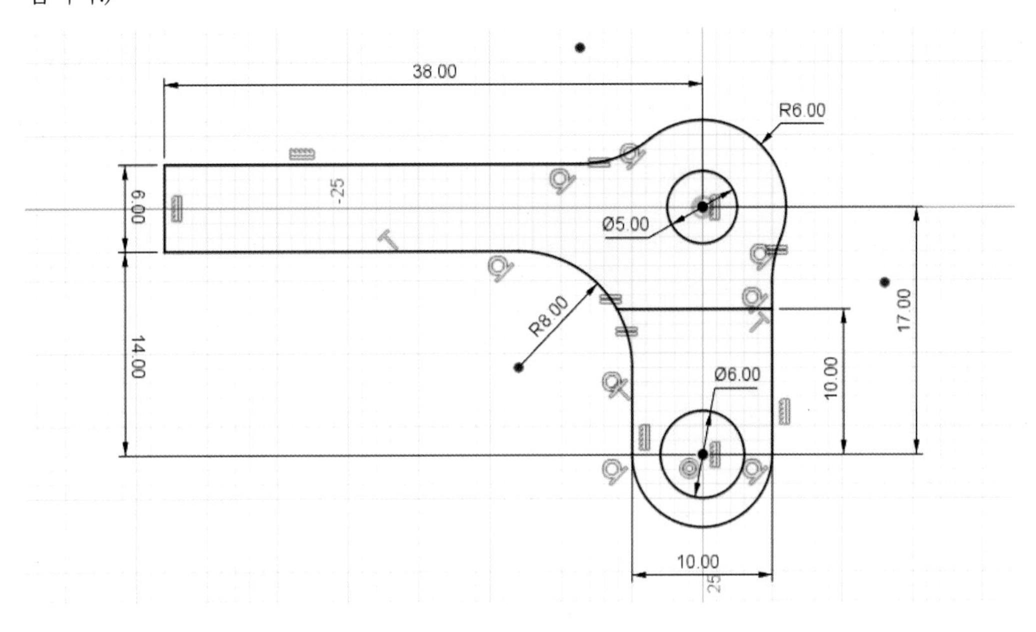

02 [돌출] 명령을 실행하고 다음과 같이 옵션 및 값을 입력하여 형상을 작성합니다.

03 [돌출] 명령을 실행하고 다음과 같이 옵션 및 값을 입력하여 형상을 작성합니다.

· 방향 : 대칭 / · 측정값 : 전체 길이 / · 거리 : 6mm / · 생성 : 잘라내기

04 선택한 평면에 다음과 같이 원 스케치를 작성합니다.

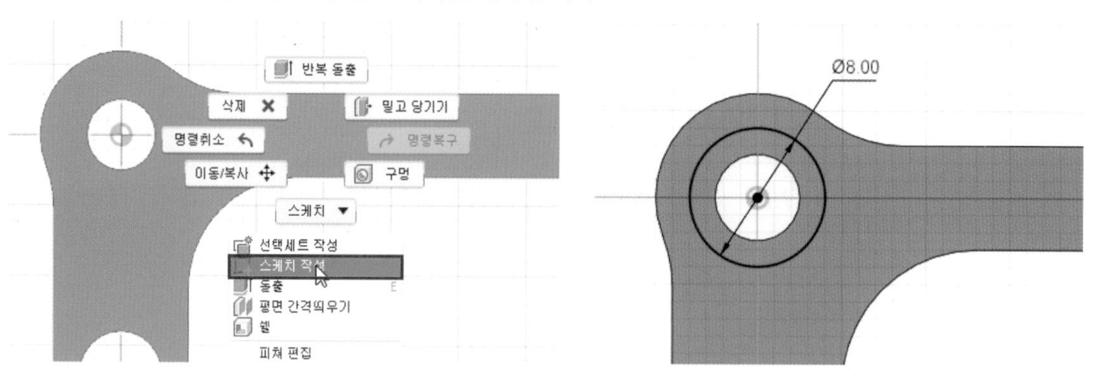

05 [돌출] 명령을 실행하고 다음과 같이 옵션 및 값을 입력하여 형상을 작성합니다.

· 방향 : 한쪽 방향 / · 거리 : −6mm / · 생성 : 잘라내기

06 선택한 평면에 다음과 같이 원 스케치를 작성합니다.

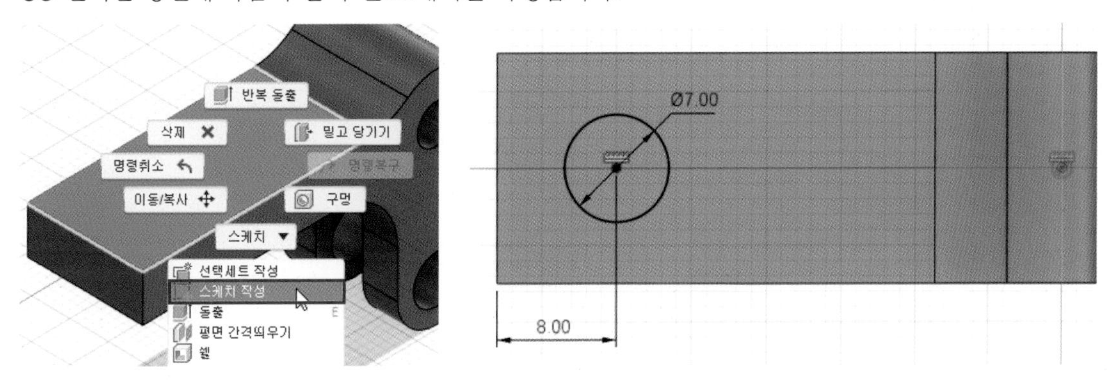

07 [돌출] 명령을 실행하고 다음과 같이 옵션 및 값을 입력하여 형상을 작성합니다.

· 방향 : 한쪽 방향 / · 범위 유형 : 모두 / · 반전 : 방향 반전 / · 생성 : 잘라내기

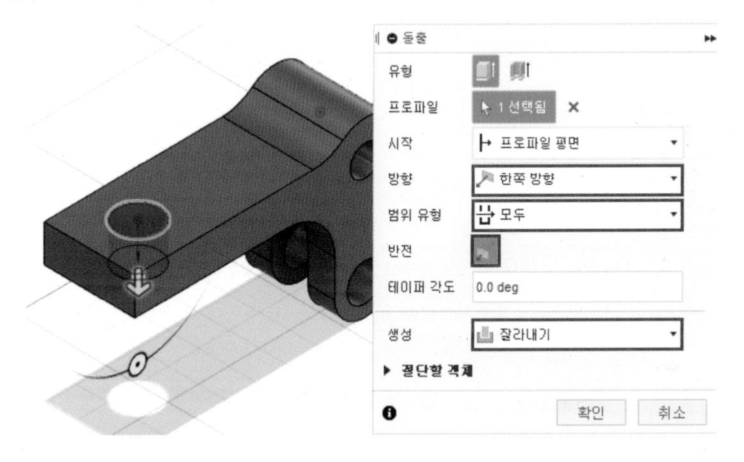

08 [모따기] 명령을 실행하고 선택한 모서리에 1mm의 모따기를 작성합니다.

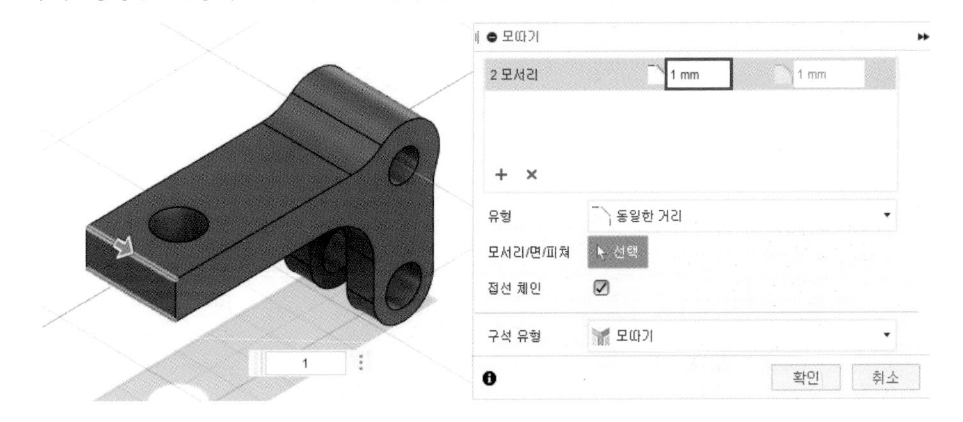

09 선택한 평면에 스케치를 작성하고 [문자] 명령으로 비번호를 작성합니다.

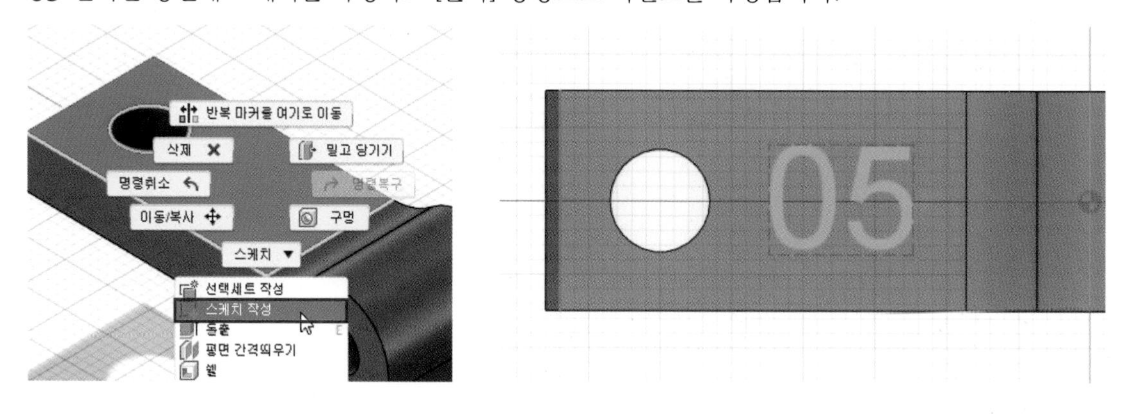

10 [돌출] 명령을 실행한 후 다음과 같이 옵션 및 값을 입력하고 형상을 작성하여 ①번 부품 모델링 작업을 완료합니다.

· 방향 : 한쪽 방향 / · 거리 : -1mm / · 생성 : 잘라내기

2 ②번 부품 모델링

01 정면도에 해당하는 XZ 평면에 다음과 같은 스케치를 작성합니다.

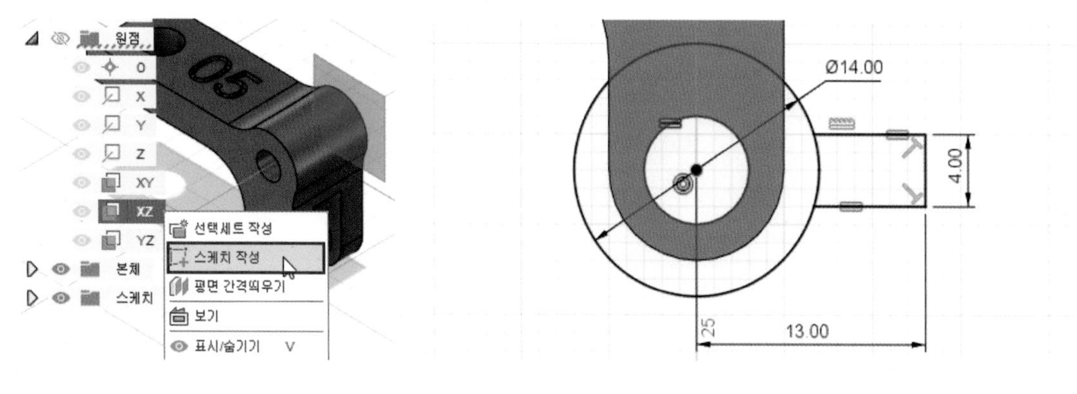

02 [돌출] 명령을 실행하고 다음과 같이 옵션 및 값을 입력하여 형상을 작성합니다.

· 방향 : 대칭 / · 측정값 : 전체 길이 / · 거리 : 6mm / · 생성 : 새 본체

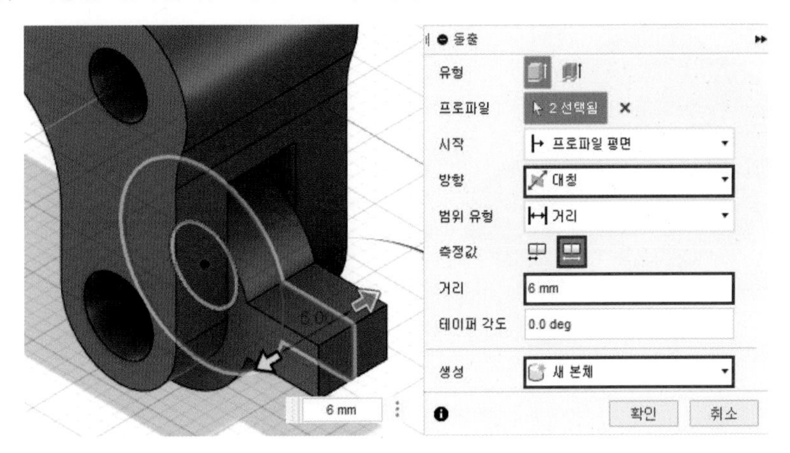

03 [돌출] 명령을 실행하고 다음과 같이 옵션 및 값을 입력하여 형상을 작성합니다. 이때, 본체 1은 가시성을 끄고 작업합니다.

· 방향 : 대칭 / · 측정값 : 전체 길이 / · 거리 : 15mm / · 생성 : 접합

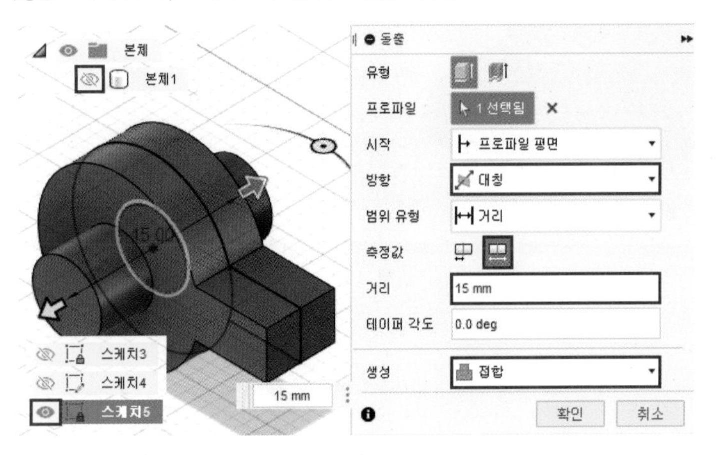

04 [모따기] 명령을 실행하고 선택한 모서리에 1mm의 모따기를 작성합니다.

05 [모깎기] 명령을 실행하고 다음과 같이 선택한 모서리에 2mm의 모깎기를 작성합니다.

06 움직임이 발생하는 부위에 틈새를 주기 위해 [밀고 당기기] 명령을 실행하고 선택한 양쪽 원통면의 반지름을 -0.5mm 줄입니다.

07 [밀고 당기기] 명령을 실행하고 선택한 양쪽 면을 1mm 줄입니다.

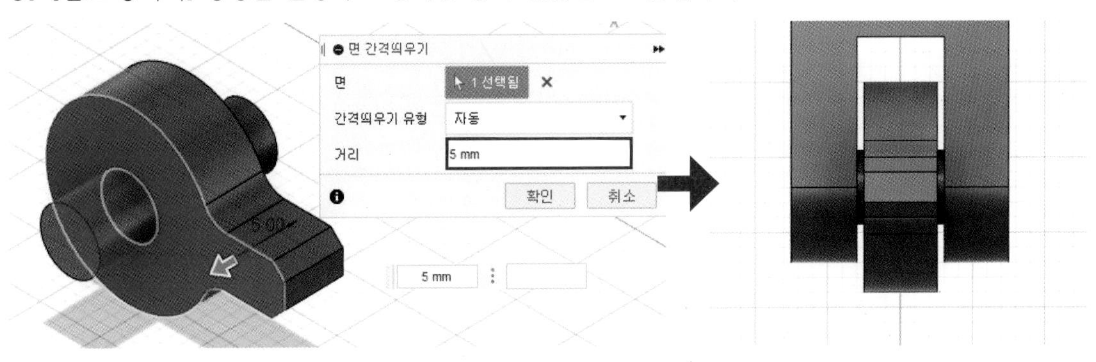

08 ①번과 ②번 부품 모델링이 완료되었습니다.

실기 도면 8

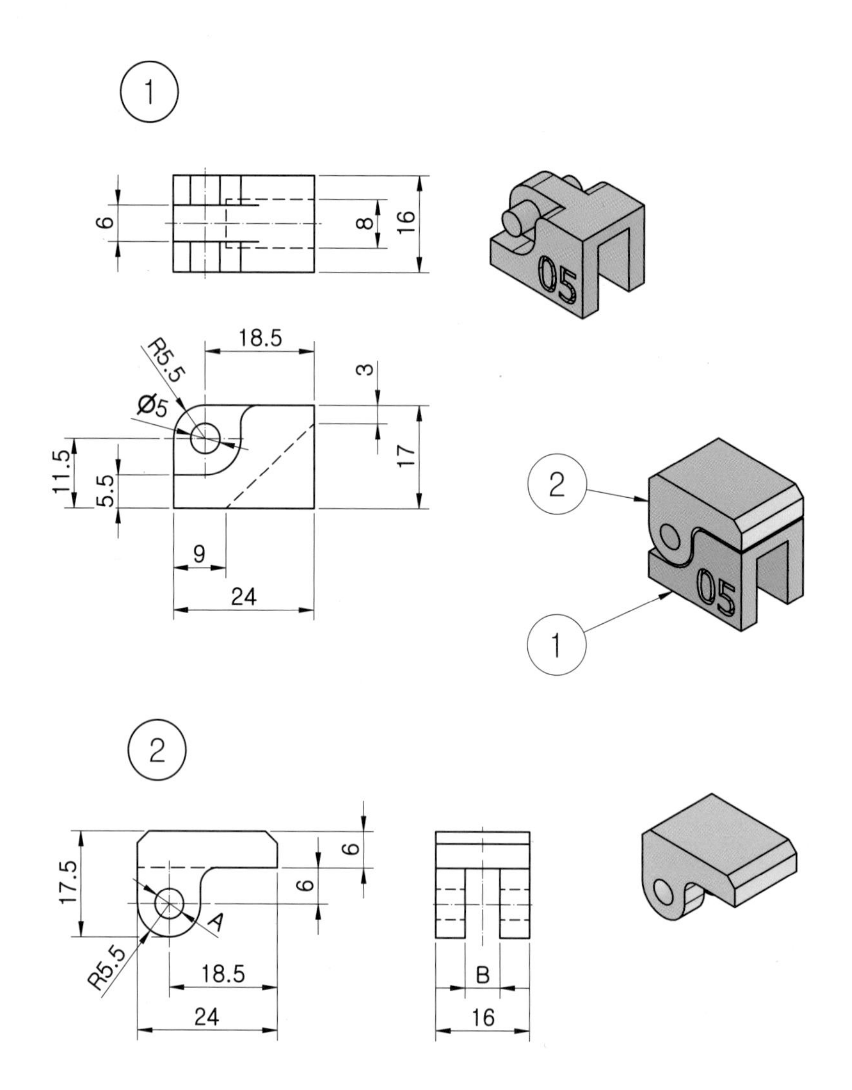

주서

도시되고 지시없는 모떼기는 C2
라운드는 R3

1 ①번 부품 모델링

01 정면도에 해당하는 XZ 평면에 다음과 같은 스케치를 작성합니다. (어느 평면에 작업하셔도 무방합니다.)

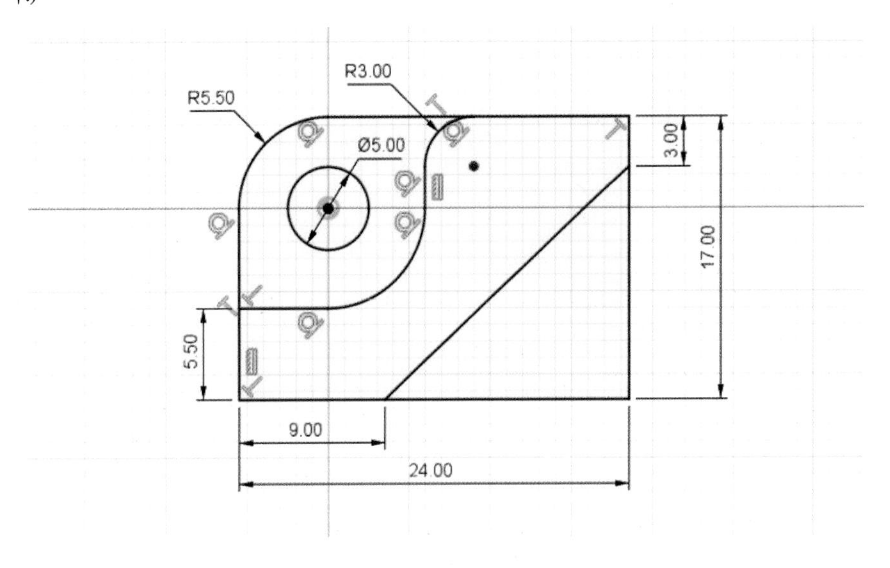

02 [돌출] 명령을 실행하고 다음과 같이 옵션 및 값을 입력하여 형상을 작성합니다.

· 방향 : 대칭 / · 측정값 : 전체 길이 / · 거리 : 16mm / · 생성 : 새 본체

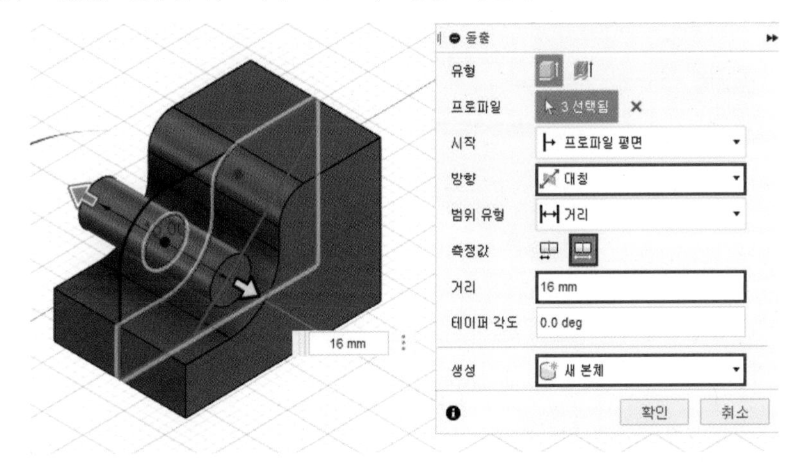

03 [돌출] 명령을 실행하고 다음과 같이 옵션 및 값을 입력하여 형상을 작성합니다.

· 방향 : 대칭 / · 측정값 : 전체 길이 / · 거리 : 6mm / · 생성 : 접합

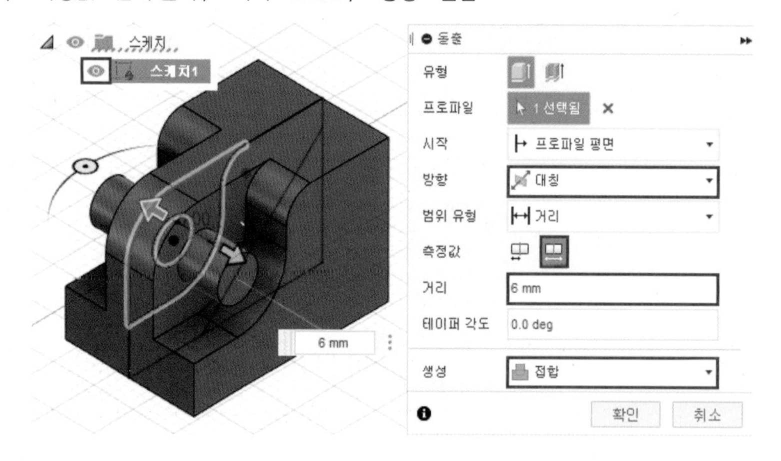

04 [돌출] 명령을 실행하고 다음과 같이 옵션 및 값을 입력하여 형상을 작성합니다.

· 방향 : 대칭 / · 측정값 : 전체 길이 / · 거리 : 8mm / · 생성 : 잘라내기

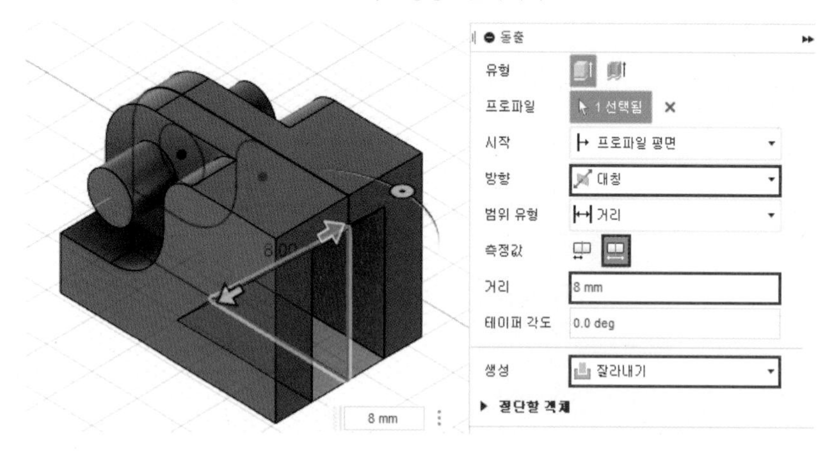

05 선택한 평면에 스케치를 작성하고 [문자] 명령으로 비번호를 작성합니다.

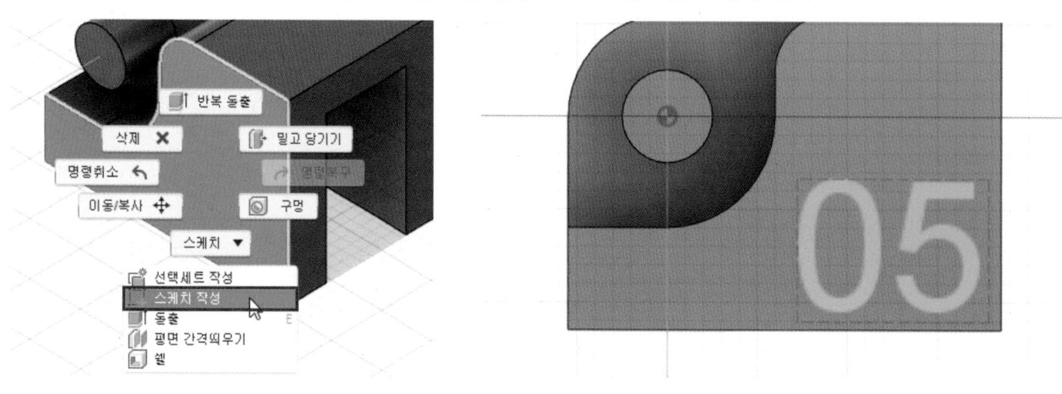

06 [돌출] 명령을 실행한 후 다음과 같이 옵션 및 값을 입력하고 형상을 작성하여 ①번 부품 모델링 작업을 완료합니다.

· 방향 : 한쪽 방향 / · 거리 : −1mm / · 생성 : 잘라내기

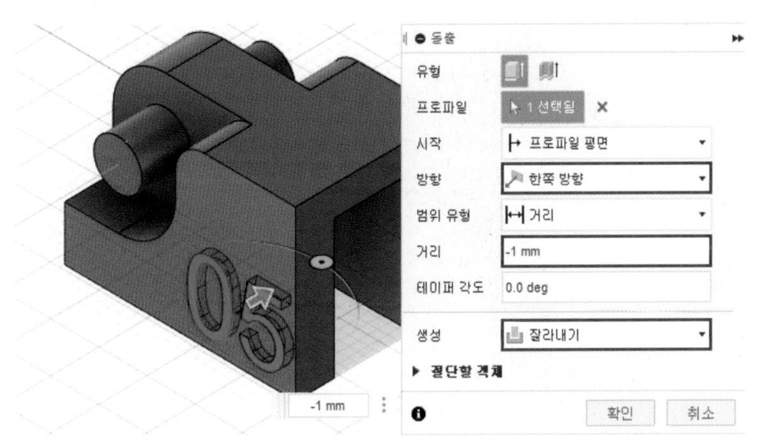

2 ②번 부품 모델링

01 정면도에 해당하는 XZ 평면에 다음과 같은 스케치를 작성합니다.

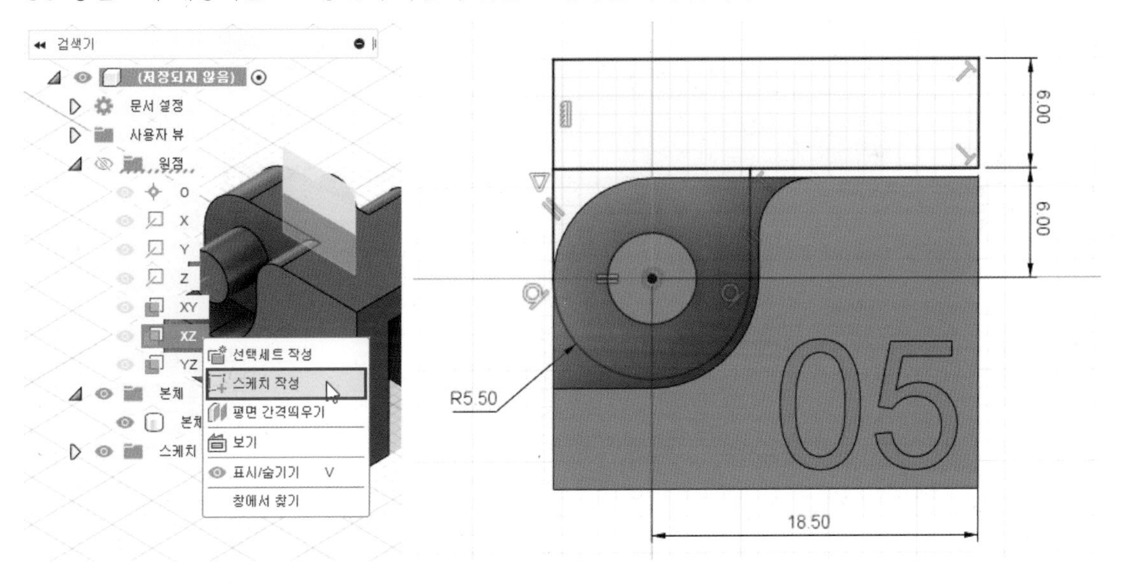

02 [돌출] 명령을 실행하고 다음과 같이 옵션 및 값을 입력하여 형상을 작성합니다. 이때, 본체 1은 가시성을 끄고 작업합니다.

· 방향 : 대칭 / · 측정값 : 전체 길이 / · 거리 : 16mm / · 생성 : 새 본체

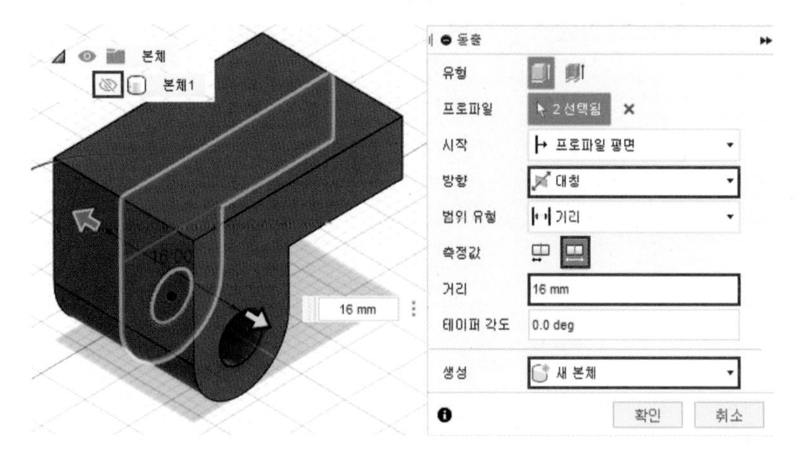

03 [돌출] 명령을 실행하고 다음과 같이 옵션 및 값을 입력하여 형상을 작성합니다.

· 방향 : 대칭 / · 측정값 : 전체 길이 / · 거리 : 6mm / · 생성 : 잘라내기

04 [모깎기] 명령을 실행하고 다음과 같이 선택한 모서리에 3mm의 모깎기를 작성합니다.

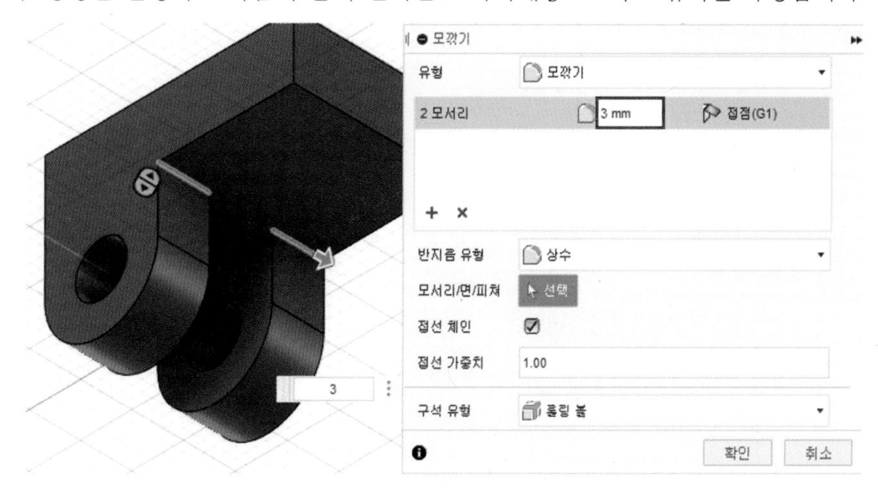

05 [모따기] 명령을 실행하고 선택한 모서리에 2mm의 모따기를 작성합니다.

06 움직임이 발생하는 부위에 틈새를 주기 위해 [밀고 당기기] 명령을 실행하고 선택한 양쪽 원통면의 반지름을 -0.5mm 늘립니다.

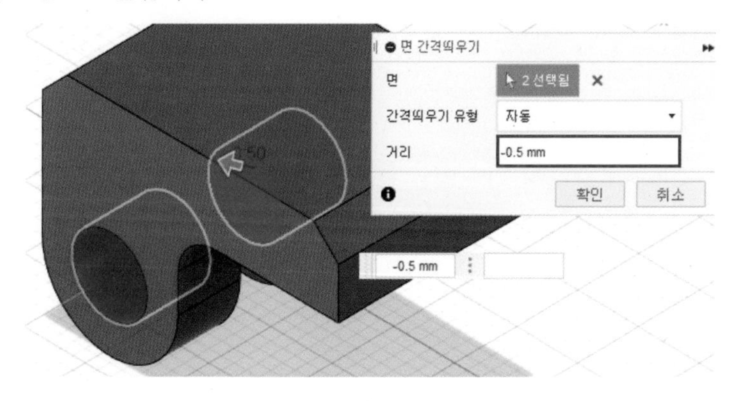

07 [밀고 당기기] 명령을 실행하고 선택한 양쪽 면을 1mm 늘립니다.

08 수정 메뉴의 [이동/복사] 명령을 실행하여 ②번 부품을 클릭하고 [회전] 유형으로 변경한 다음 회전축으로 다음 모서리를 클릭합니다.

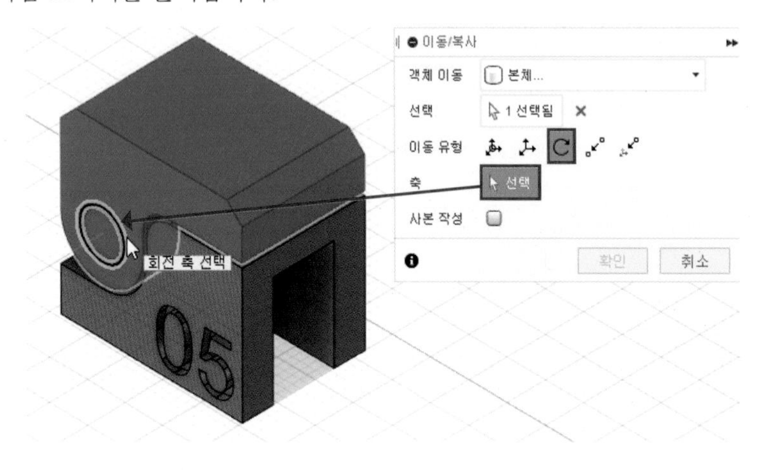

09 ②번 부품을 -90도 회전하여 3D 프린터 출력시 서포트가 잘 제거될 수 있도록 방향을 결정합니다.

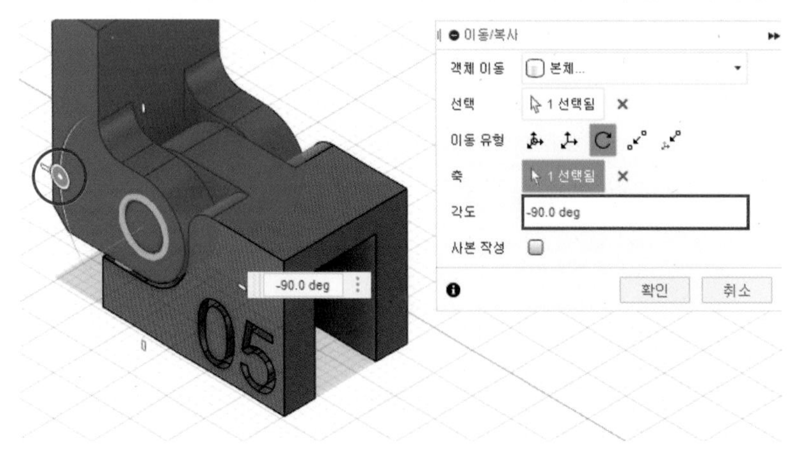

10 ①번과 ②번 부품 모델링이 완료되었습니다.

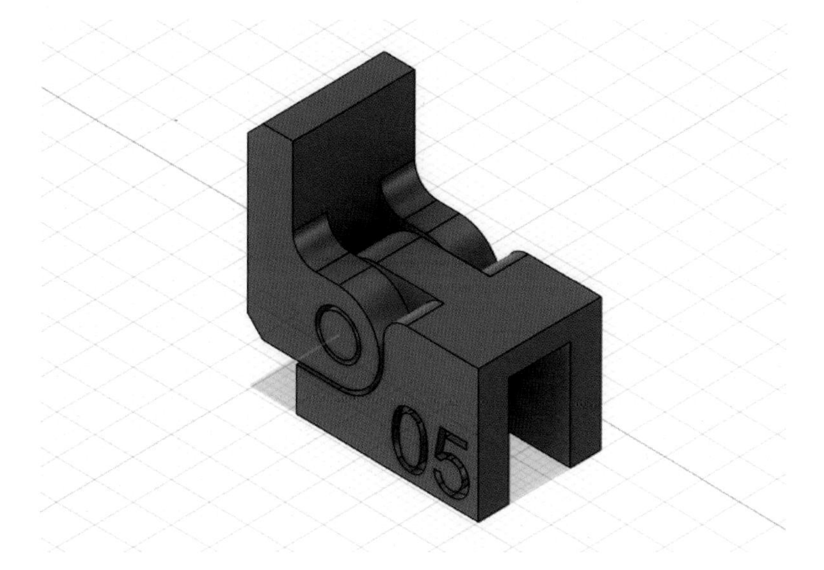

SECTION 09

실기 도면 9

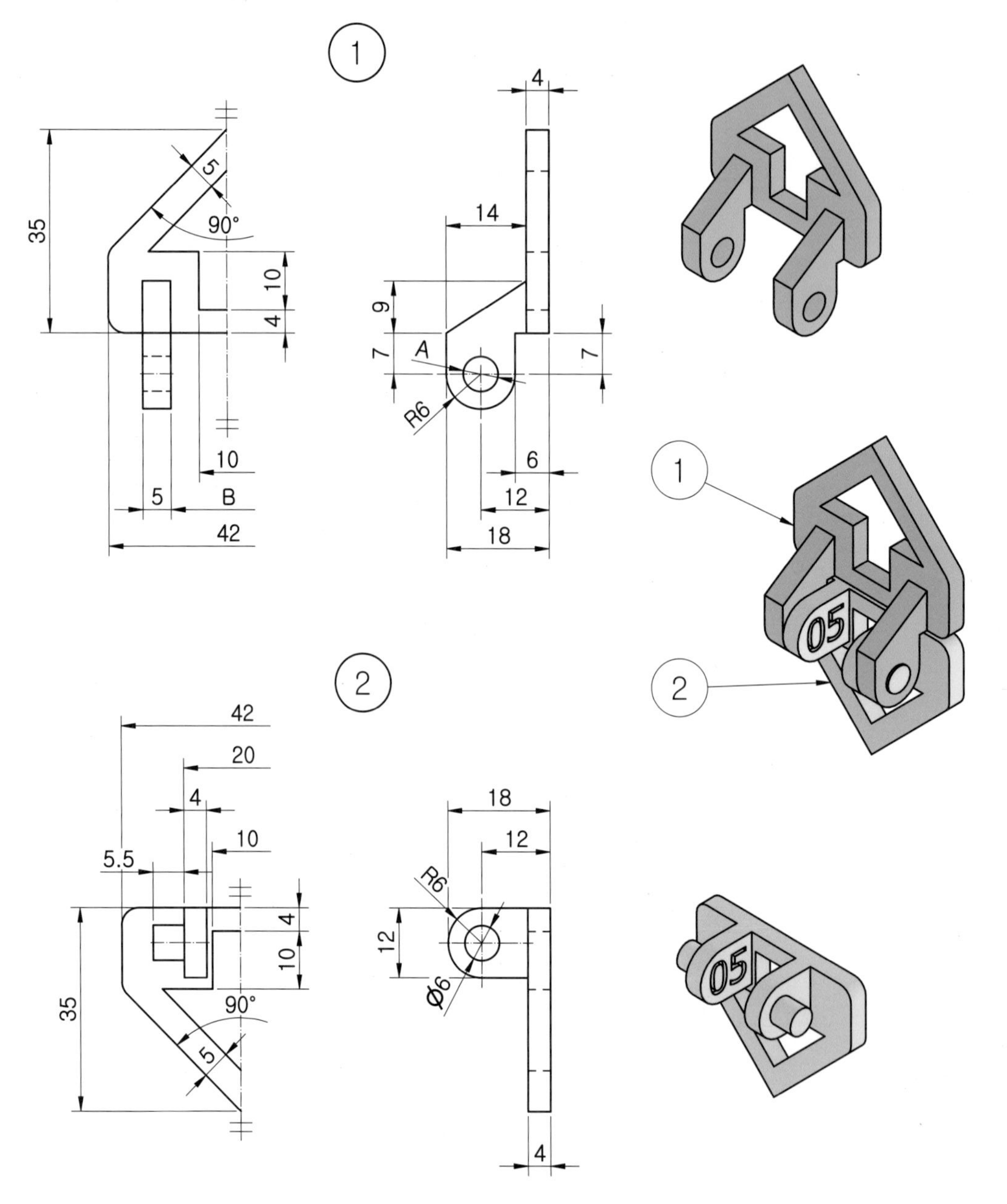

주서

도시되고 지시없는 라운드는 R3

1 ①번 부품 모델링

01 평면도에 해당하는 XY 평면에 다음과 같은 스케치를 작성합니다. (어느 평면에 작업하셔도 무방합니다.)

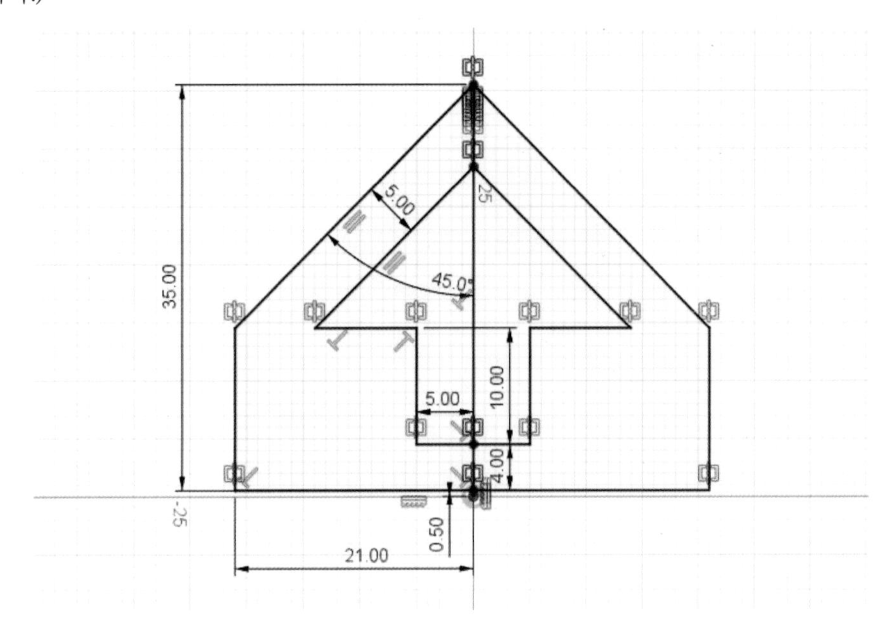

02 [돌출] 명령을 실행하고 다음과 같이 옵션 및 값을 입력하여 형상을 작성합니다.

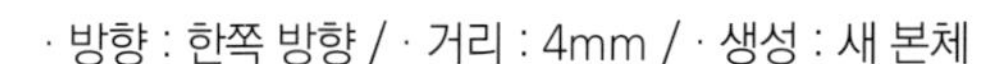
· 방향 : 한쪽 방향 / · 거리 : 4mm / · 생성 : 새 본체

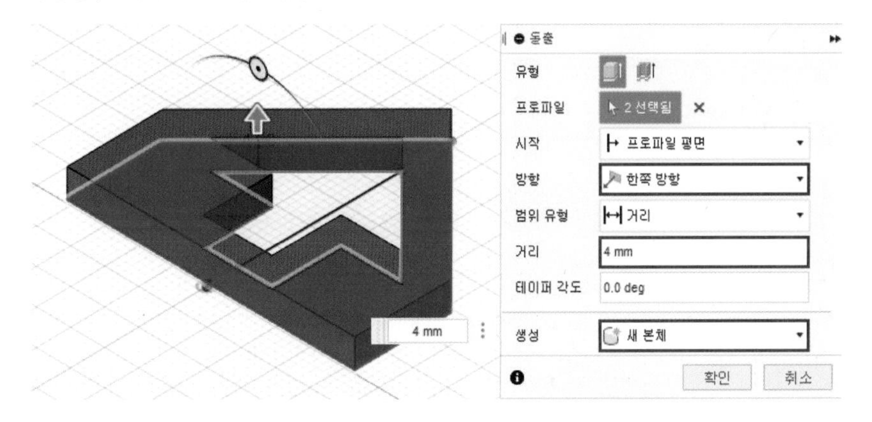

03 [모깎기] 명령을 실행하고 다음과 같이 선택한 모서리에 3mm의 모깎기를 작성합니다.

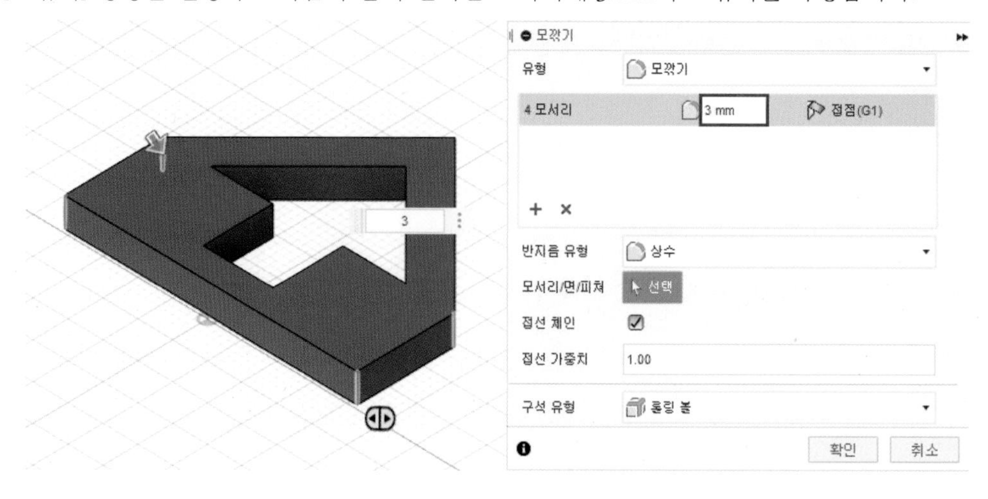

04 측면도에 해당하는 YZ 평면에 다음과 같은 스케치를 작성합니다.

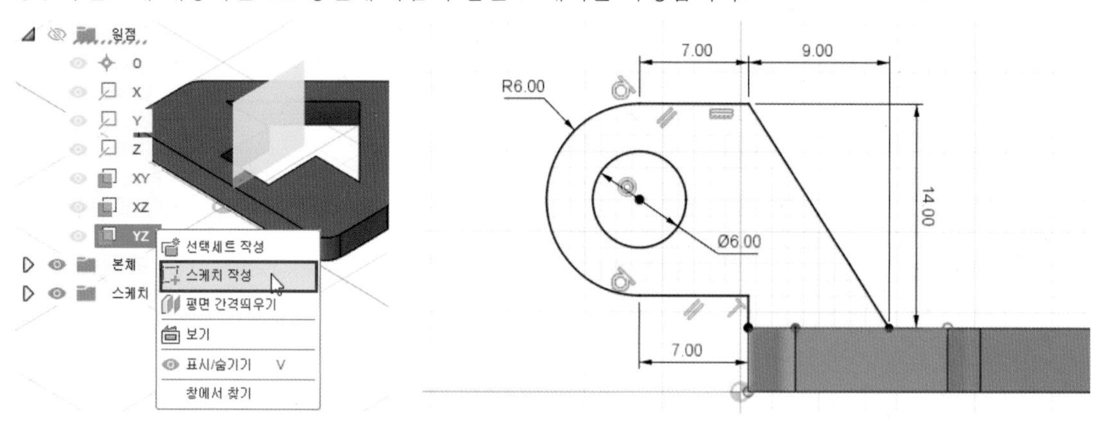

05 [돌출] 명령을 실행하고 다음과 같이 옵션 및 값을 입력하여 형상을 작성합니다.

· 방향 : 대칭 / · 측정값 : 전체 길이 / · 거리 : 30mm / · 생성 : 접합

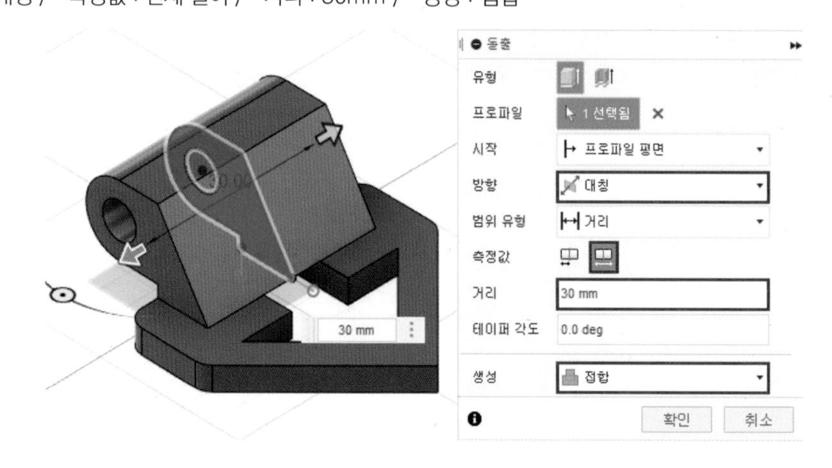

06 [돌출] 명령을 실행하고 다음과 같이 옵션 및 값을 입력하여 형상을 작성합니다.

· 방향 : 대칭 / · 측정값 : 전체 길이 / · 거리 : 20mm / · 생성 : 잘라내기

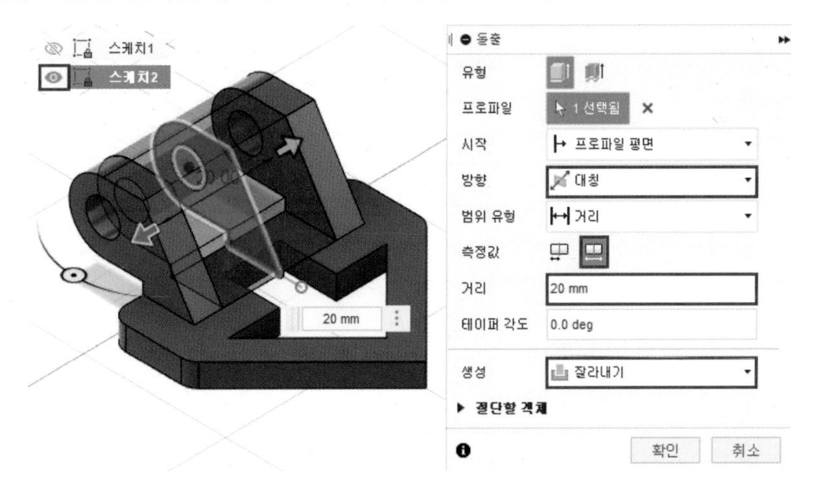

07 움직임이 발생하는 부위에 틈새를 주기 위해 [밀고 당기기] 명령을 실행하고 선택한 양쪽 원통면의 반지름을 -0.5mm 늘립니다.

08 [밀고 당기기] 명령을 실행하고 선택한 양쪽 면을 1mm 늘립니다.

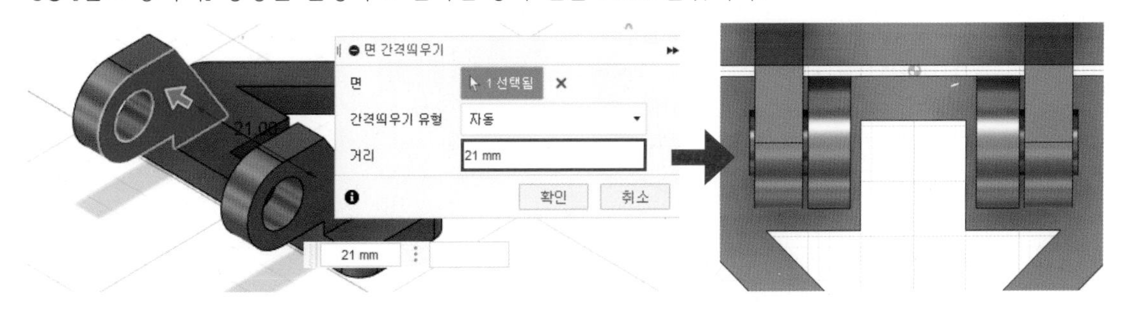

09 [밀고 당기기] 명령을 실행하고 선택한 바깥 양쪽 면을 1mm 늘려 ①번 부품 모델링 작업을 완료합니다. (이는 줄어든 단의 길이를 5mm로 다시 맞추기 위함입니다.)

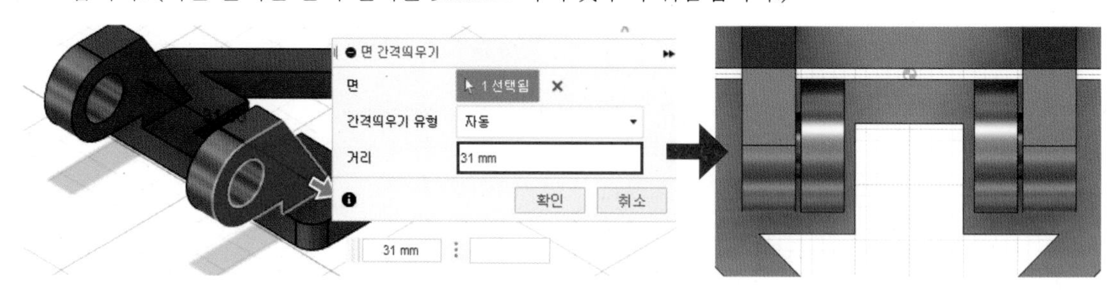

2 ②번 부품 모델링

01 작성 메뉴의 [미러] 명령을 실행하고 객체 유형을 [피처]로 설정한 다음 대칭할 객체를 다음과 같이 선택합니다.

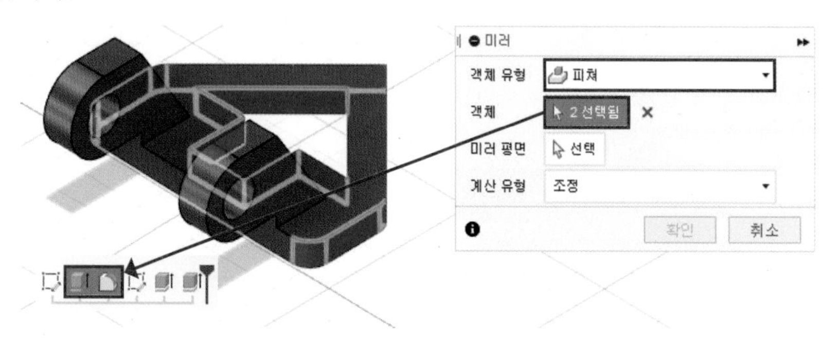

02 미러 평면을 다음과 같이 원점 항목의 XZ 평면으로 선택하고 대칭 형상을 작성합니다.

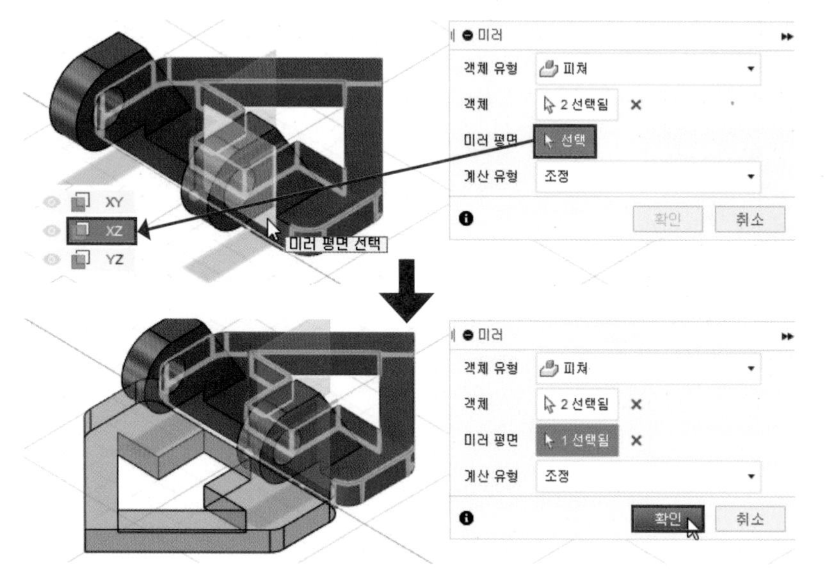

03 측면도에 해당하는 YZ 평면에 다음과 같은 스케치를 작성합니다.

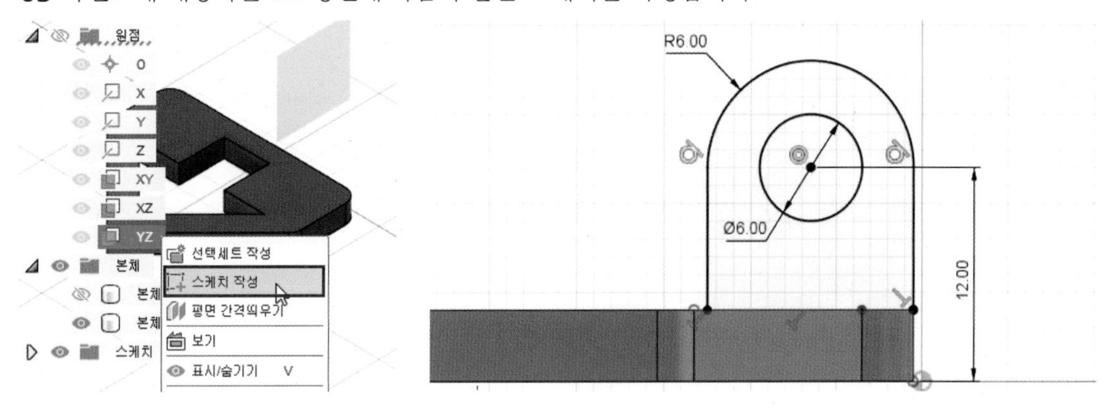

04 [돌출] 명령을 실행하고 다음과 같이 옵션 및 값을 입력하여 형상을 작성합니다.

· 방향 : 대칭 / · 측정값 : 전체 길이 / · 거리 : 20mm / · 생성 : 접합

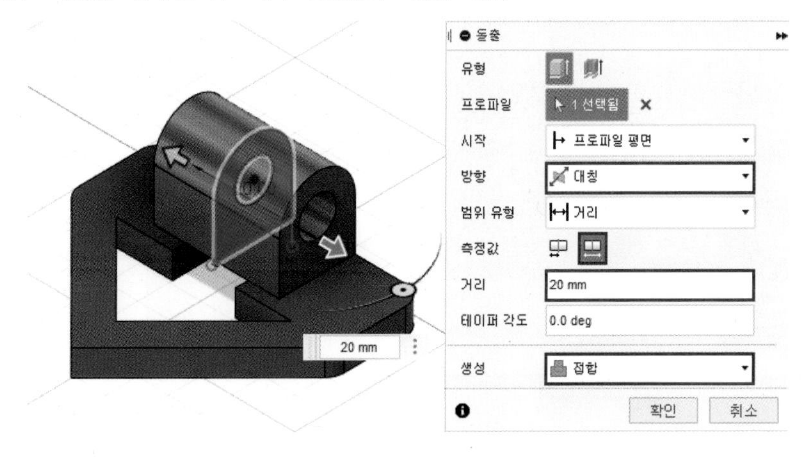

05 [돌출] 명령을 실행하고 다음과 같이 옵션 및 값을 입력하여 형상을 작성합니다.

· 방향 : 대칭 / · 측정값 : 전체 길이 / · 거리 : 31mm / · 생성 : 접합

06 [돌출] 명령을 실행하고 다음과 같이 옵션 및 값을 입력하여 형상을 작성합니다.

· 방향 : 대칭 / · 측정값 : 전체 길이 / · 거리 : 12mm / · 생성 : 잘라내기

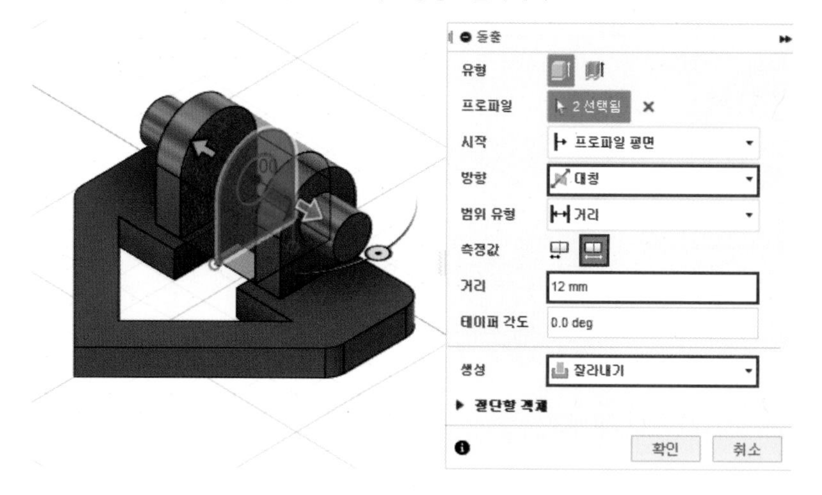

07 선택한 평면에 스케치를 작성하고 [문자] 명령으로 비번호를 작성합니다.

08 [돌출] 명령을 실행하고 다음과 같이 옵션 및 값을 입력하여 형상을 작성합니다.

· 방향 : 한쪽 방향 / · 거리 : −1mm / · 생성 : 잘라내기

09 ①번과 ②번 부품 모델링이 완료되었습니다.

실기 도면 10

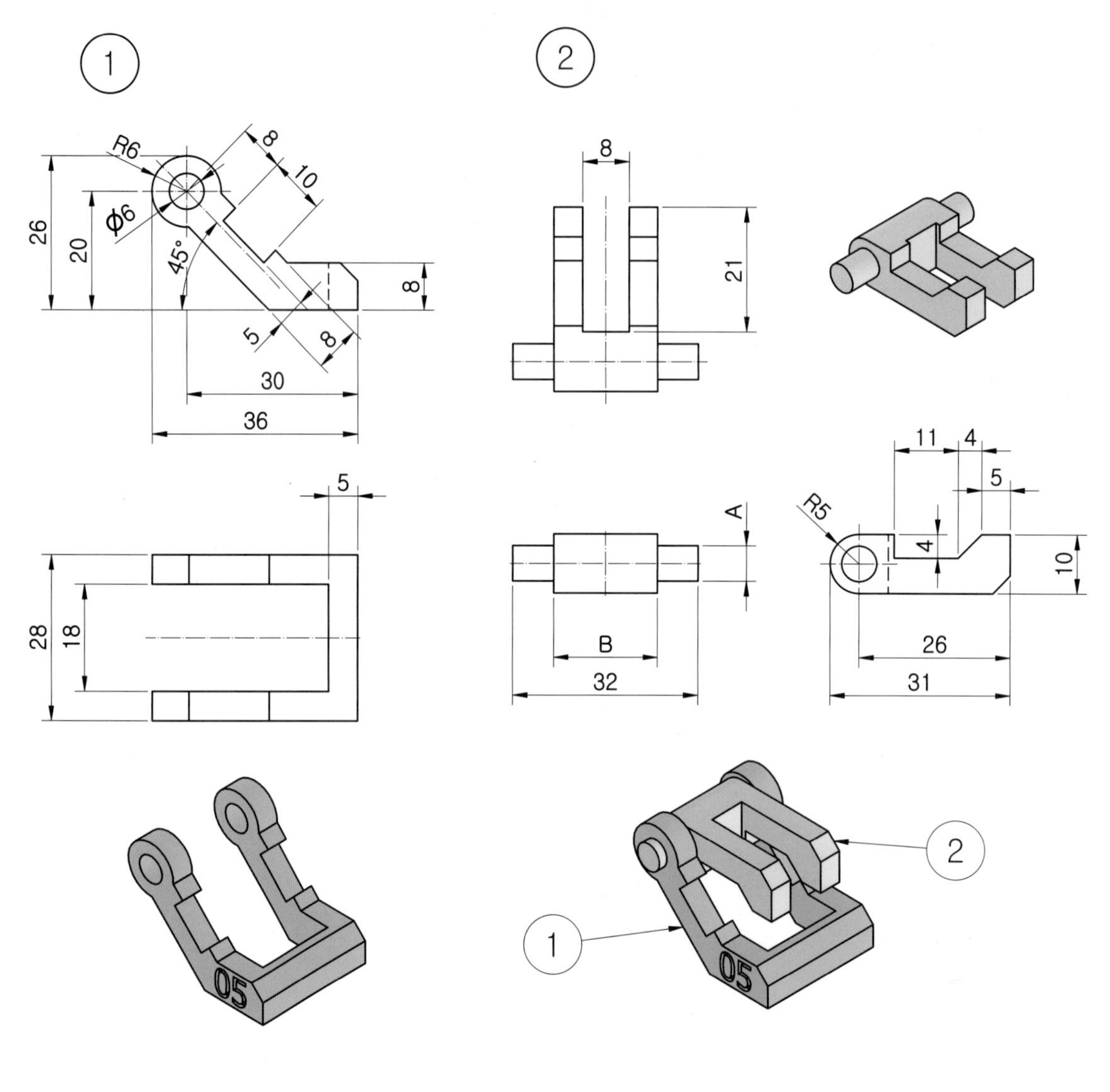

주서

도시되고 지시없는 모떼기는 C3

1 ①번 부품 모델링

01 정면도에 해당하는 XZ 평면에 다음과 같은 스케치를 작성합니다. (어느 평면에 작업하셔도 무방합니다.)

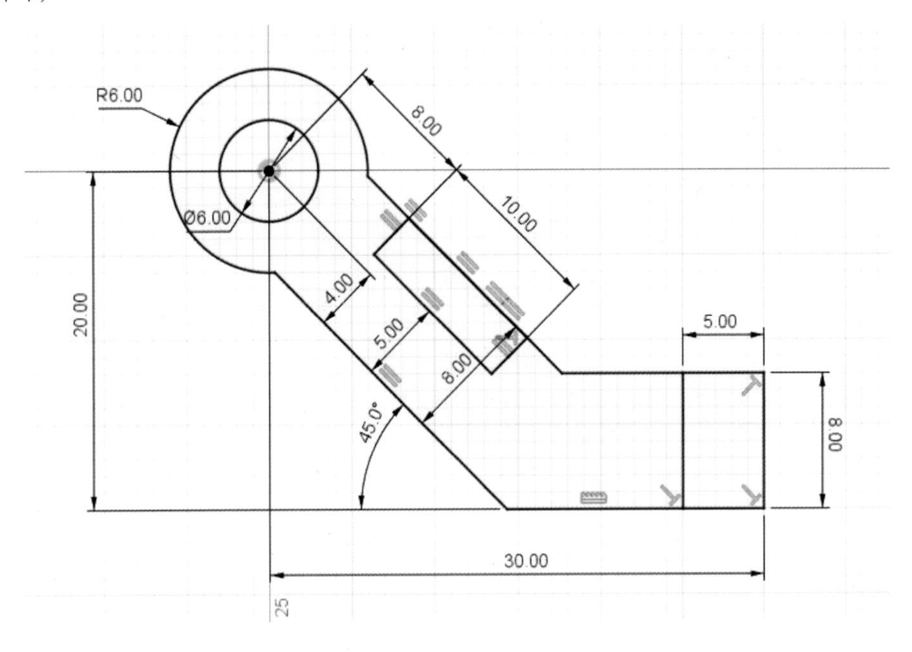

02 [돌출] 명령을 실행하고 다음과 같이 옵션 및 값을 입력하여 형상을 작성합니다.

· 방향 : 대칭 / · 측정값 : 전체 길이 / · 거리 : 28mm / · 생성 : 새 본체

03 [돌출] 명령을 실행하고 다음과 같이 옵션 및 값을 입력하여 형상을 작성합니다.

· 방향 : 대칭 / · 측정값 : 전체 길이 / · 거리 : 18mm / · 생성 : 잘라내기

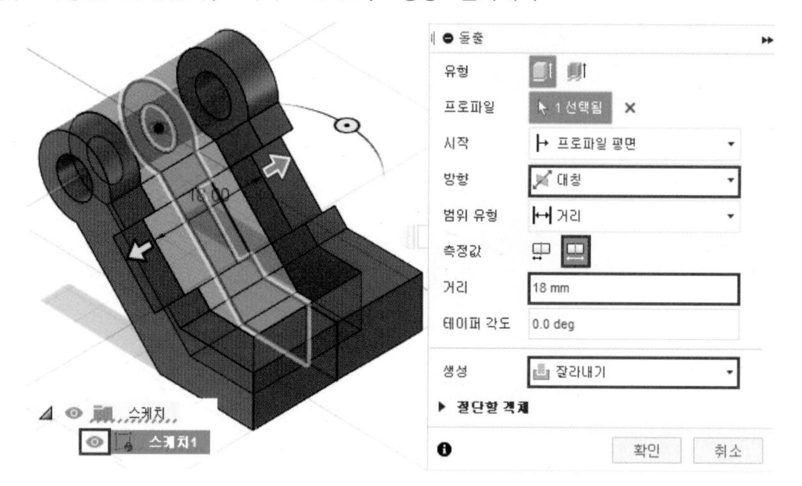

04 [모따기] 명령을 실행하고 선택한 모서리에 3mm의 모따기를 작성합니다.

05 선택한 평면에 스케치를 작성하고 [문자] 명령으로 비번호를 작성합니다.

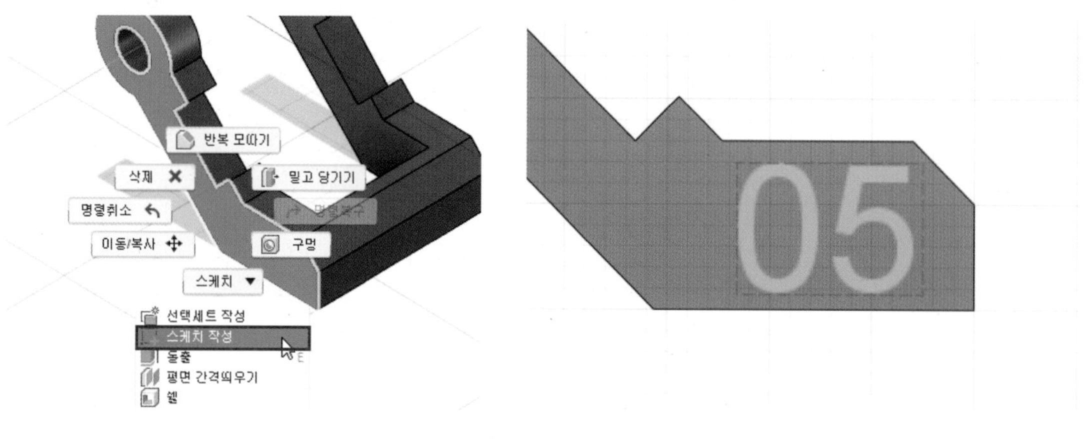

06 [돌출] 명령을 실행한 후 다음과 같이 옵션 및 값을 입력하고 형상을 작성하여 ①번 부품 모델링 작업을 완료합니다.

· 방향 : 한쪽 방향 / · 거리 : -1mm / · 생성 : 잘라내기

2 ②번 부품 모델링

01 정면도에 해당하는 XZ 평면에 다음과 같은 스케치를 작성합니다.

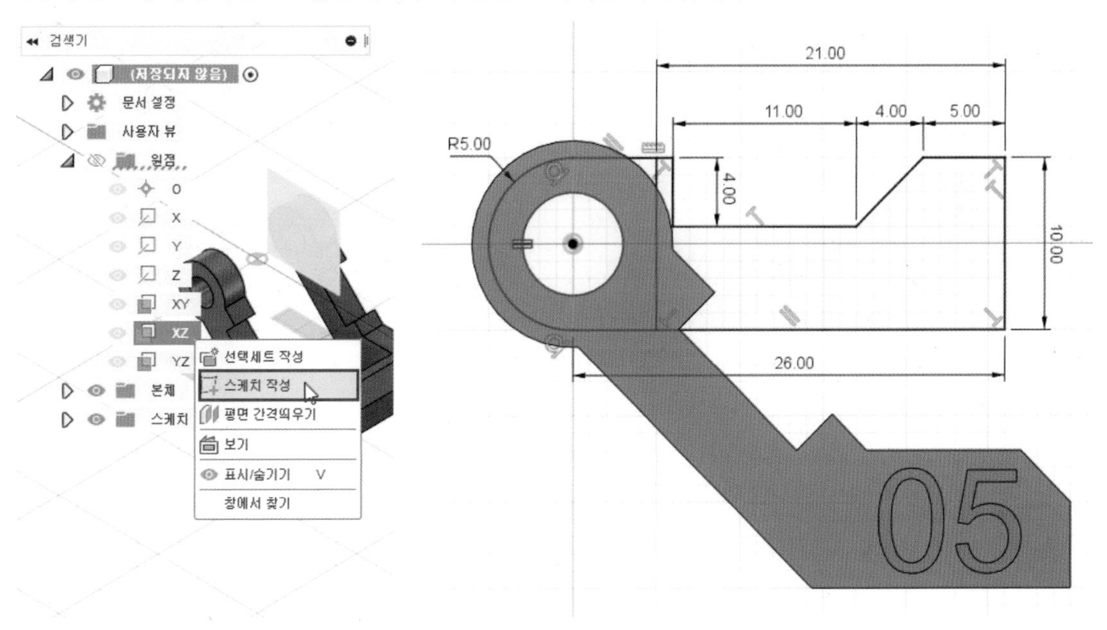

02 [돌출] 명령을 실행하고 다음과 같이 옵션 및 값을 입력하여 형상을 작성합니다. 이때, 본체 1은 가시성을 끄고 작업합니다.

· 방향 : 대칭 / · 측정값 : 전체 길이 / · 거리 : 18mm / · 생성 : 새 본체

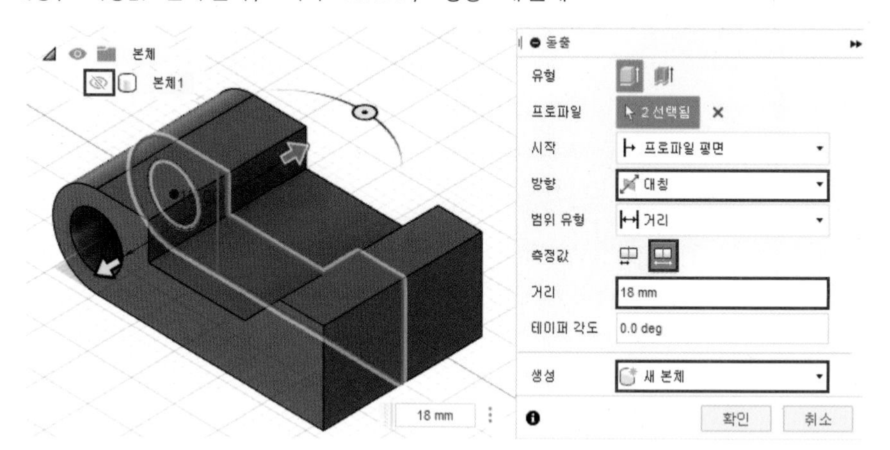

03 [돌출] 명령을 실행하고 다음과 같이 옵션 및 값을 입력하여 형상을 작성합니다.

· 방향 : 대칭 / · 측정값 : 전체 길이 / · 거리 : 32mm / · 생성 : 접합

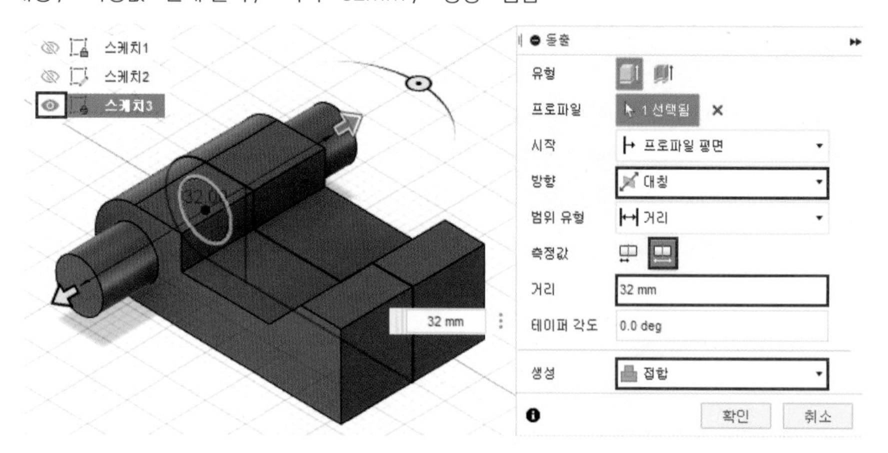

04 [돌출] 명령을 실행하고 다음과 같이 옵션 및 값을 입력하여 형상을 작성합니다.

· 방향 : 대칭 / · 측정값 : 전체 길이 / · 거리 : 8mm / · 생성 : 잘라내기

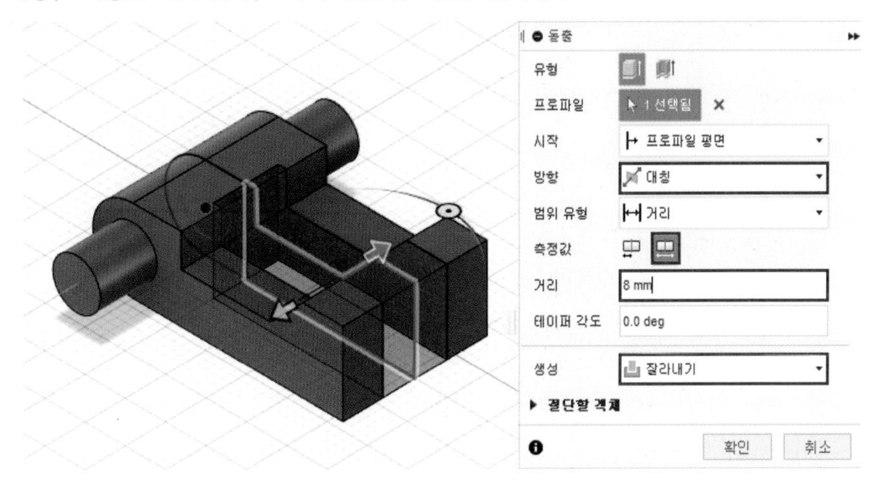

05 [모따기] 명령을 실행하고 선택한 모서리에 3mm의 모따기를 작성합니다.

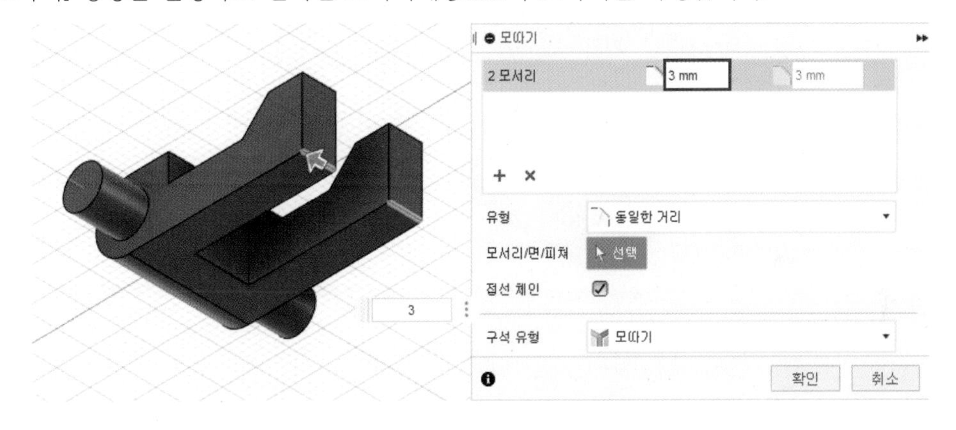

06 움직임이 발생하는 부위에 틈새를 주기 위해 [밀고 당기기] 명령을 실행하고 선택한 양쪽 원통면의 반지름을 -0.5mm 줄입니다.

07 [밀고 당기기] 명령을 실행하고 선택한 양쪽 면을 1mm 줄입니다.

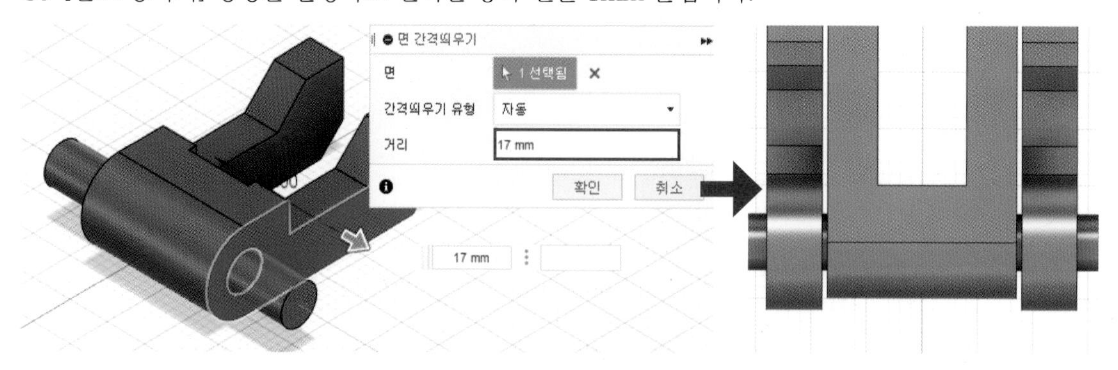

08 수정 메뉴의 [이동/복사] 명령을 실행하여 ②번 부품을 클릭하고 [회전] 유형으로 변경한 다음 회전축으로 원점 항목의 X축을 클릭합니다.

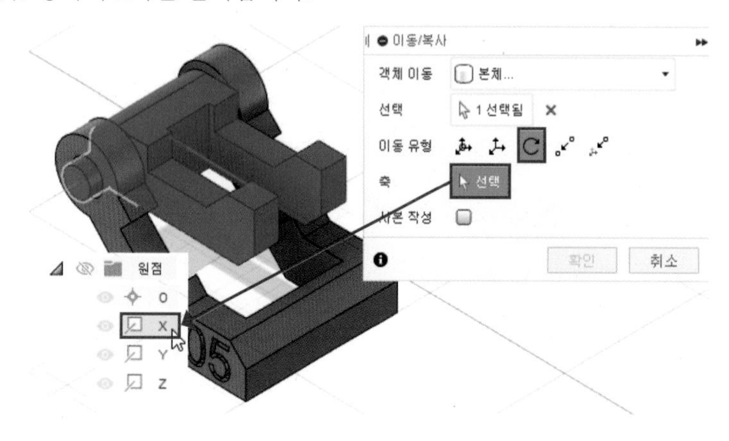

09 ②번 부품을 X축을 기준으로 180도 회전하여 다음과 같이 형상의 자세를 변경합니다.

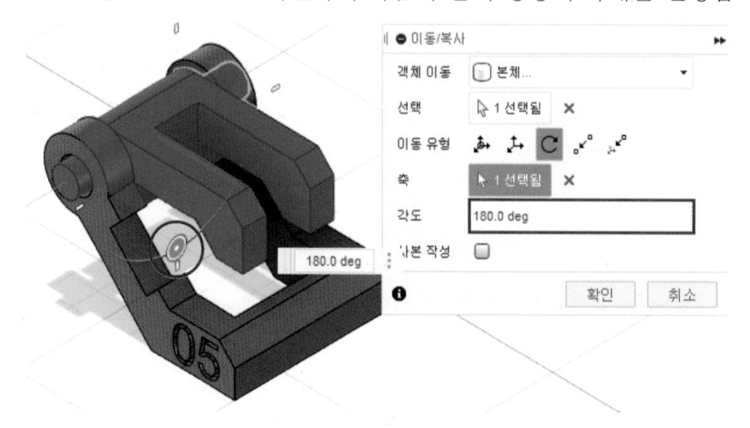

10 ①번과 ②번 부품 모델링이 완료되었습니다.

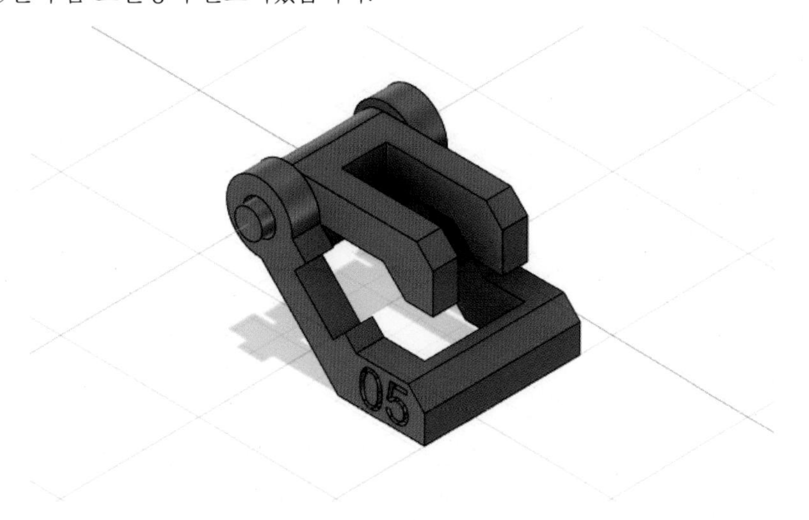

실기 도면 11

SECTION
11

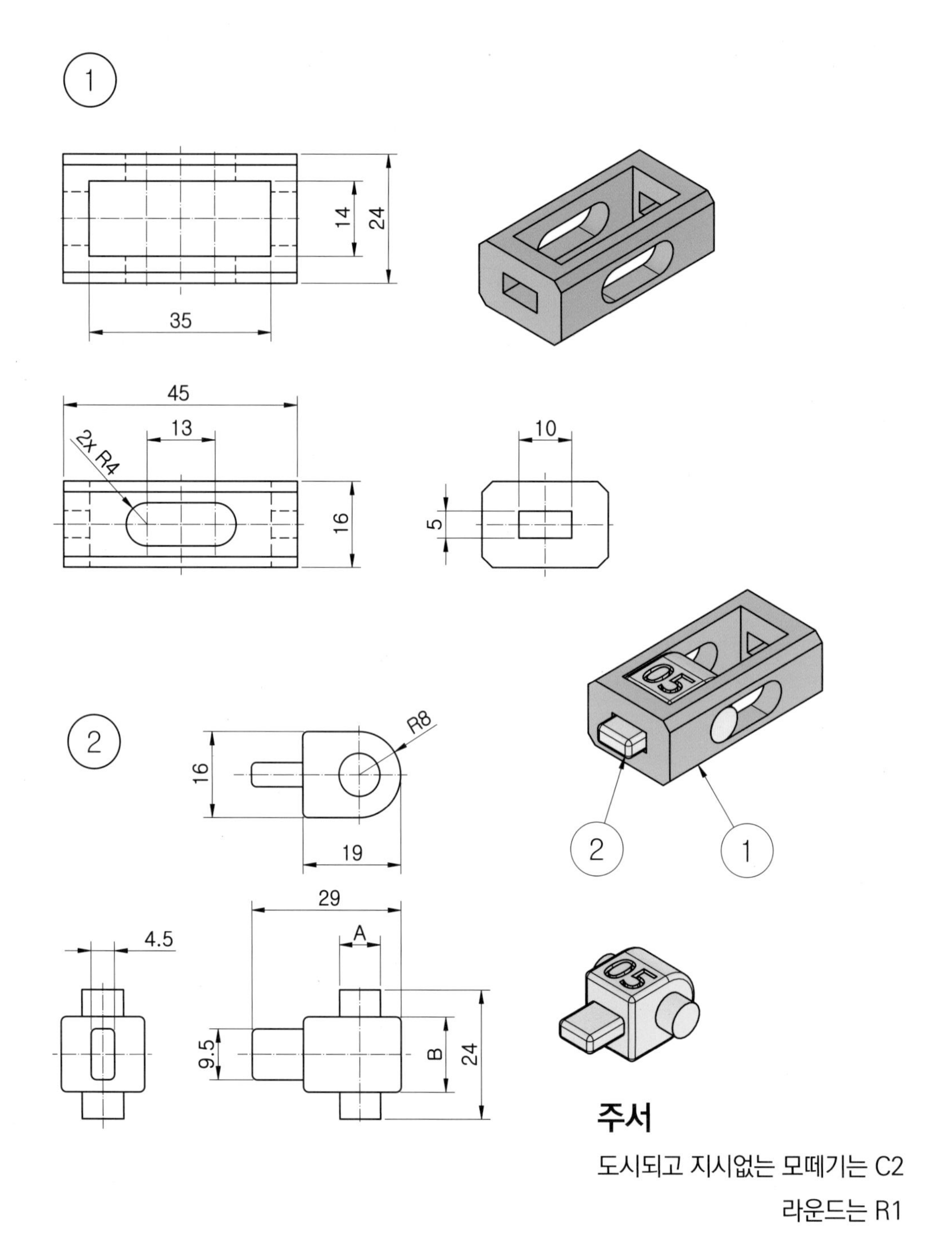

주서

도시되고 지시없는 모떼기는 C2

라운드는 R1

1 ①번 부품 모델링

01 정면도에 해당하는 XZ 평면에 다음과 같은 스케치를 작성합니다. (어느 평면에 작업하셔도 무방합니다.)

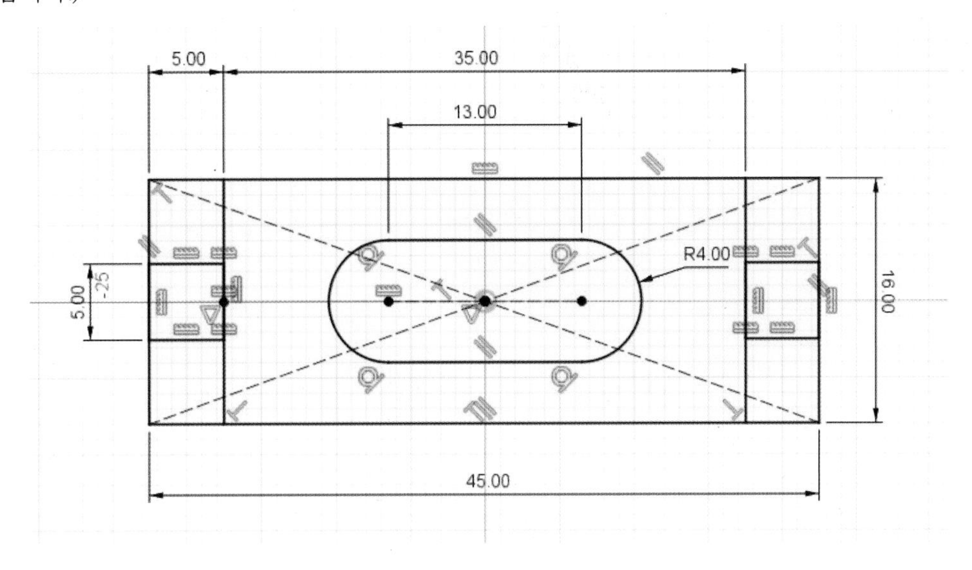

02 [돌출] 명령을 실행하고 다음과 같이 옵션 및 값을 입력하여 형상을 작성합니다.

· 방향 : 대칭 / · 측정값 : 전체 길이 / · 거리 : 24mm / · 생성 : 새 본체

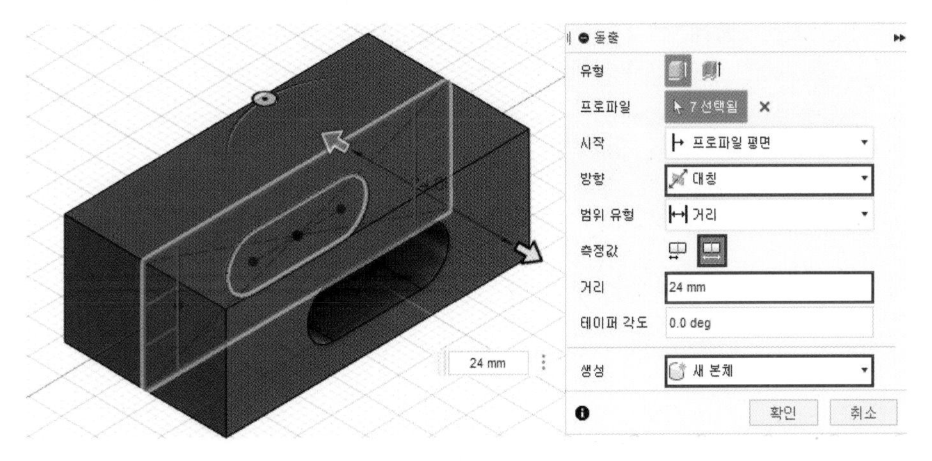

03 [돌출] 명령을 실행하고 다음과 같이 옵션 및 값을 입력하여 형상을 작성합니다.

· 방향 : 대칭 / · 측정값 : 전체 길이 / · 거리 : 14mm / · 생성 : 잘라내기

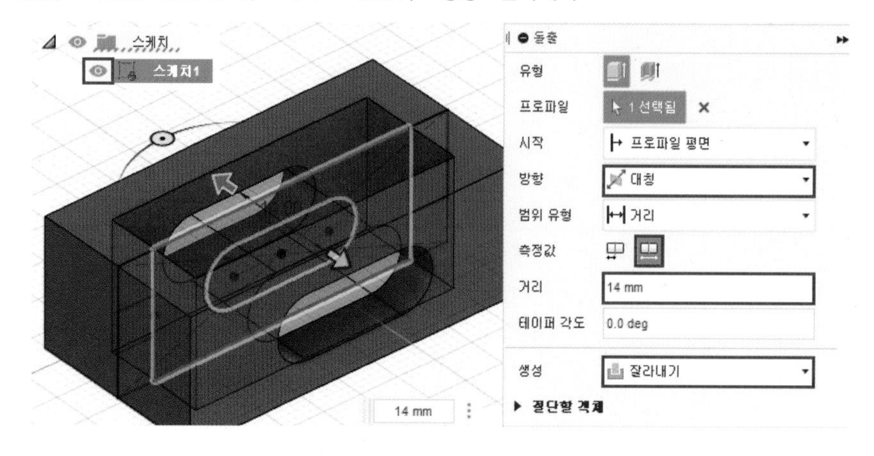

04 [돌출] 명령을 실행하고 다음과 같이 옵션 및 값을 입력하여 형상을 작성합니다.

· 방향 : 대칭 / · 측정값 : 전체 길이 / · 거리 : 10mm / · 생성 : 잘라내기

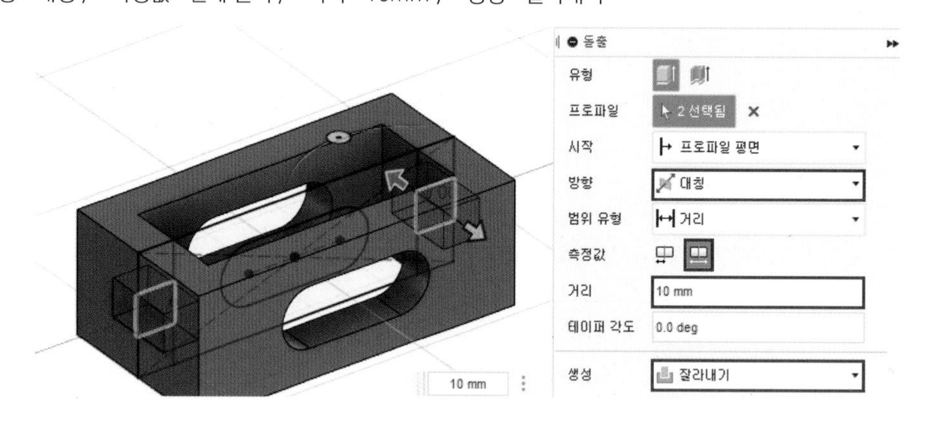

05 [모따기] 명령을 실행하고 선택한 모서리에 2mm의 모따기를 작성하여 ①번 부품 모델링 작업을 완료합니다.

2 ②번 부품 모델링

01 정면도에 해당하는 XZ 평면에 다음과 같은 스케치를 작성합니다.

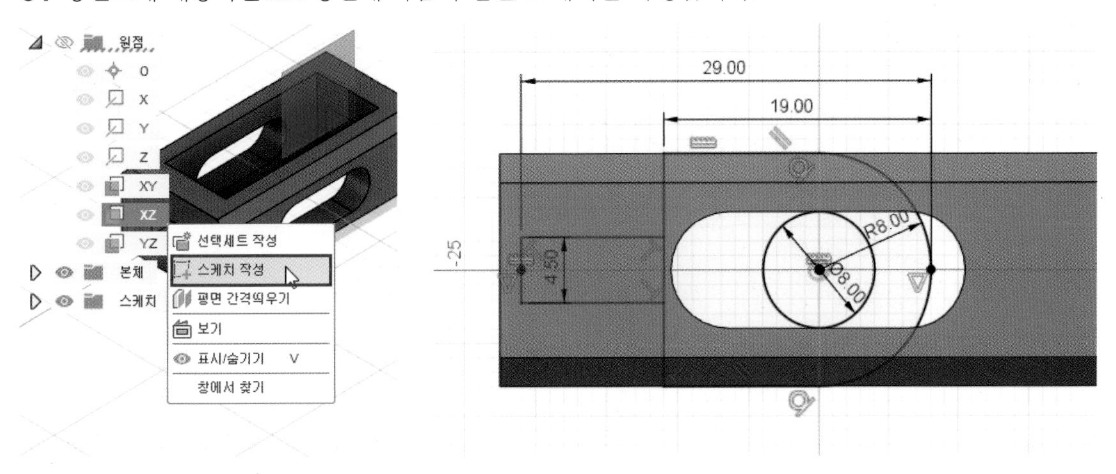

02 [돌출] 명령을 실행하고 다음과 같이 옵션 및 값을 입력하여 형상을 작성합니다. 이때, 본체 1은 가시성을 끄고 작업합니다.

· 방향 : 대칭 / · 측정값 : 전체 길이 / · 거리 : 14mm / · 생성 : 새 본체

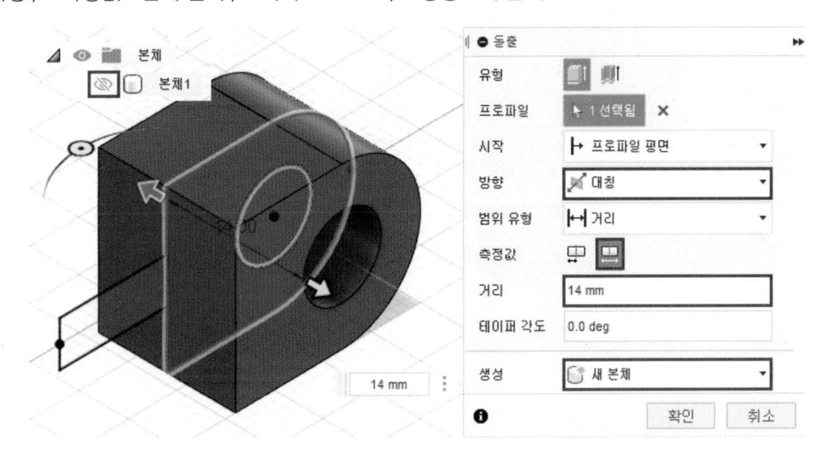

03 [돌출] 명령을 실행하고 다음과 같이 옵션 및 값을 입력하여 형상을 작성합니다.

· 방향 : 대칭 / · 측정값 : 전체 길이 / · 거리 : 24mm / · 생성 : 접합

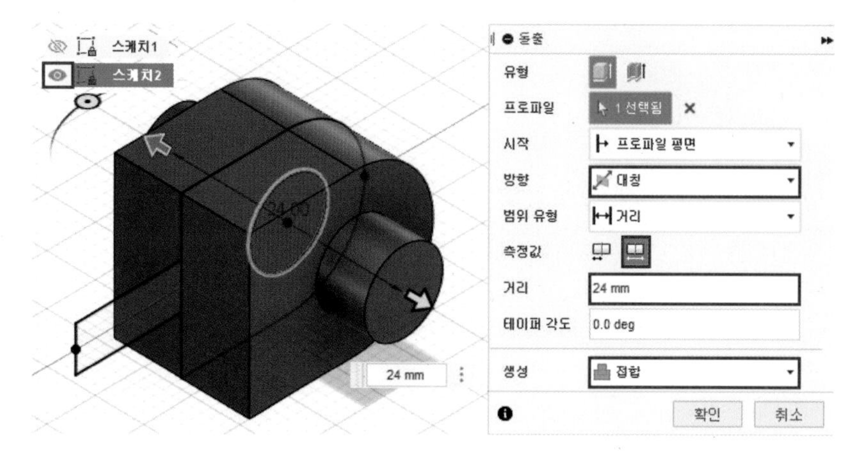

04 [돌출] 명령을 실행하고 다음과 같이 옵션 및 값을 입력하여 형상을 작성합니다.

· 방향 : 대칭 / · 측정값 : 전체 길이 / · 거리 : 9.5mm / · 생성 : 접합

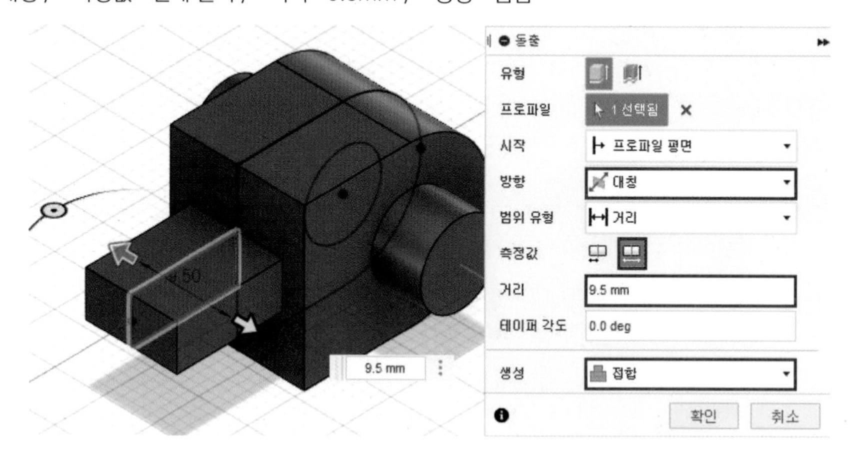

05 [모깎기] 명령을 실행하고 다음과 같이 선택한 모서리에 1mm의 모깎기를 작성합니다.

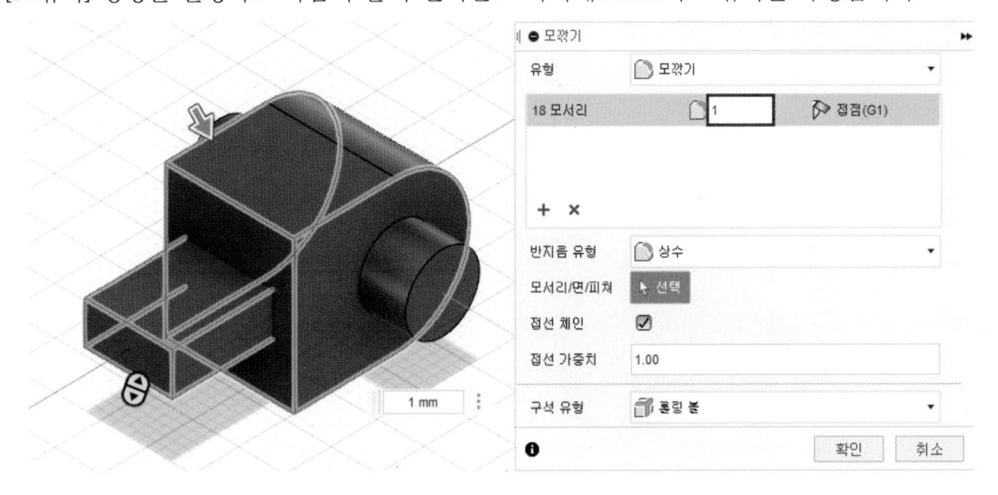

06 선택한 평면에 스케치를 작성하고 [문자] 명령으로 비번호를 작성합니다.

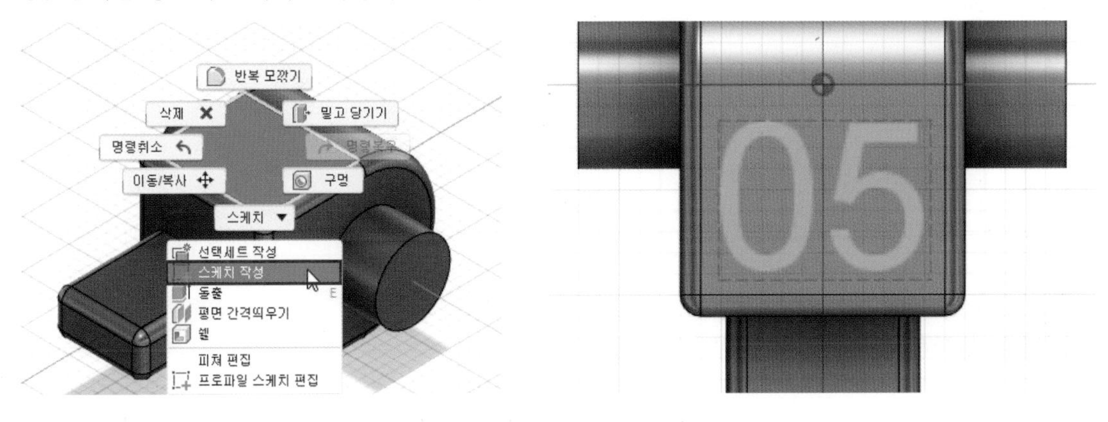

07 [돌출] 명령을 실행하고 다음과 같이 옵션 및 값을 입력하여 형상을 작성합니다.

· 방향 : 한쪽 방향 / · 거리 : -1mm / · 생성 : 잘라내기

08 움직임이 발생하는 부위에 틈새를 주기 위해 [밀고 당기기] 명령을 실행하고 선택한 양쪽 원통면의 반지름을 -0.5mm 줄입니다.

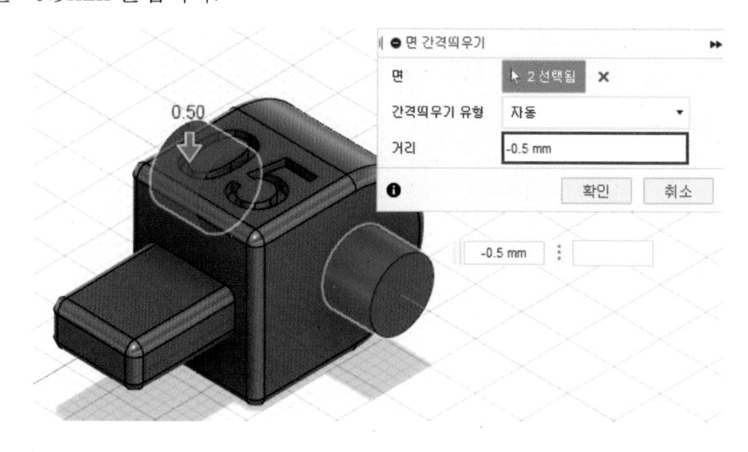

09 [밀고 당기기] 명령을 실행하고 선택한 양쪽 면을 1mm 줄입니다.

10 수정 메뉴의 [이동/복사] 명령을 실행하여 ②번 부품을 클릭하고 [회전] 유형으로 변경한 다음 회전축으로 원점 항목의 Y축을 클릭합니다.

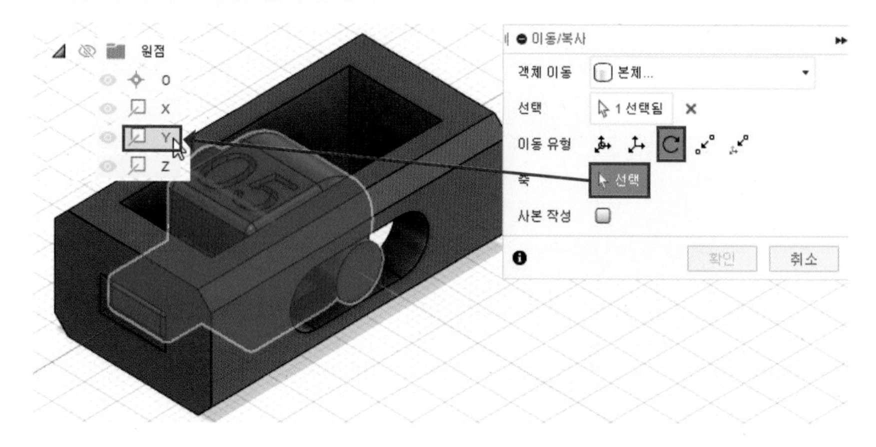

11 ②번 부품을 Y축 방향으로 90도 회전하여 3D 프린터 출력시 서포트가 잘 제거될 수 있도록 방향을 결정합니다.

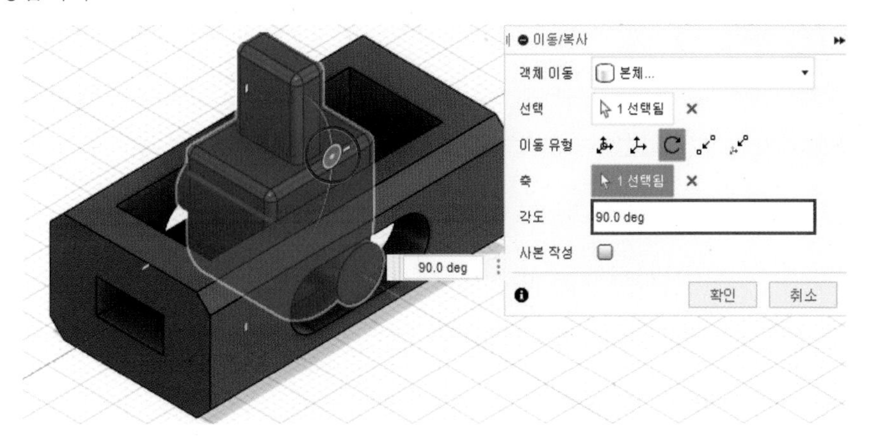

12 ①번과 ②번 부품 모델링이 완료되었습니다.

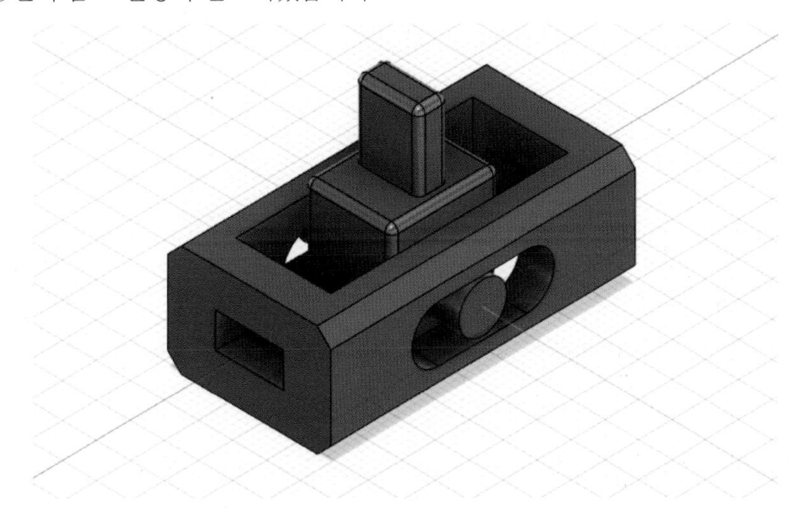

SECTION 12

실기 도면 12

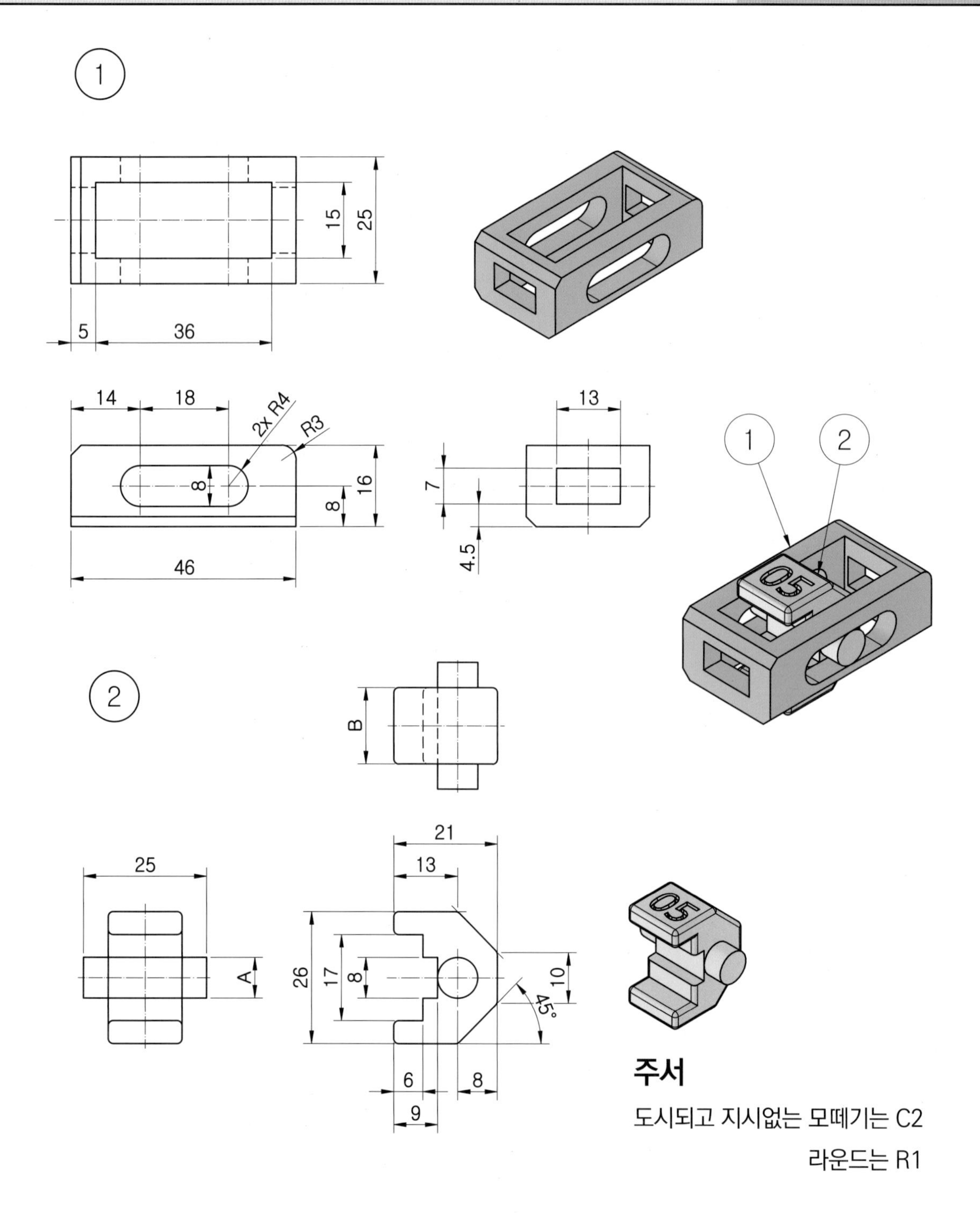

주서

도시되고 지시없는 모떼기는 C2

라운드는 R1

1 ①번 부품 모델링

01 정면도에 해당하는 XZ 평면에 다음과 같은 스케치를 작성합니다. (어느 평면에 작업하셔도 무방합니다.)

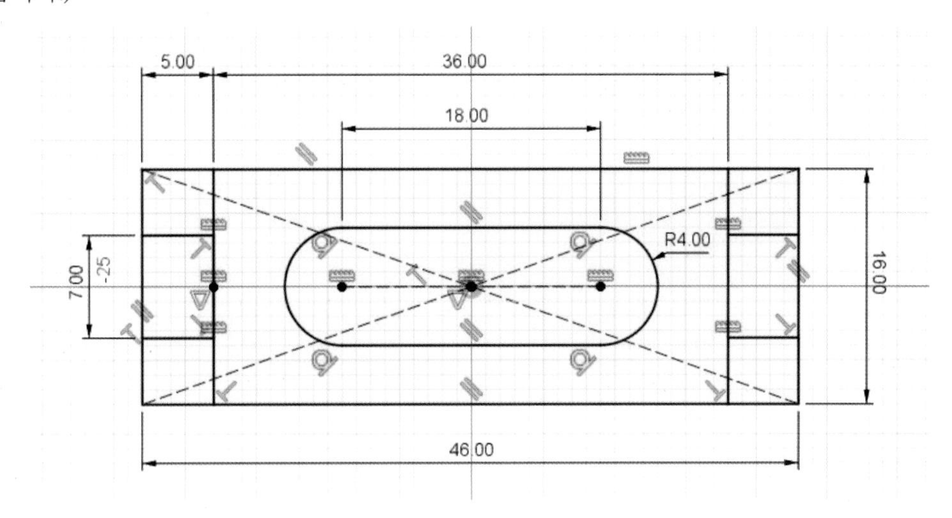

02 [돌출] 명령을 실행하고 다음과 같이 옵션 및 값을 입력하여 형상을 작성합니다.

· 방향 : 대칭 / · 측정값 : 전체 길이 / · 거리 : 25mm / · 생성 : 새 본체

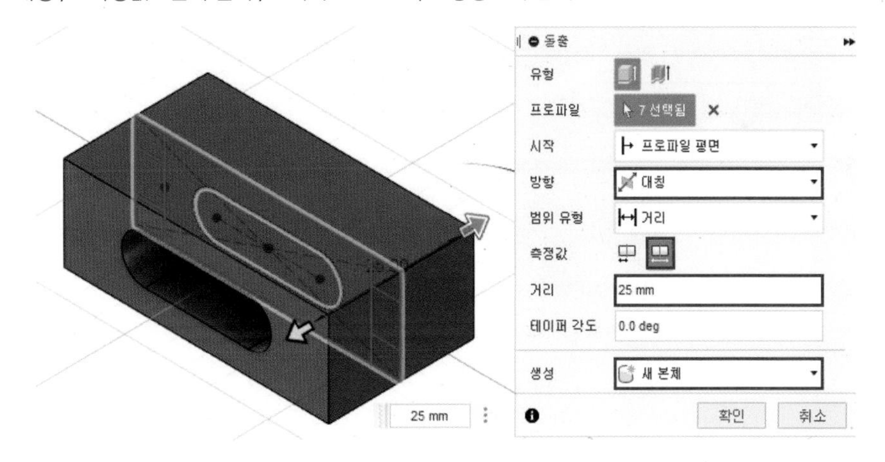

03 [돌출] 명령을 실행하고 다음과 같이 옵션 및 값을 입력하여 형상을 작성합니다.

· 방향 : 대칭 / · 측정값 : 전체 길이 / · 거리 : 15mm / · 생성 : 잘라내기

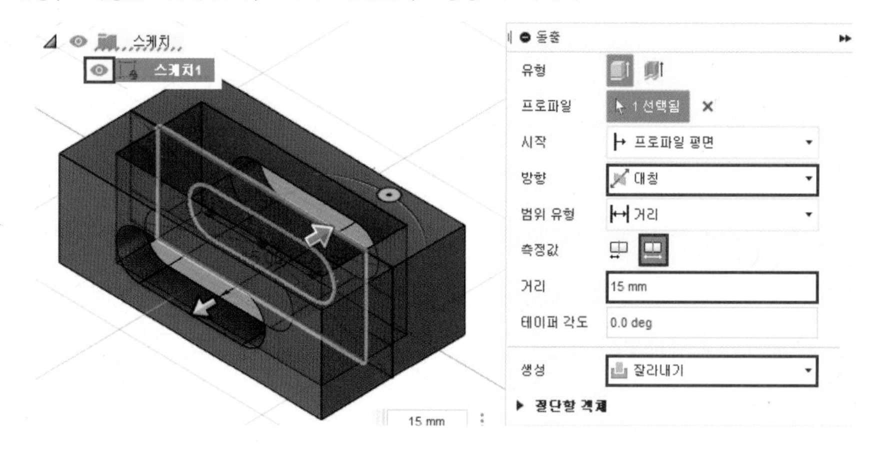

04 [돌출] 명령을 실행하고 다음과 같이 옵션 및 값을 입력하여 형상을 작성합니다.

· 방향 : 대칭 / · 측정값 : 전체 길이 / · 거리 : 13mm / · 생성 : 잘라내기

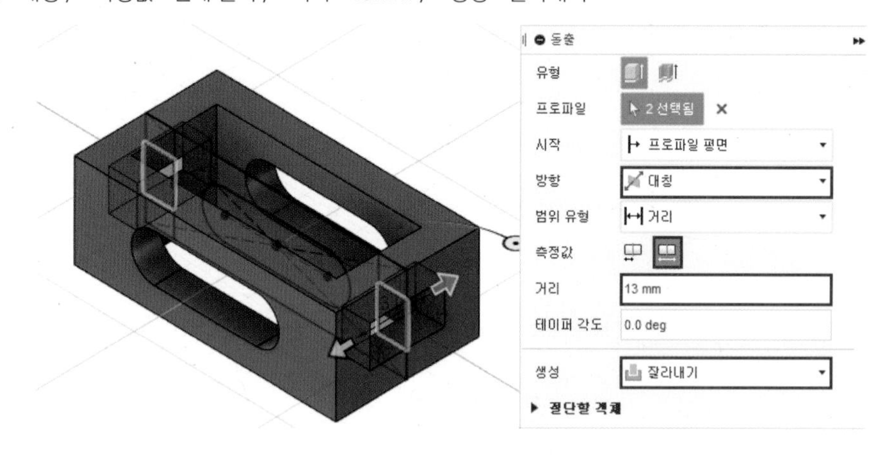

05 [모따기] 명령을 실행하고 선택한 모서리에 2mm의 모따기를 작성합니다.

06 [모깎기] 명령을 실행하고 다음과 같이 선택한 모서리에 3mm의 모깎기를 작성하여 ①번 부품 모델링 작업을 완료합니다.

2 ②번 부품 모델링

01 정면도에 해당하는 XZ 평면에 다음과 같은 스케치를 작성합니다.

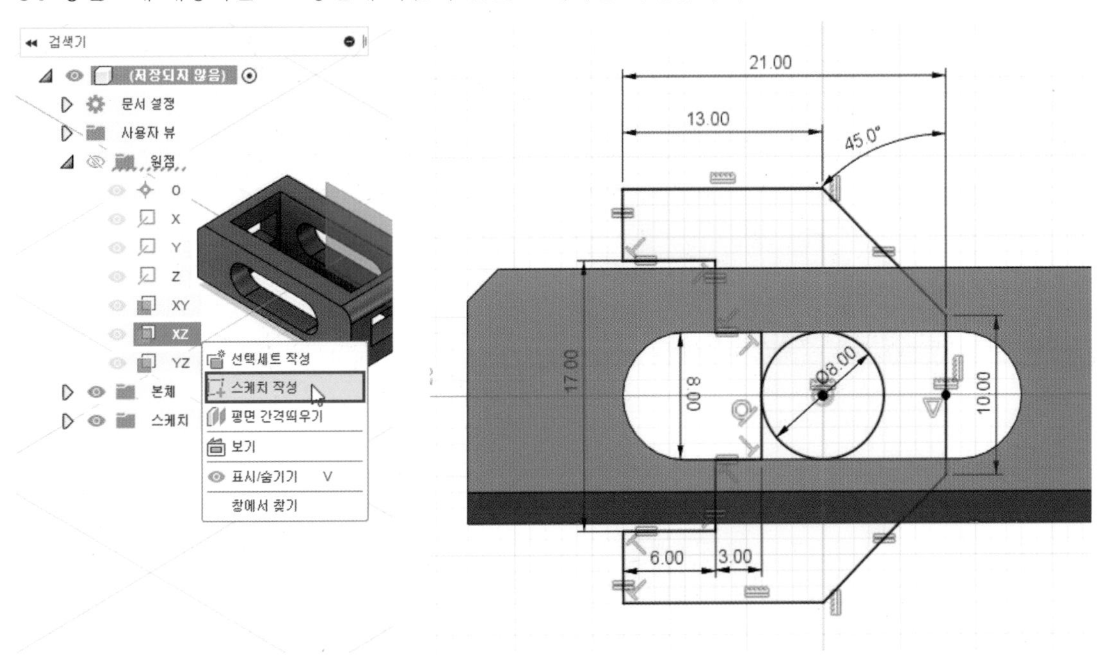

02 [돌출] 명령을 실행하고 다음과 같이 옵션 및 값을 입력하여 형상을 작성합니다. 이때, 본체 1은 가시성을 끄고 작업합니다.

· 방향 : 대칭 / · 측정값 : 전체 길이 / · 거리 : 15mm / · 생성 : 새 본체

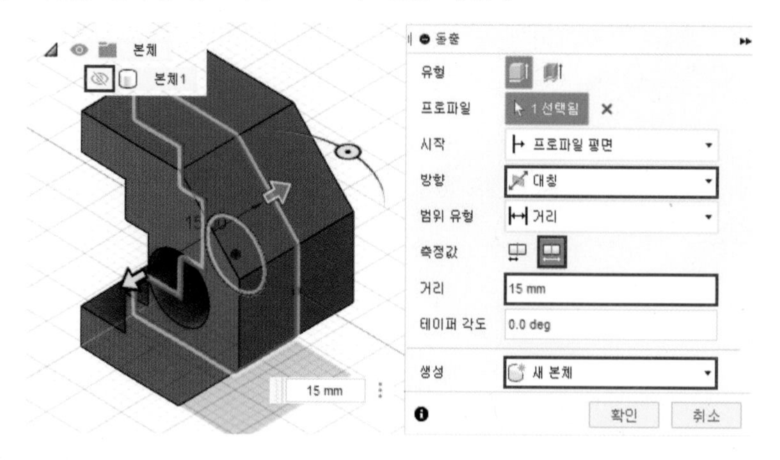

03 [돌출] 명령을 실행하고 다음과 같이 옵션 및 값을 입력하여 형상을 작성합니다.

· 방향 : 대칭 / · 측정값 : 전체 길이 / · 거리 : 25mm / · 생성 : 접합

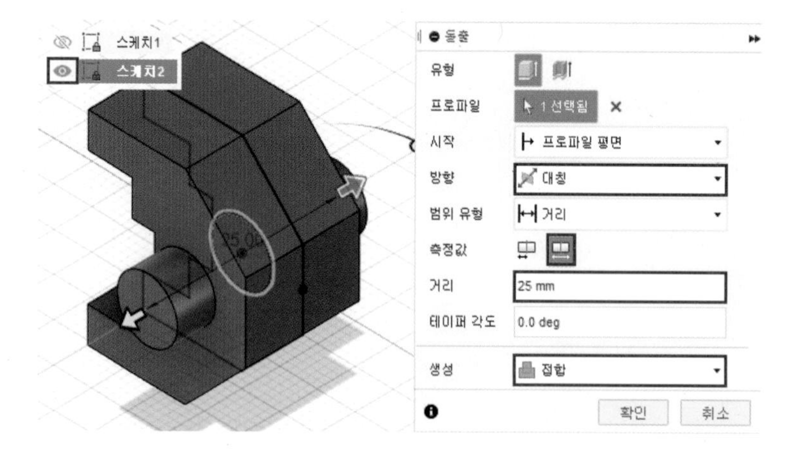

04 [모깎기] 명령을 실행하고 다음과 같이 선택한 모서리에 1mm의 모깎기를 작성합니다.

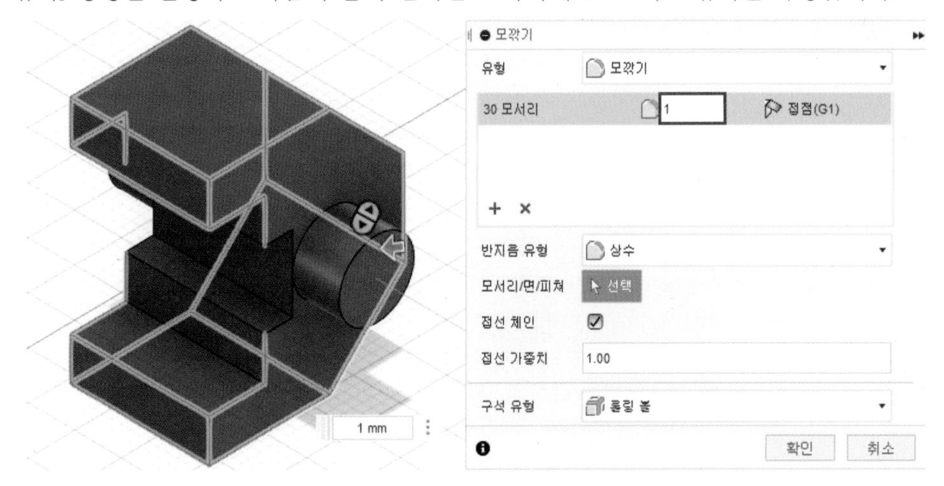

05 선택한 평면에 스케치를 작성하고 [문자] 명령으로 비번호를 작성합니다.

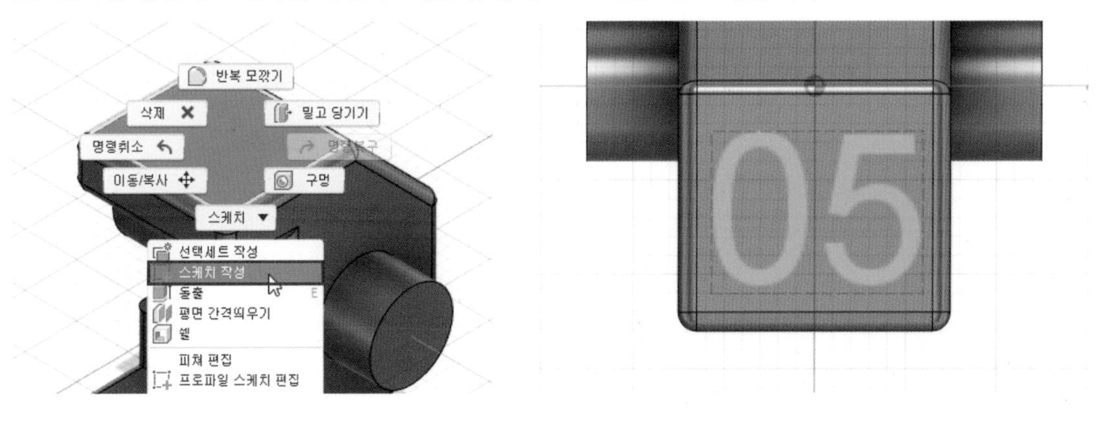

06 [돌출] 명령을 실행하고 다음과 같이 옵션 및 값을 입력하여 형상을 작성합니다.

· 방향 : 한쪽 방향 / · 거리 : −1mm / · 생성 : 잘라내기

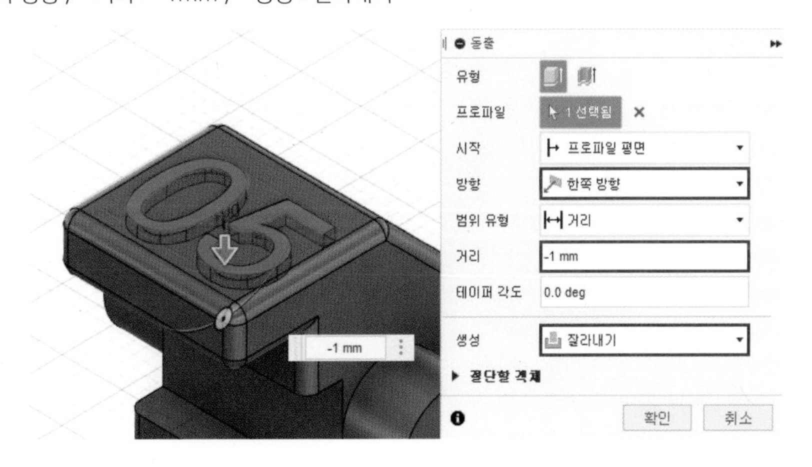

07 움직임이 발생하는 부위에 틈새를 주기 위해 [밀고 당기기] 명령을 실행하고 선택한 양쪽 원통면의 반지름을 -0.5mm 줄입니다.

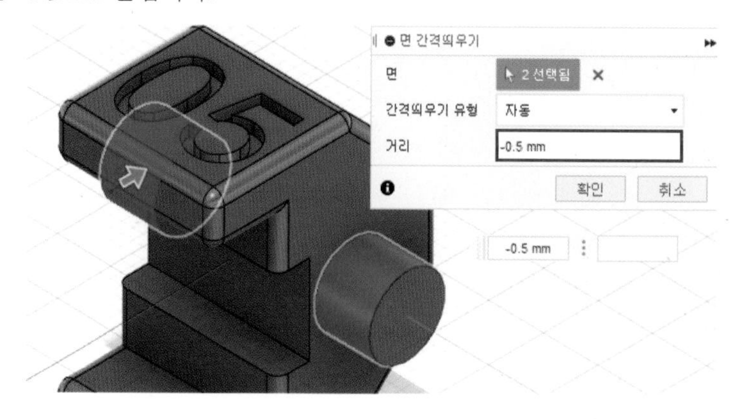

08 [밀고 당기기] 명령을 실행하고 선택한 양쪽 면을 1mm 줄입니다.

09 수정 메뉴의 [이동/복사] 명령을 실행하여 ②번 부품을 클릭하고 [회전] 유형으로 변경한 다음 회전축으로 원점 항목의 Y축을 클릭합니다.

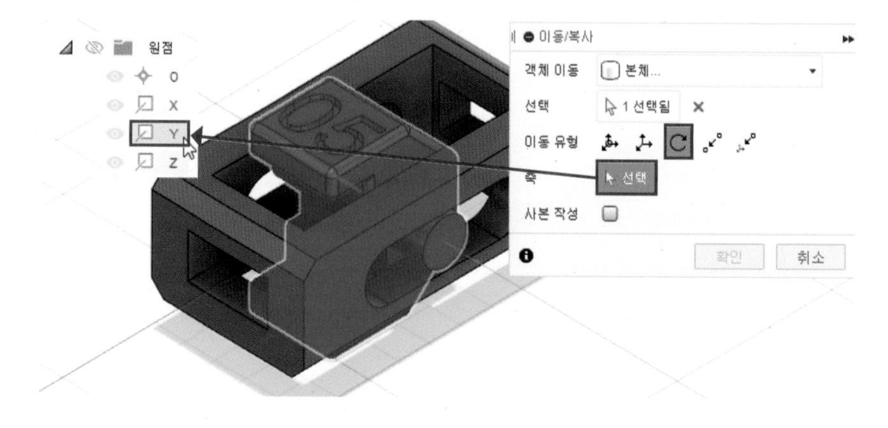

10 ②번 부품을 Y축 방향으로 90도 회전하여 3D 프린터 출력시 서포트가 잘 제거될 수 있도록 방향을 결정합니다.

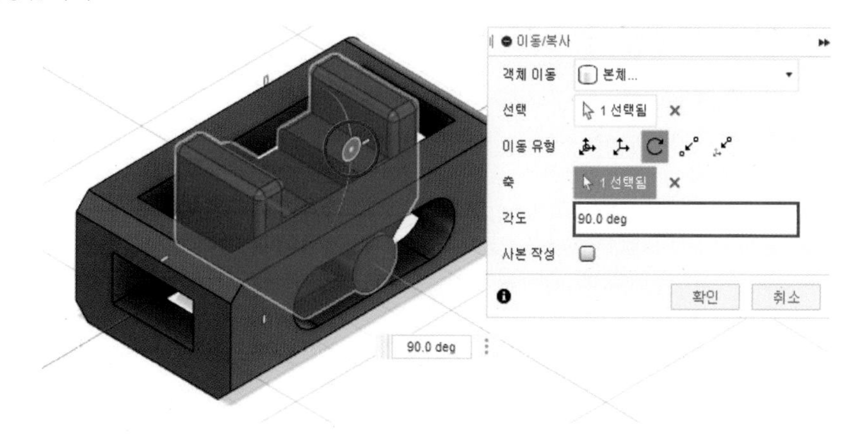

11 ①번과 ②번 부품 모델링이 완료되었습니다.

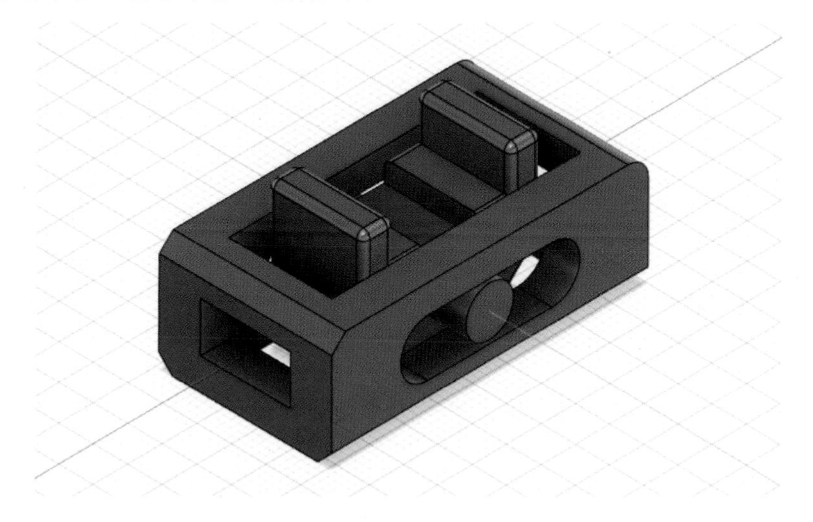

실기 도면 13

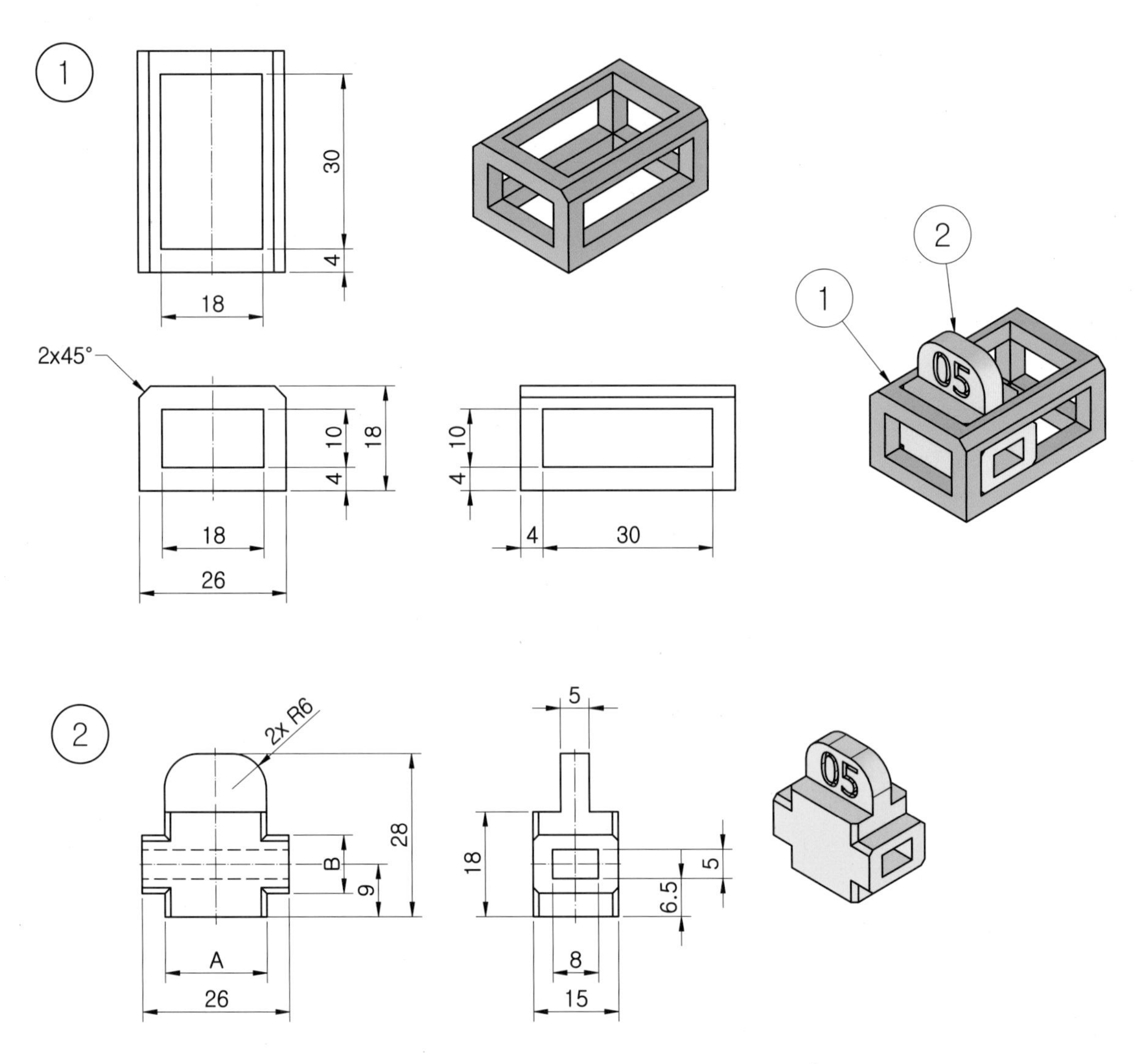

주서

도시되고 지시없는 모떼기는 C1

1 ①번 부품 모델링

01 정면도에 해당하는 XZ 평면에 다음과 같은 스케치를 작성합니다. (어느 평면에 작업하셔도 무방합니다.)

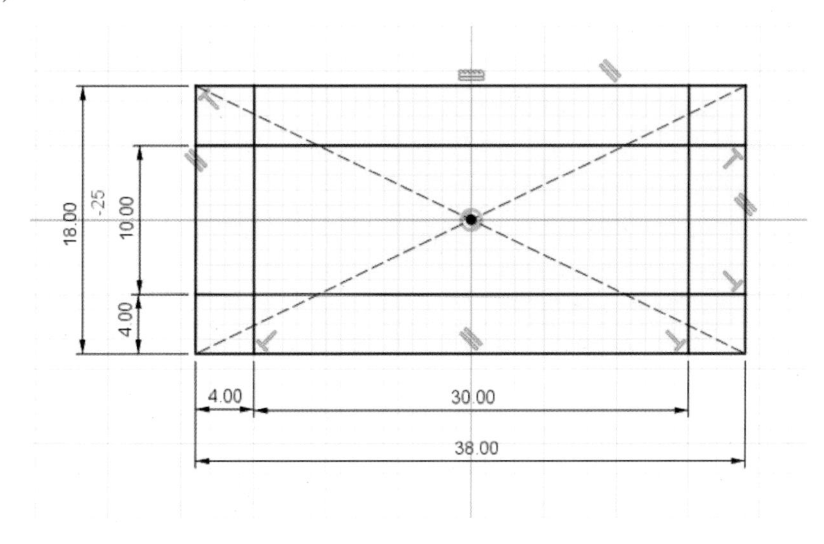

02 [돌출] 명령을 실행하고 다음과 같이 옵션 및 값을 입력하여 형상을 작성합니다.

· 방향 : 대칭 / · 측정값 : 전체 길이 / · 거리 : 26mm / · 생성 : 새 본체

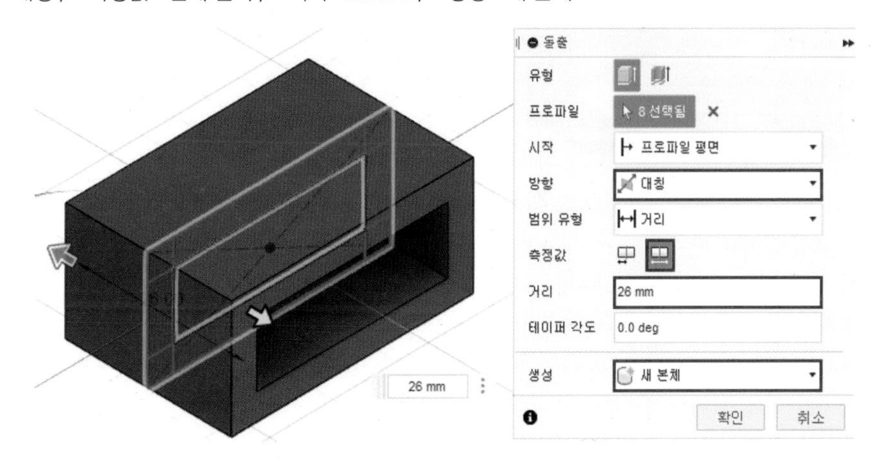

03 [돌출] 명령을 실행하고 다음과 같이 옵션 및 값을 입력하여 형상을 작성합니다.

· 방향 : 대칭 / · 측정값 : 전체 길이 / · 거리 : 18mm / · 생성 : 잘라내기

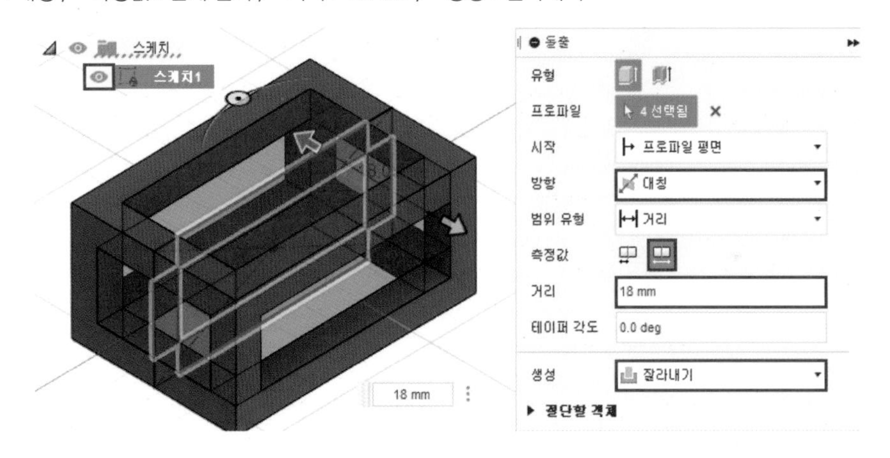

04 [모따기] 명령을 실행하고 선택한 모서리에 2mm의 모따기를 작성하여 ①번 부품 모델링 작업을 완료합니다.

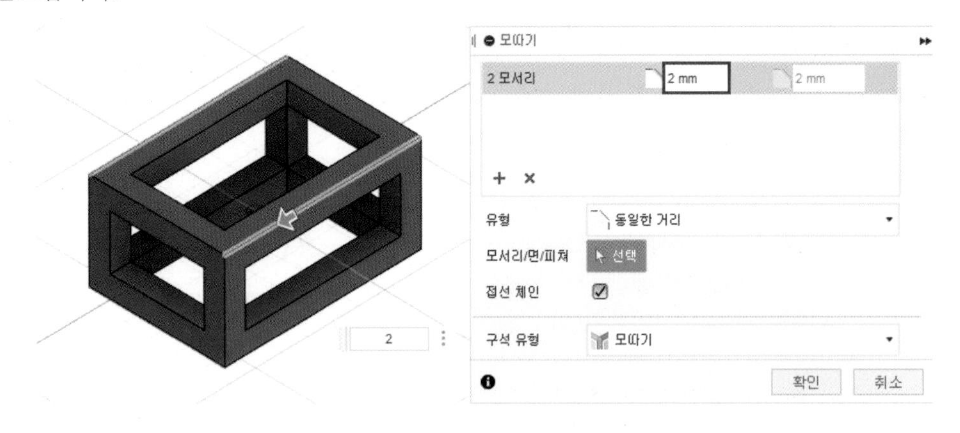

2 ②번 부품 모델링

01 정면도에 해당하는 XZ 평면에 다음과 같은 스케치를 작성합니다.

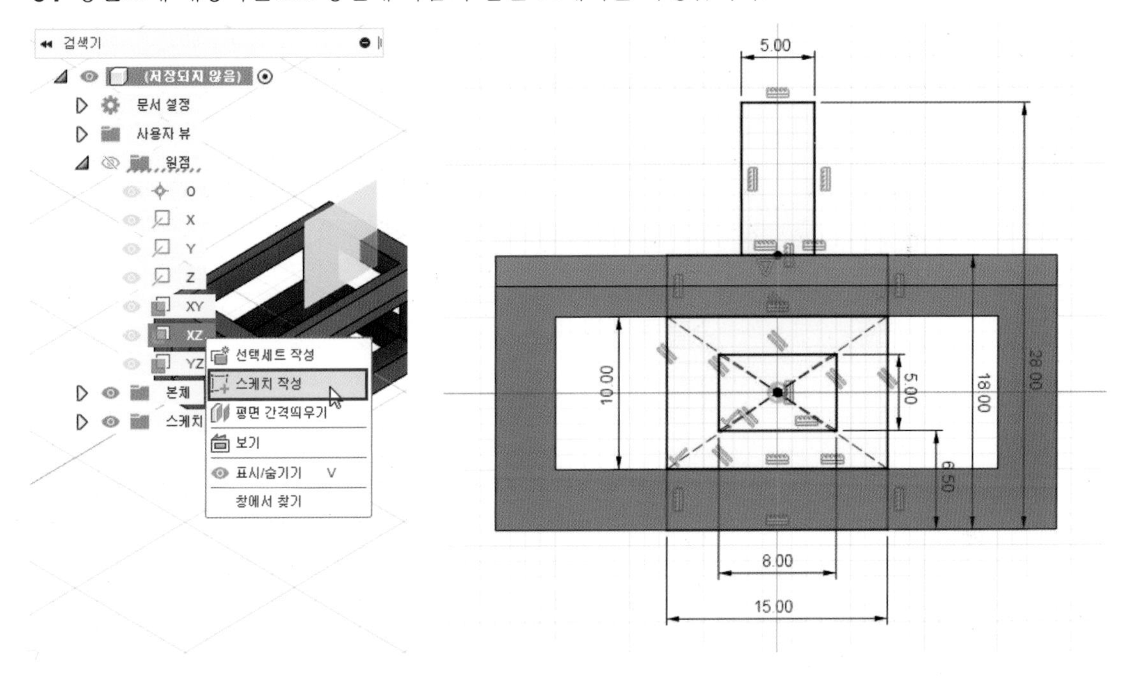

02 [돌출] 명령을 실행하고 다음과 같이 옵션 및 값을 입력하여 형상을 작성합니다. 이때, 본체 1은 가시성을 끄고 작업합니다.

· 방향 : 대칭 / · 측정값 : 전체 길이 / · 거리 : 26mm / · 생성 : 새 본체

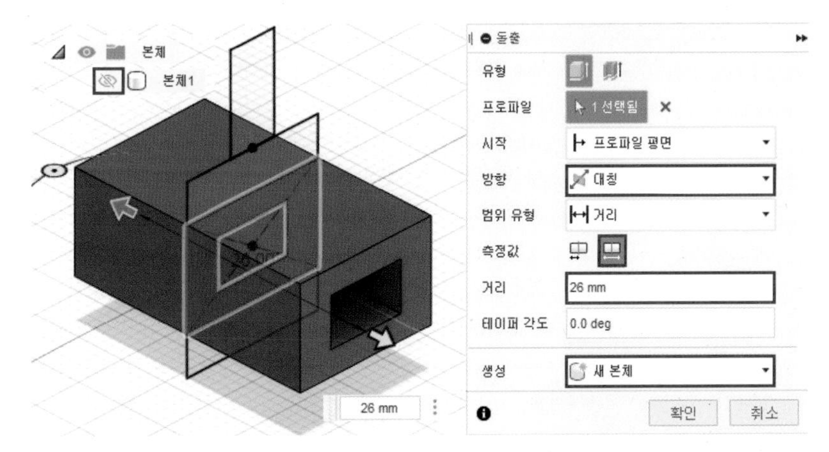

03 [돌출] 명령을 실행하고 다음과 같이 옵션 및 값을 입력하여 형상을 작성합니다.

· 방향 : 대칭 / · 측정값 : 전체 길이 / · 거리 : 18mm / · 생성 : 접합

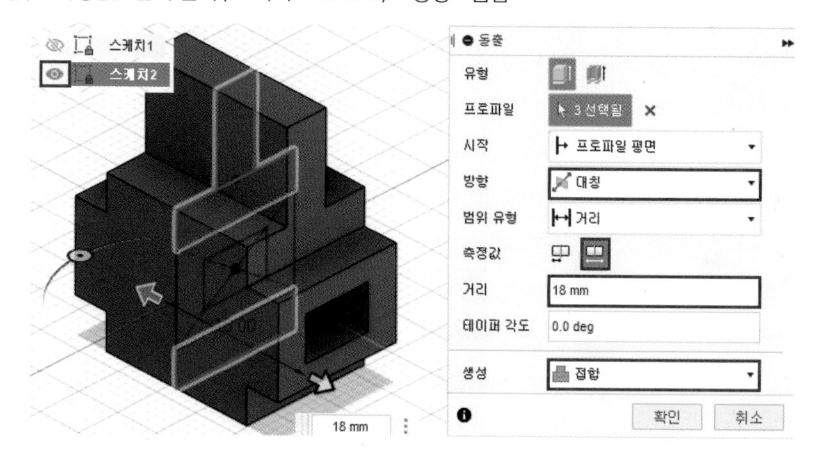

04 [모따기] 명령을 실행하고 선택한 모서리에 1mm의 모따기를 작성합니다.

05 [모깎기] 명령을 실행하고 다음과 같이 선택한 모서리에 6mm의 모깎기를 작성합니다.

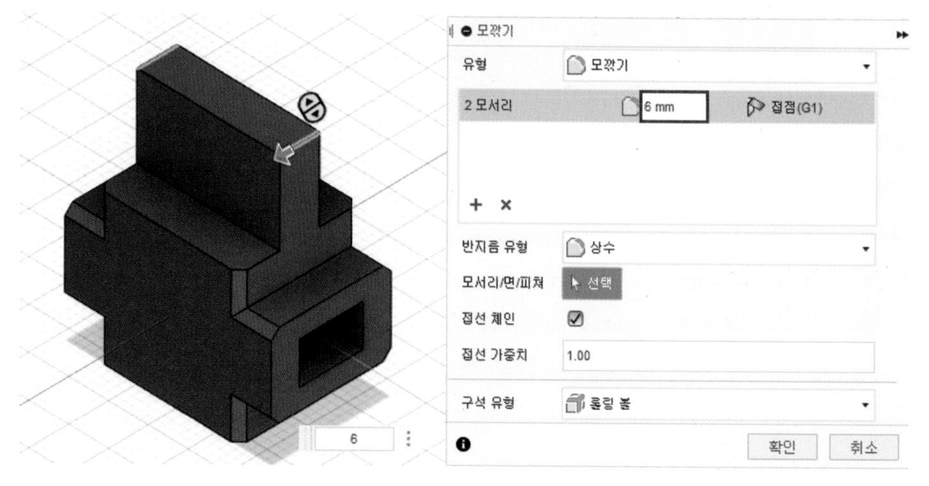

06 선택한 평면에 스케치를 작성하고 [문자] 명령으로 비번호를 작성합니다.

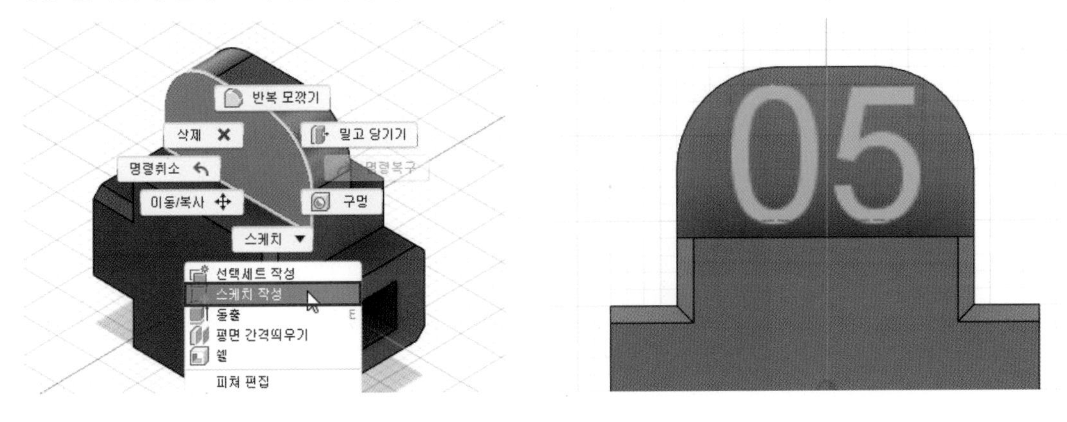

07 [돌출] 명령을 실행하고 다음과 같이 옵션 및 값을 입력하여 형상을 작성합니다.

· 방향 : 한쪽 방향 / · 거리 : −1mm / · 생성 : 잘라내기

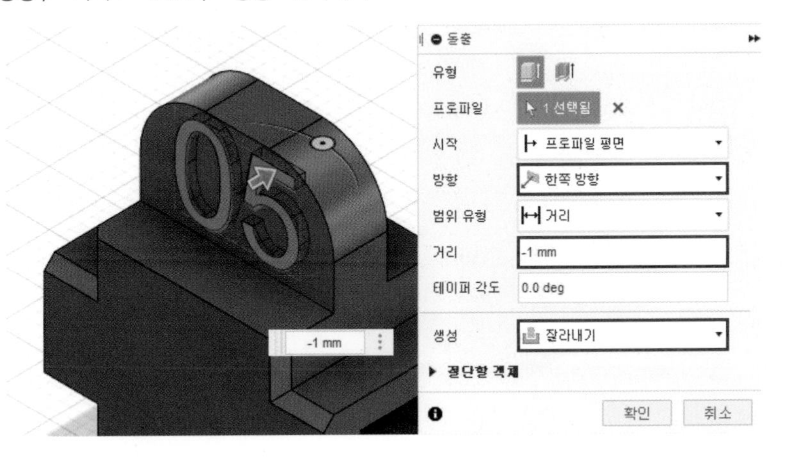

08 움직임이 발생하는 부위에 틈새를 주기 위해 [밀고 당기기] 명령을 실행하고 선택한 양쪽 면을 1mm 줄입니다.

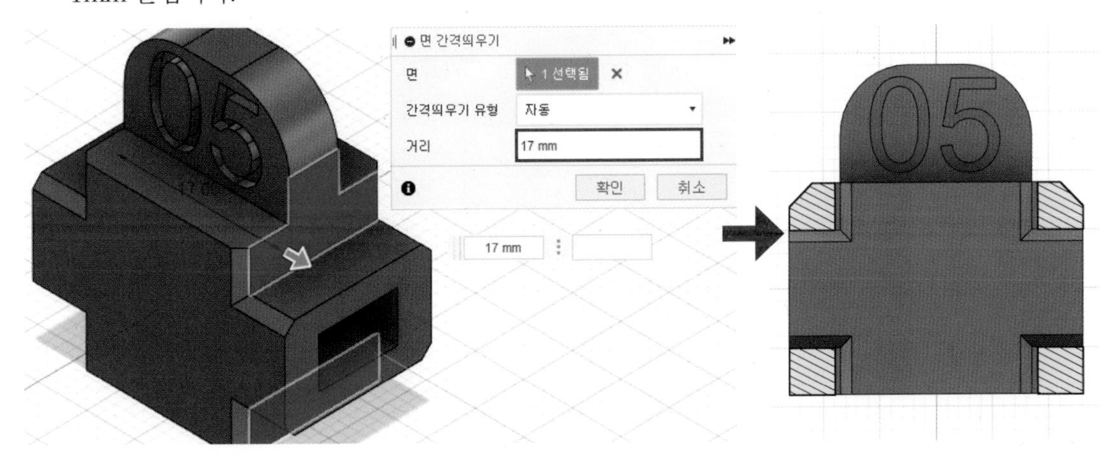

09 [밀고 당기기] 명령을 실행하고 선택한 양쪽 면을 -0.5mm 줄입니다.

10 [밀고 당기기] 명령을 실행하고 선택한 양쪽 면을 -0.5mm 줄여 움직임이 발생하는 부위에 틈새 적용을 완료합니다.

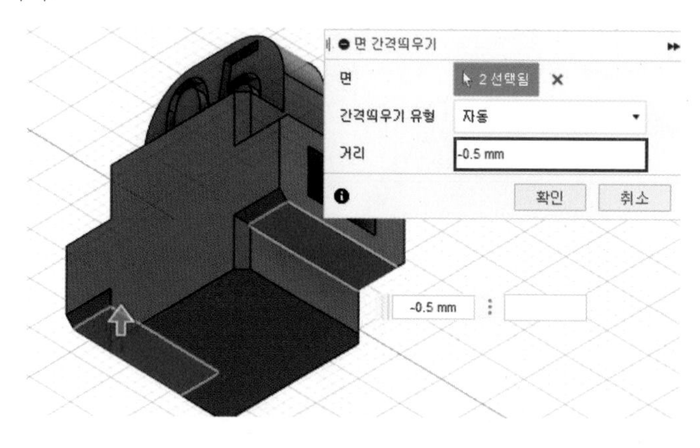

11 ①번과 ②번 부품 모델링이 완료되었습니다.

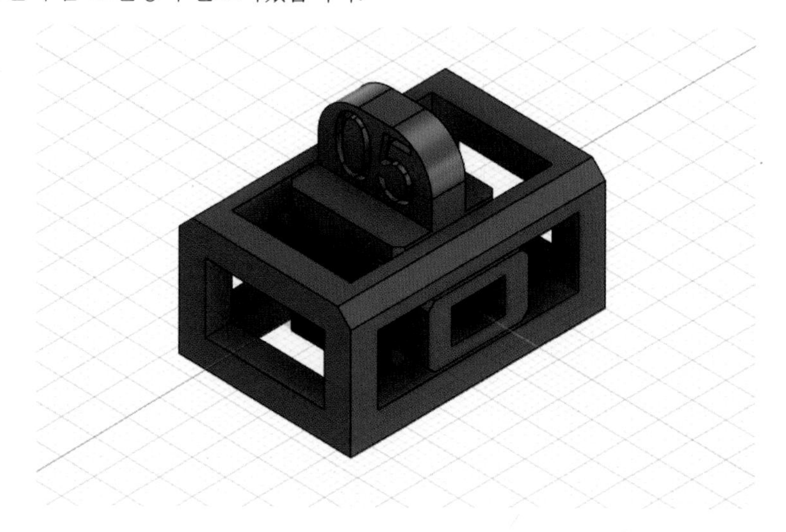

실기 도면 14

SECTION
14

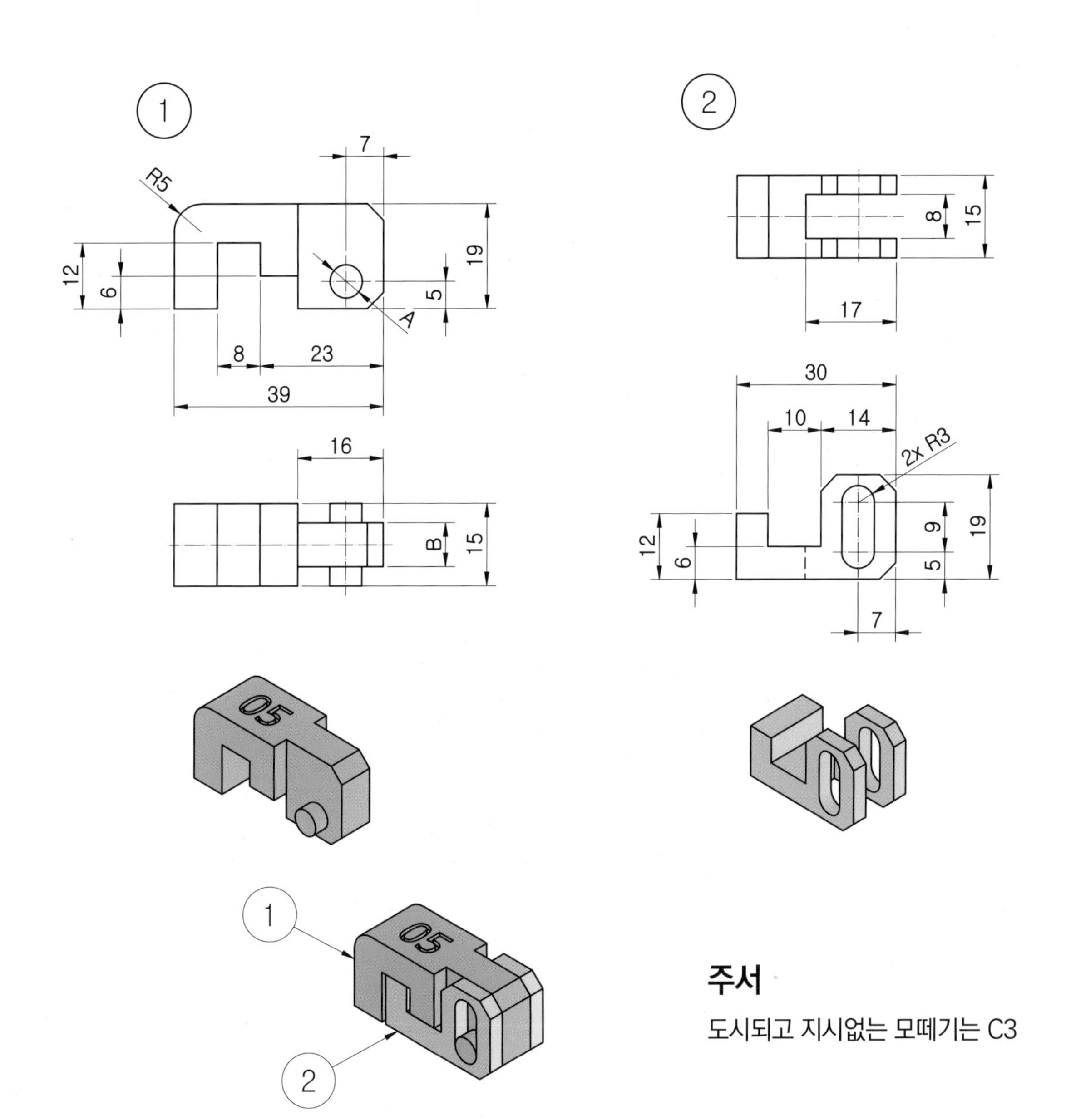

주서

도시되고 지시없는 모떼기는 C3

1 ①번 부품 모델링

01 정면도에 해당하는 XZ 평면에 다음과 같은 스케치를 작성합니다. (어느 평면에 작업하셔도 무방합니다.)

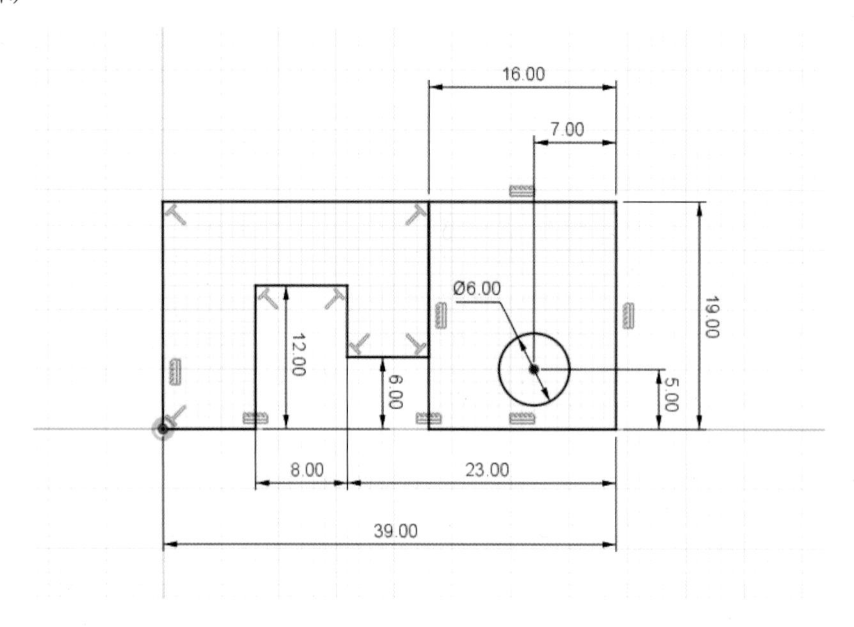

02 [돌출] 명령을 실행하고 다음과 같이 옵션 및 값을 입력하여 형상을 작성합니다.

· 방향 : 대칭 / · 측정값 : 전체 길이 / · 거리 : 15mm / · 생성 : 새 본체

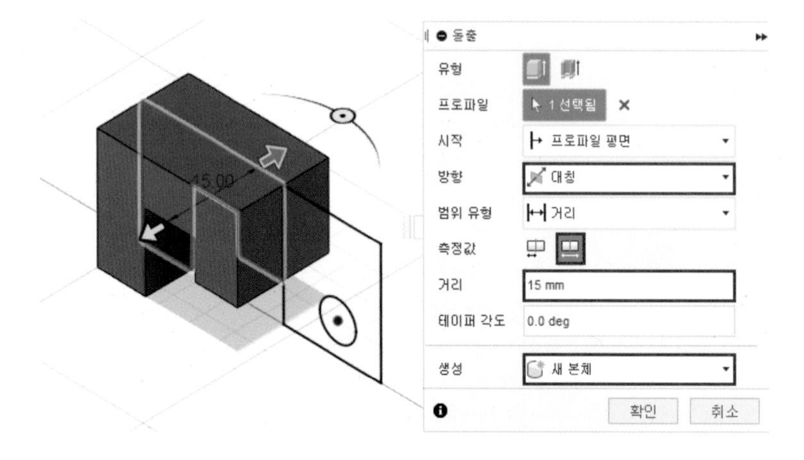

03 [돌출] 명령을 실행하고 다음과 같이 옵션 및 값을 입력하여 형상을 작성합니다.

· 방향 : 대칭 / · 측정값 : 전체 길이 / · 거리 : 8mm / · 생성 : 접합

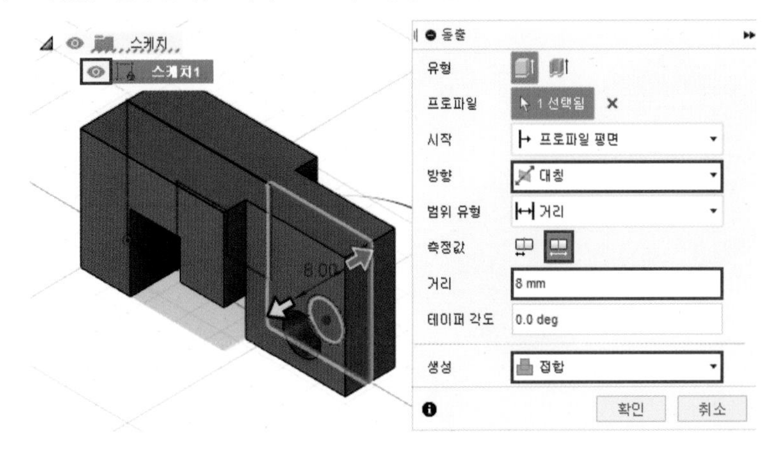

04 [돌출] 명령을 실행하고 다음과 같이 옵션 및 값을 입력하여 형상을 작성합니다.

· 방향 : 대칭 / · 측정값 : 전체 길이 / · 거리 : 15mm / · 생성 : 접합

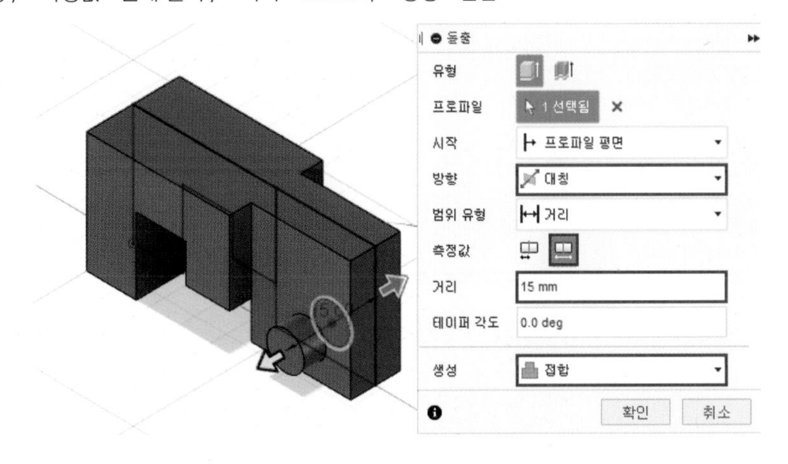

05 [모따기] 명령을 실행하고 선택한 모서리에 3mm의 모따기를 작성합니다.

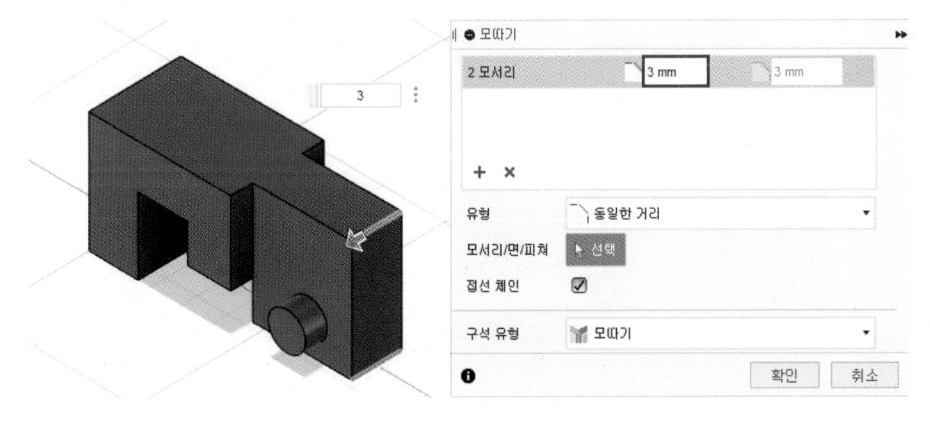

06 [모깎기] 명령을 실행하고 다음과 같이 선택한 모서리에 5mm의 모깎기를 작성합니다.

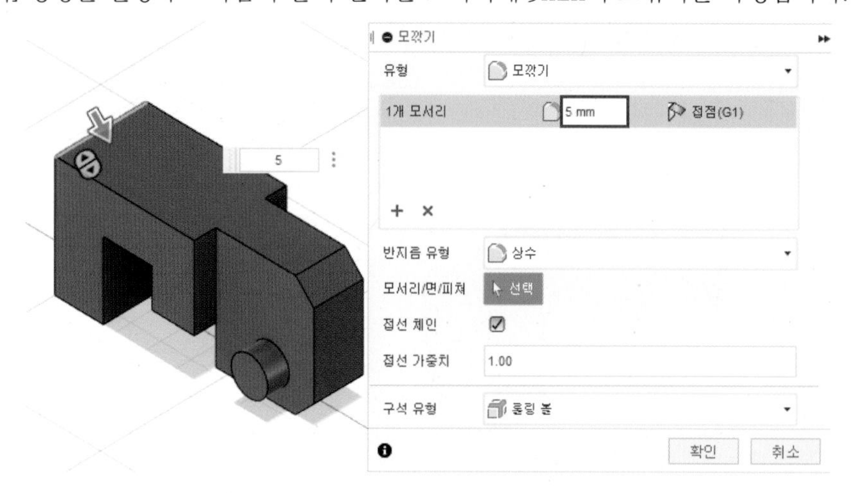

07 선택한 평면에 스케치를 작성하고 [문자] 명령으로 비번호를 작성합니다.

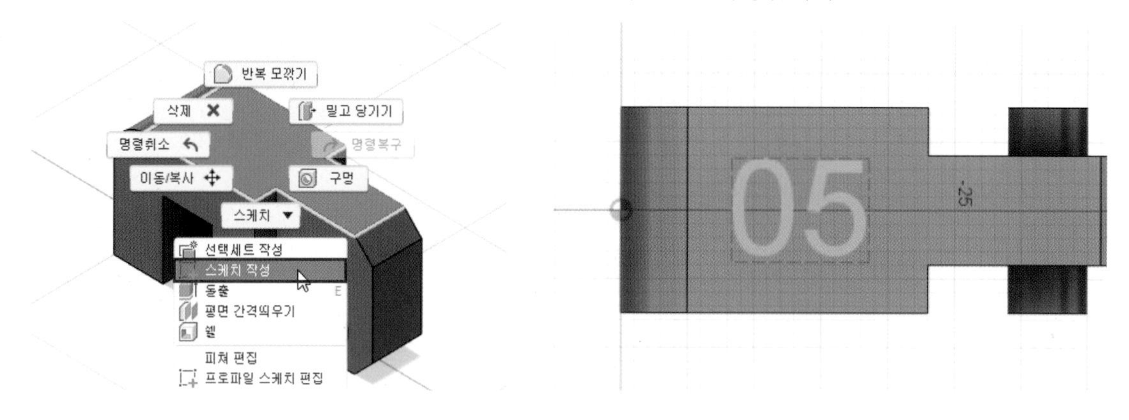

08 [돌출] 명령을 실행하고 다음과 같이 옵션 및 값을 입력하여 형상을 작성합니다.

· 방향 : 한쪽 방향 / · 거리 : −1mm / · 생성 : 잘라내기

09 움직임이 발생하는 부위에 틈새를 주기 위해 [밀고 당기기] 명령을 실행하고 선택한 양쪽 원통면의 반지름을 -0.5mm 줄입니다.

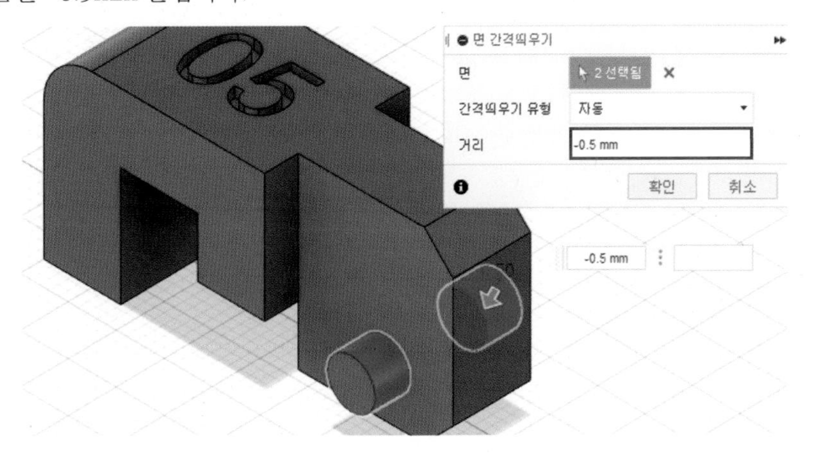

10 [밀고 당기기] 명령을 실행하고 선택한 양쪽 면을 1mm 줄여 ①번 부품 모델링 작업을 완료합니다.

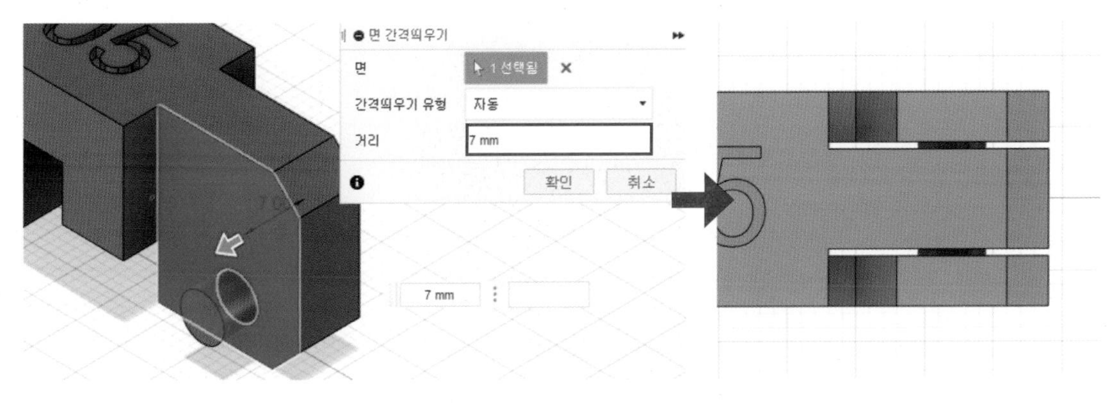

2 ②번 부품 모델링

01 정면도에 해당하는 XZ 평면에 다음과 같은 스케치를 작성합니다.

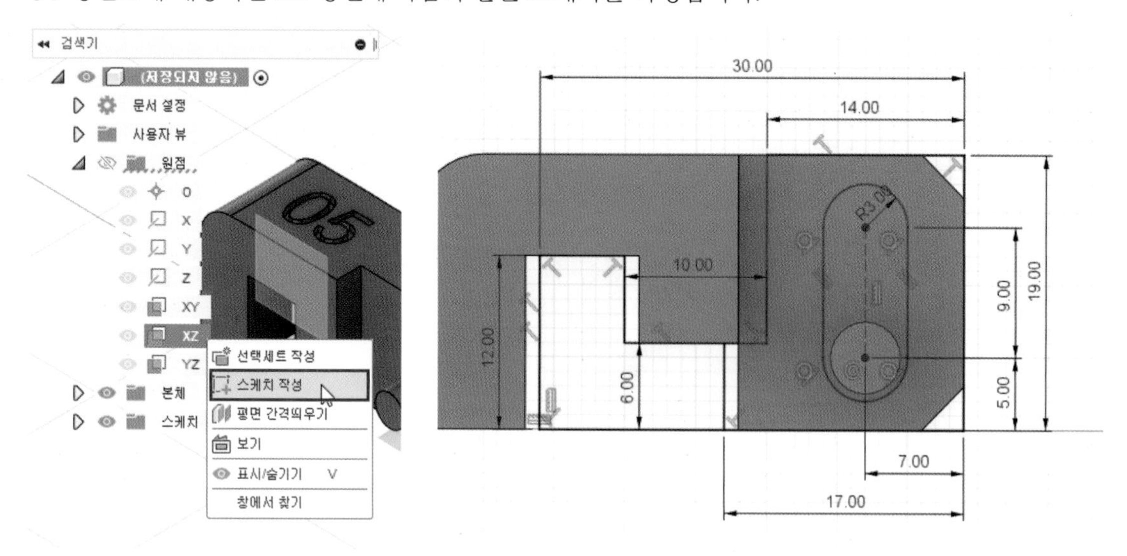

02 [돌출] 명령을 실행하고 다음과 같이 옵션 및 값을 입력하여 형상을 작성합니다. 이때, 본체 1은 가시성을 끄고 작업합니다.

· 방향 : 대칭 / · 측정값 : 전체 길이 / · 거리 : 15mm / · 생성 : 새 본체

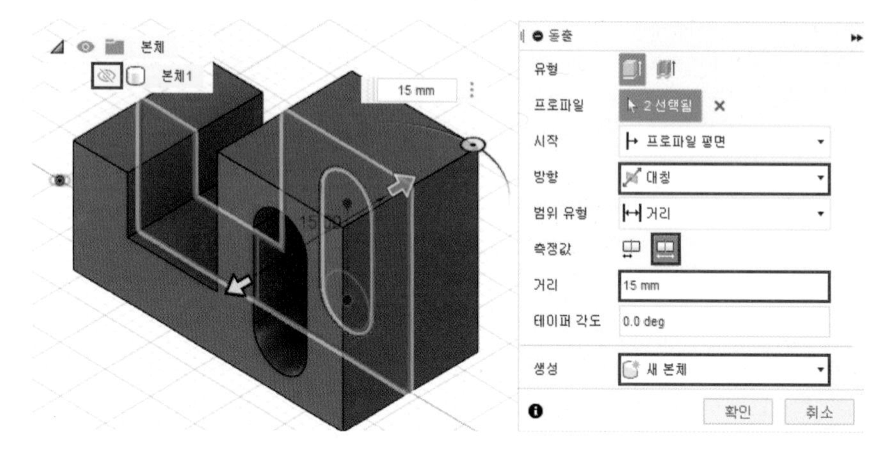

03 [돌출] 명령을 실행하고 다음과 같이 옵션 및 값을 입력하여 형상을 작성합니다.

· 방향 : 대칭 / · 측정값 : 전체 길이 / · 거리 : 8mm / · 생성 : 잘라내기

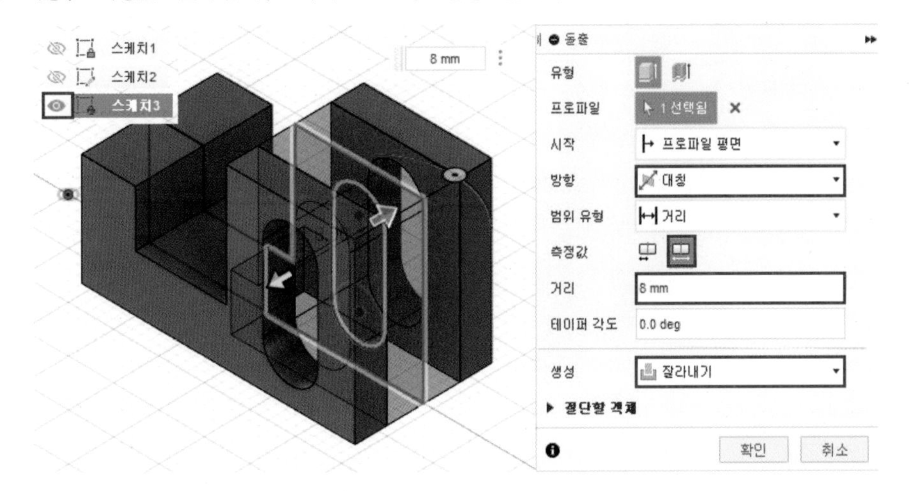

04 [모따기] 명령을 실행하고 선택한 모서리에 3mm의 모따기를 작성합니다.

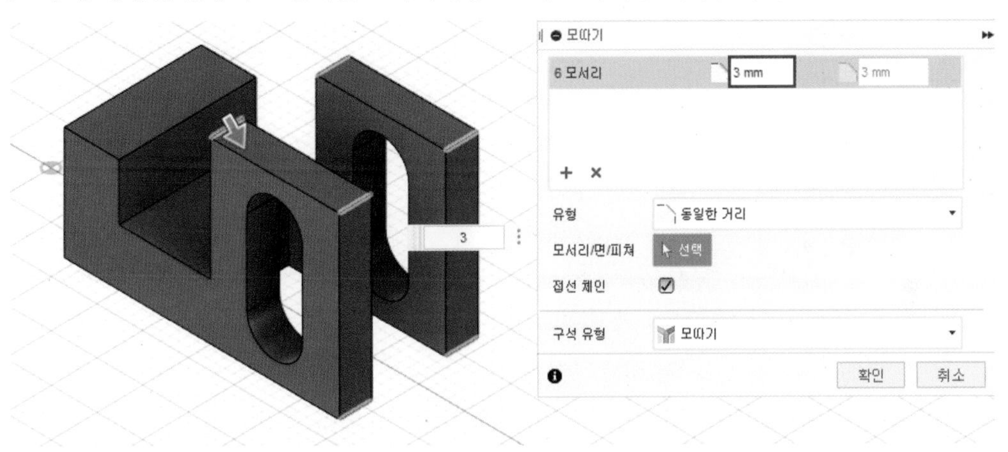

05 수정 메뉴의 [이동/복사] 명령을 실행하여 ②번 부품을 클릭하고 [회전] 유형으로 변경한 다음 회전축으로 다음 모서리를 클릭합니다.

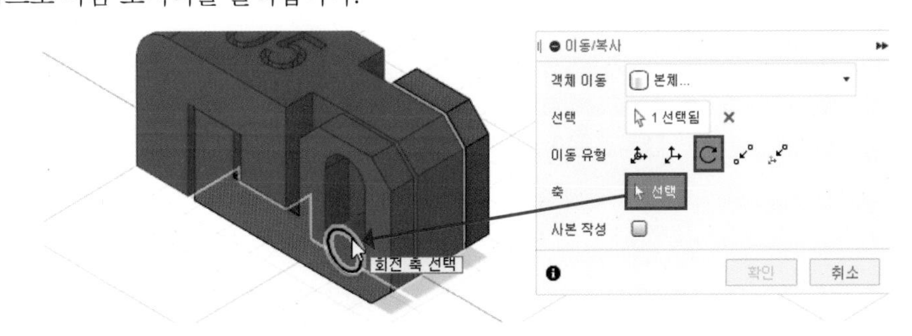

06 ②번 부품을 -180도 회전하여 3D 프린터 출력시 서포트가 잘 제거될 수 있도록 방향을 결정합니다.

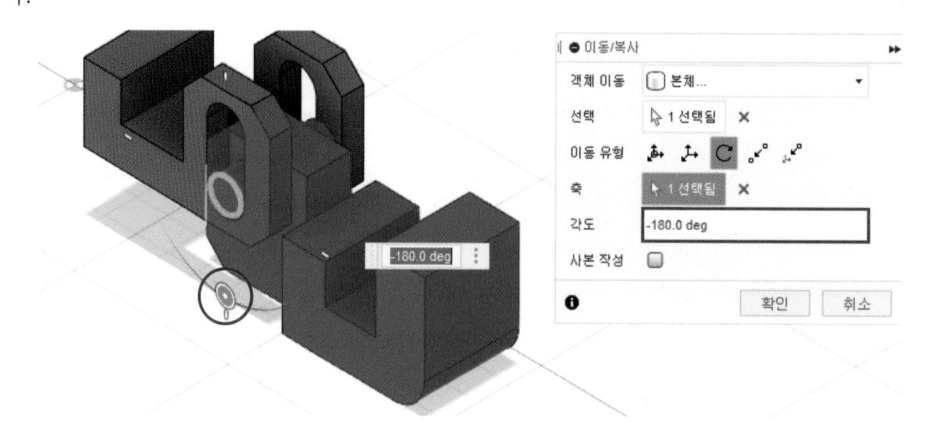

07 이어서 ②번 부품을 Z축 방향으로 9mm 이동합니다. (바닥 서포트가 최대한 생기지 않도록 하기 위해 수평 위치를 맞춰줍니다.)

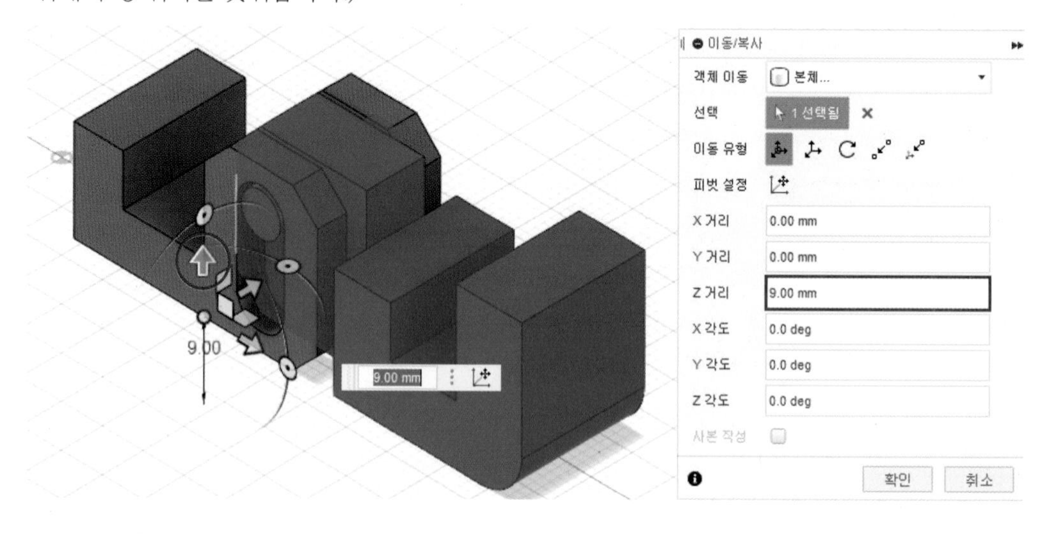

08 ①번과 ②번 부품 모델링이 완료되었습니다.

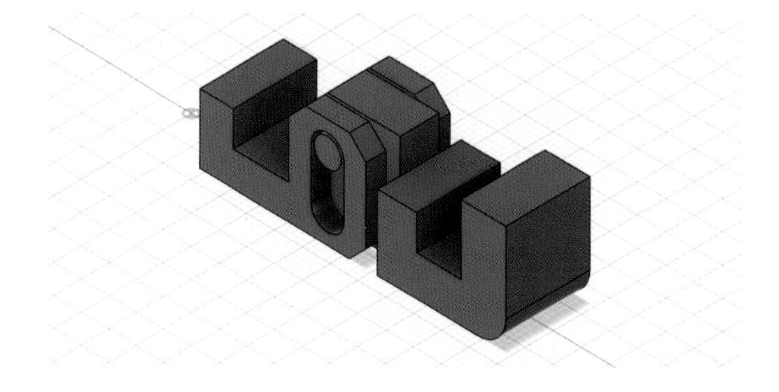

실기 도면 15

SECTION
15

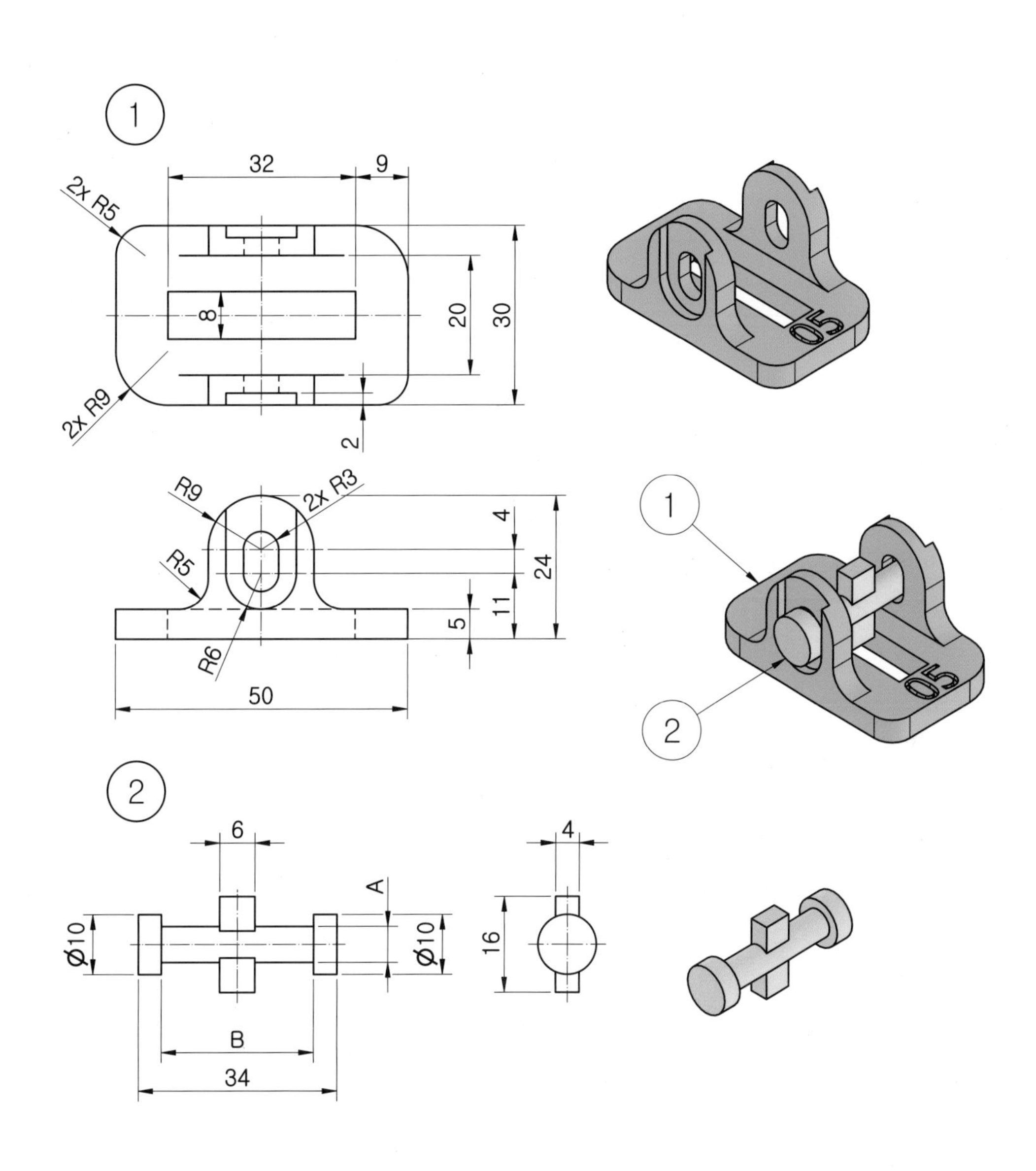

1 ①번 부품 모델링

01 정면도에 해당하는 XZ 평면에 다음과 같은 스케치를 작성합니다. (어느 평면에 작업하셔도 무방합니다.)

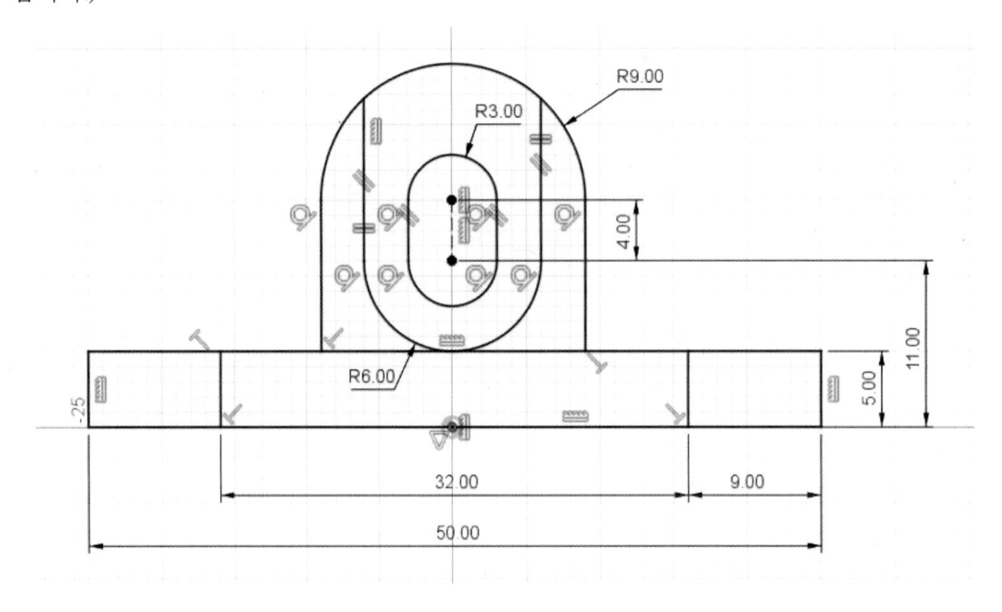

02 [돌출] 명령을 실행하고 다음과 같이 옵션 및 값을 입력하여 형상을 작성합니다.

· 방향 : 대칭 / · 측정값 : 전체 길이 / · 거리 : 30mm / · 생성 : 새 본체

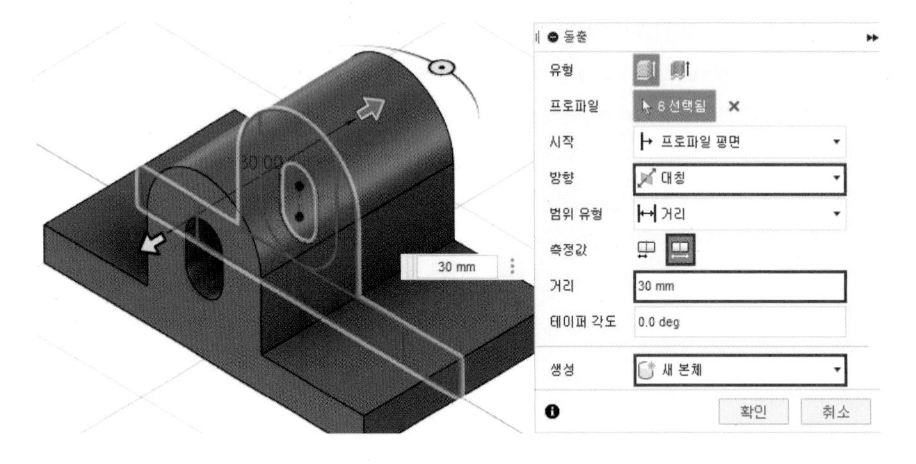

03 [돌출] 명령을 실행하고 다음과 같이 옵션 및 값을 입력하여 형상을 작성합니다.

· 방향 : 대칭 / · 측정값 : 전체 길이 / · 거리 : 20mm / · 생성 : 잘라내기

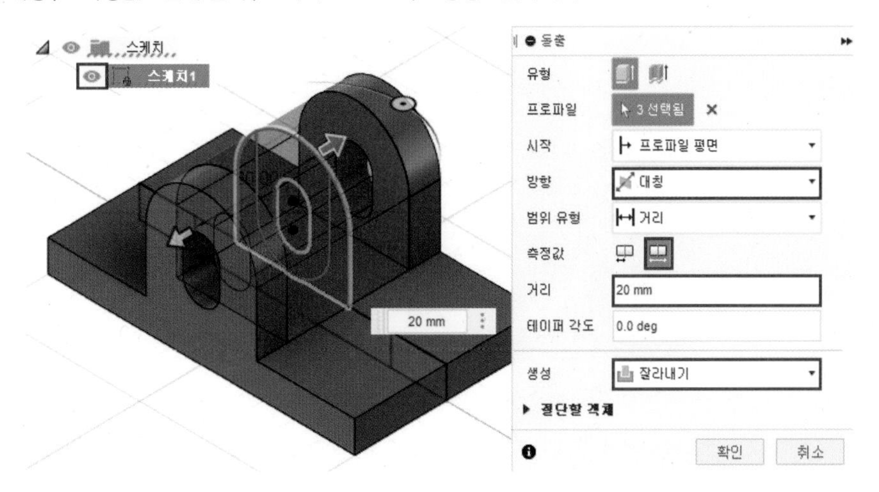

04 [돌출] 명령을 실행하고 다음과 같이 옵션 및 값을 입력하여 형상을 작성합니다.

· 방향 : 대칭 / · 측정값 : 전체 길이 / · 거리 : 8mm / · 생성 : 잘라내기

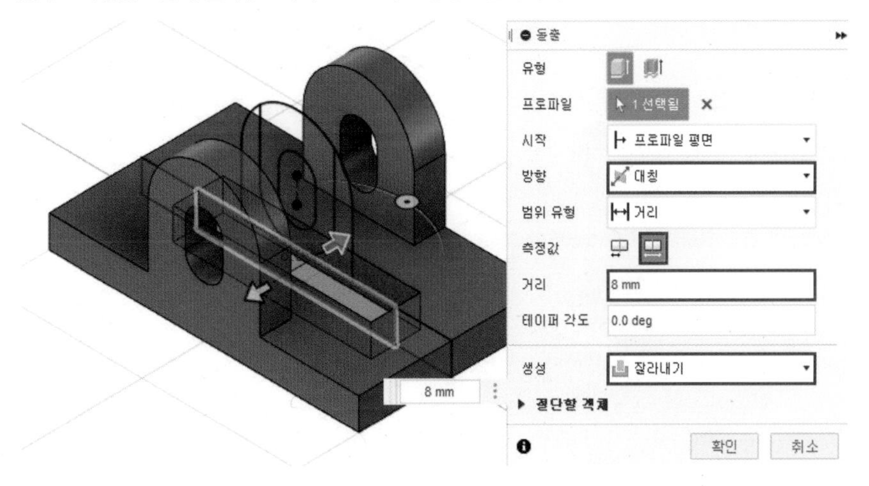

05 [돌출] 명령을 실행하고 다음과 같이 옵션 및 값을 입력하여 형상을 작성합니다.

· 시작 : 객체 / · 방향 : 한쪽 방향 / · 거리 : 2mm / · 생성 : 잘라내기

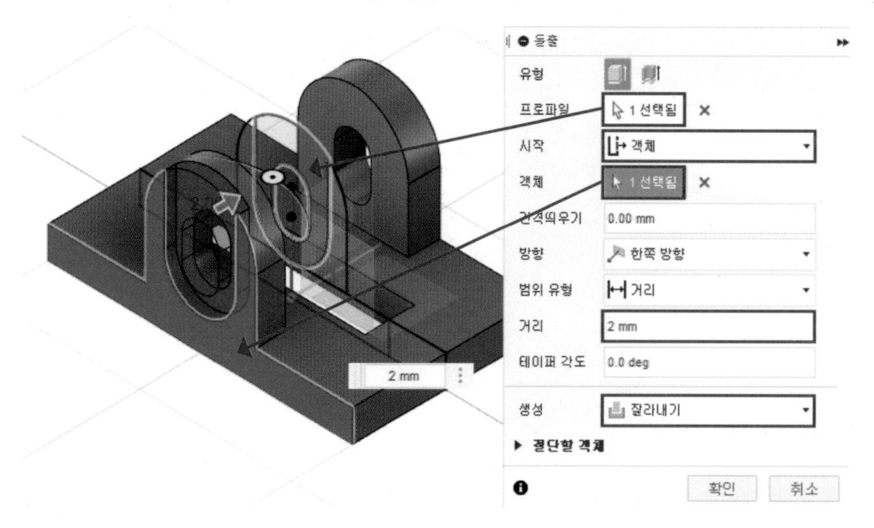

06 [돌출] 명령을 실행하고 다음과 같이 옵션 및 값을 입력하여 형상을 작성합니다.

· 시작 : 객체 / · 방향 : 한쪽 방향 / · 거리 : −2mm / · 생성 : 잘라내기

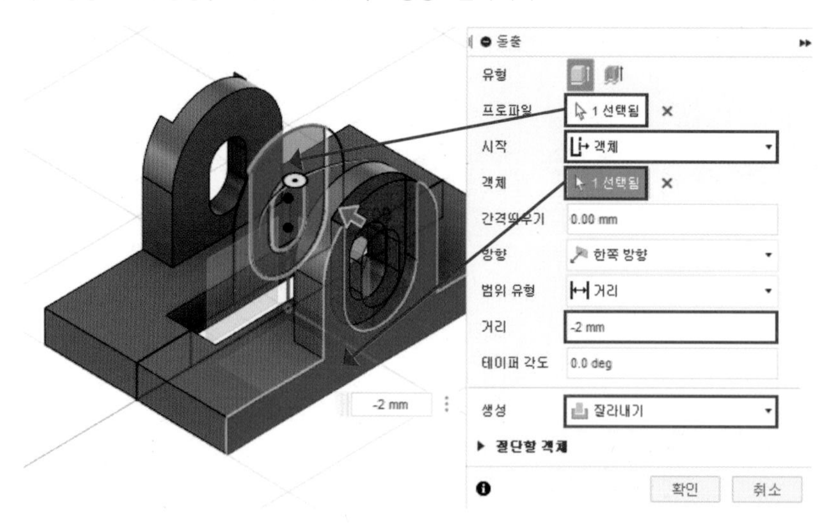

07 [모깎기] 명령을 실행하고 다음과 같이 선택한 모서리에 5mm의 모깎기를 작성합니다.

08 [모깎기] 명령을 실행하고 다음과 같이 선택한 각 모서리에 5mm, 9mm의 모깎기를 작성합니다.

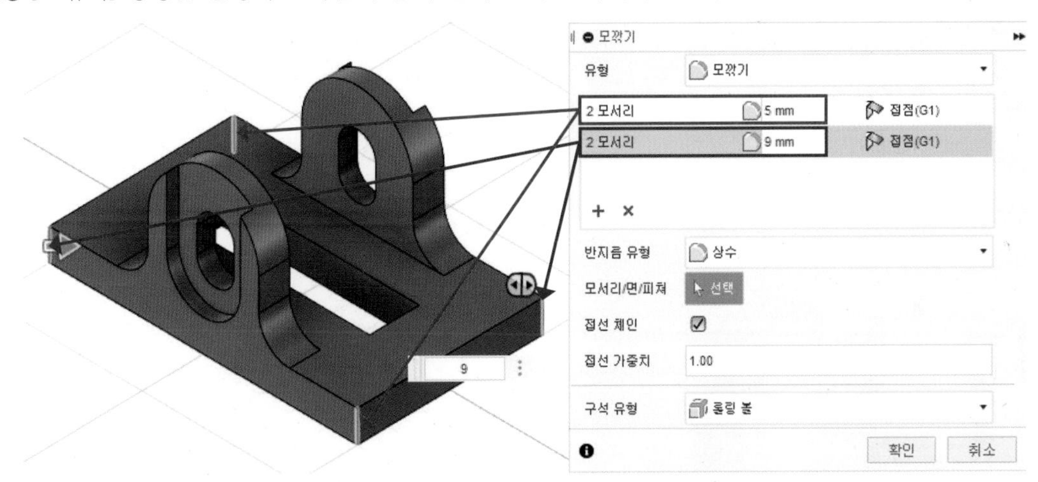

09 선택한 평면에 스케치를 작성하고 [문자] 명령으로 비번호를 작성합니다.

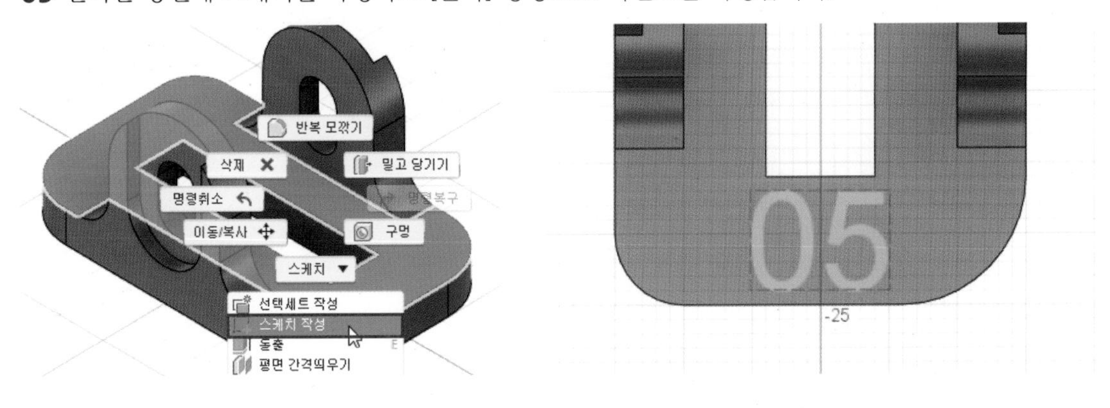

10 [돌출] 명령을 실행한 후 다음과 같이 옵션 및 값을 입력하고 형상을 작성하여 ①번 부품 모델링 작업을 완료합니다.

· 방향 : 한쪽 방향 / · 거리 : −1mm / · 생성 : 잘라내기

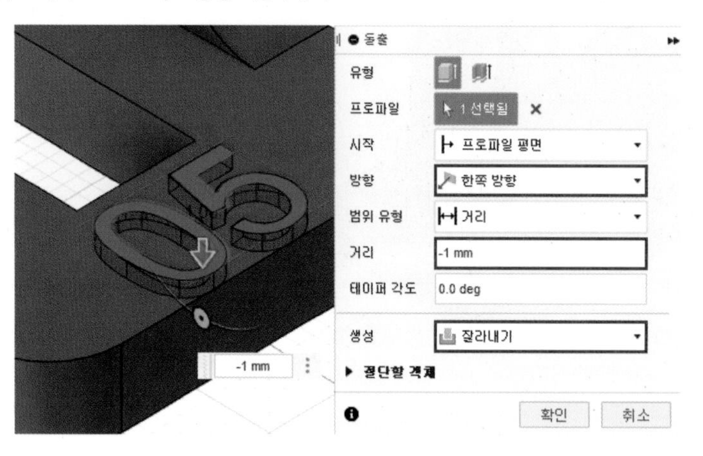

2 ②번 부품 모델링

01 정면도에 해당하는 XZ 평면에 다음과 같은 스케치를 작성합니다.

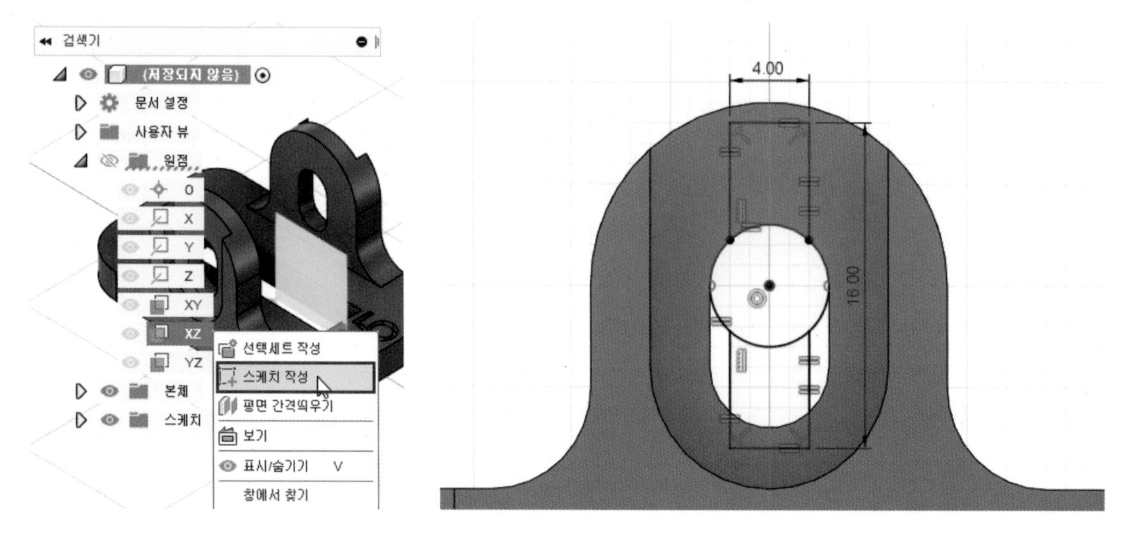

02 [돌출] 명령을 실행하고 다음과 같이 옵션 및 값을 입력하여 형상을 작성합니다. 이때, 본체 1은 가시성을 끄고 작업합니다.

· 방향 : 대칭 / · 측정값 : 전체 길이 / · 거리 : 26mm / · 생성 : 새 본체

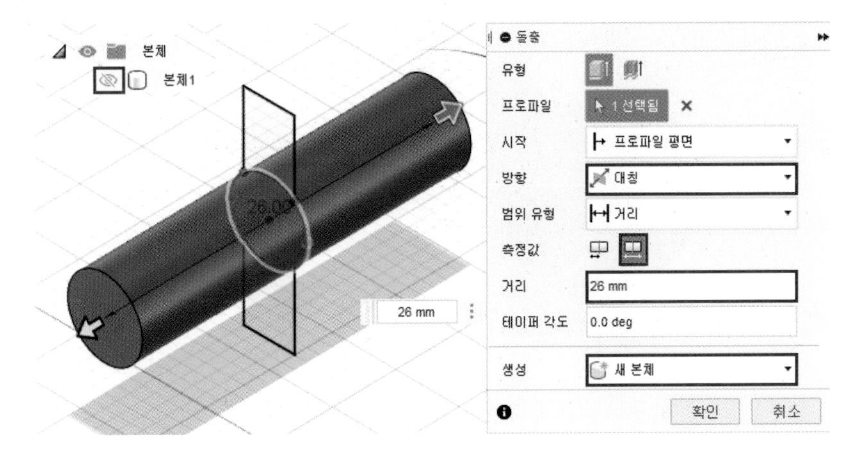

03 [돌출] 명령을 실행하고 다음과 같이 옵션 및 값을 입력하여 형상을 작성합니다.

· 방향 : 대칭 / · 측정값 : 전체 길이 / · 거리 : 6mm / · 생성 : 접합

04 선택한 평면에 다음과 같은 스케치를 작성합니다.

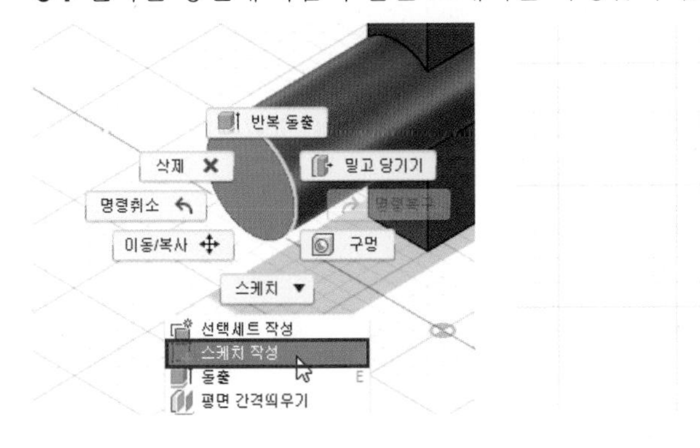

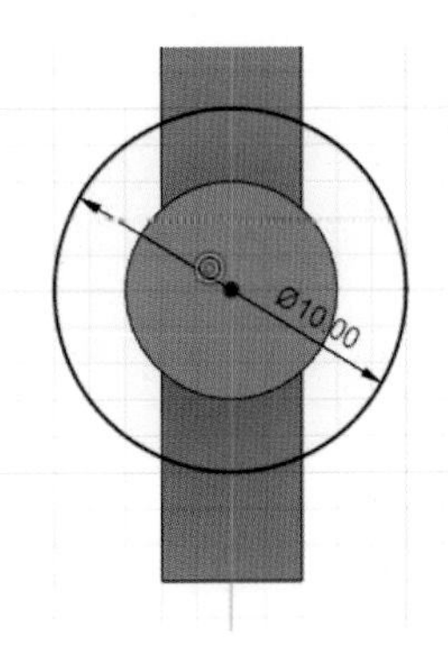

05 [돌출] 명령을 실행하고 다음과 같이 옵션 및 값을 입력하여 형상을 작성합니다.

· 방향 : 한쪽 방향 / · 거리 : 4mm / · 생성 : 접합

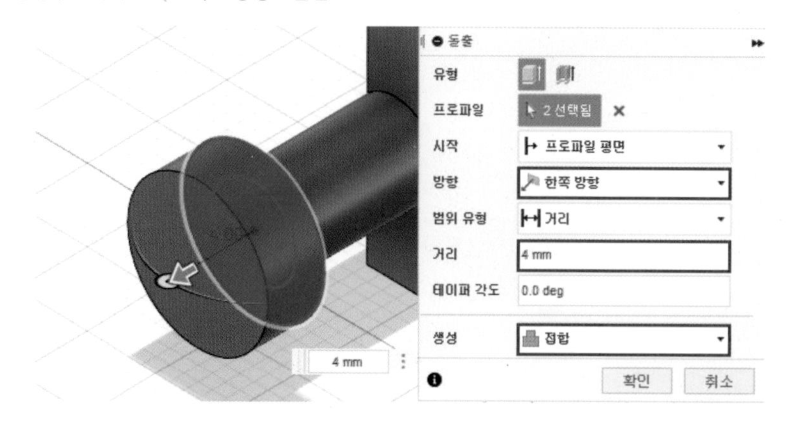

06 동일한 방법으로 스케치하여 반대쪽에도 대칭 형상을 작성합니다.

· 방향 : 한쪽 방향 / · 거리 : 4mm / · 생성 : 접합

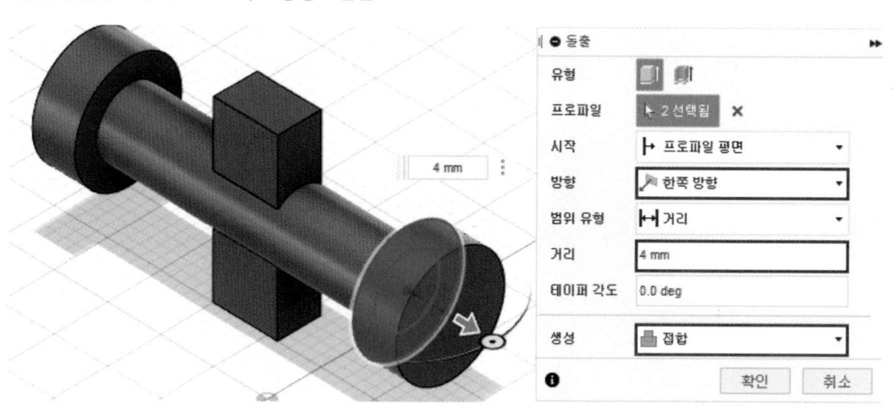

07 움직임이 발생하는 부위에 틈새를 주기 위해 [밀고 당기기] 명령을 실행하고 선택한 원통면의 반지름을 -0.5mm 줄입니다.

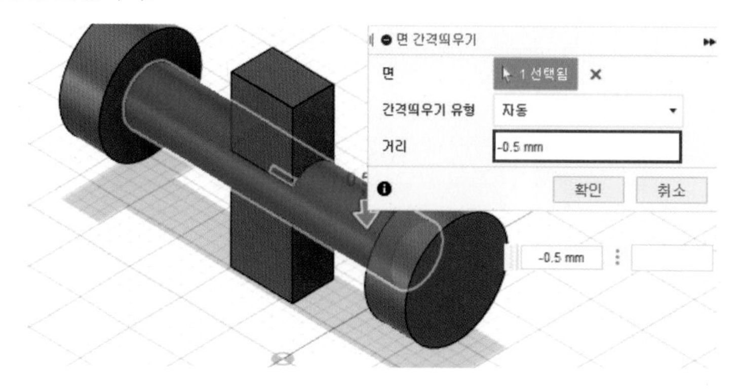

08 [밀고 당기기] 명령을 실행하고 선택한 면을 -0.5mm 줄입니다.

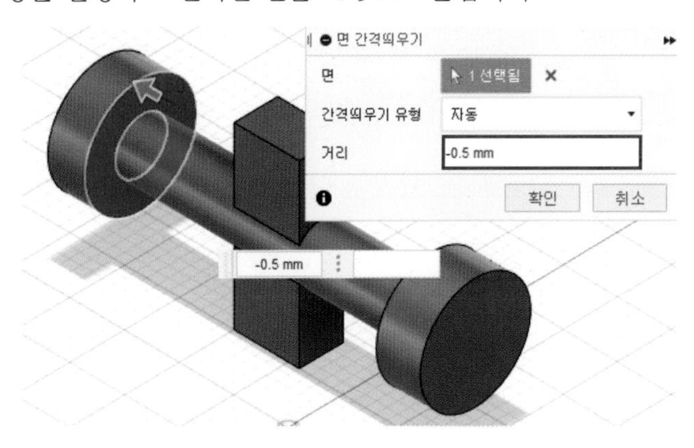

09 [밀고 당기기] 명령을 실행하고 선택한 대칭면을 -0.5mm 줄입니다.

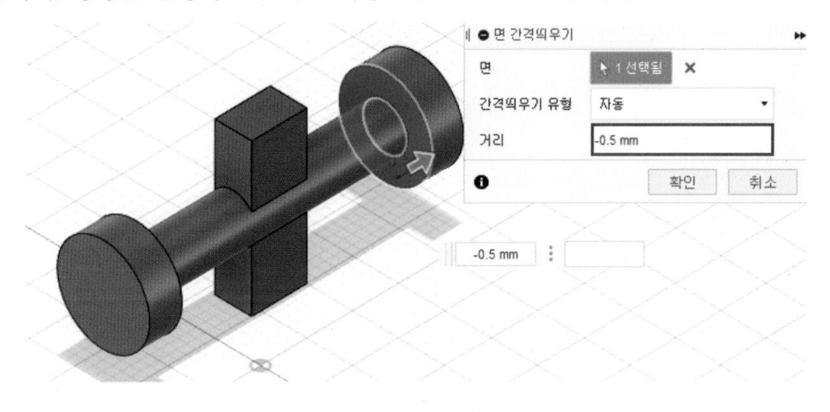

10 ①번과 ②번 부품 모델링이 완료되었습니다.

SECTION 16

실기 도면 16

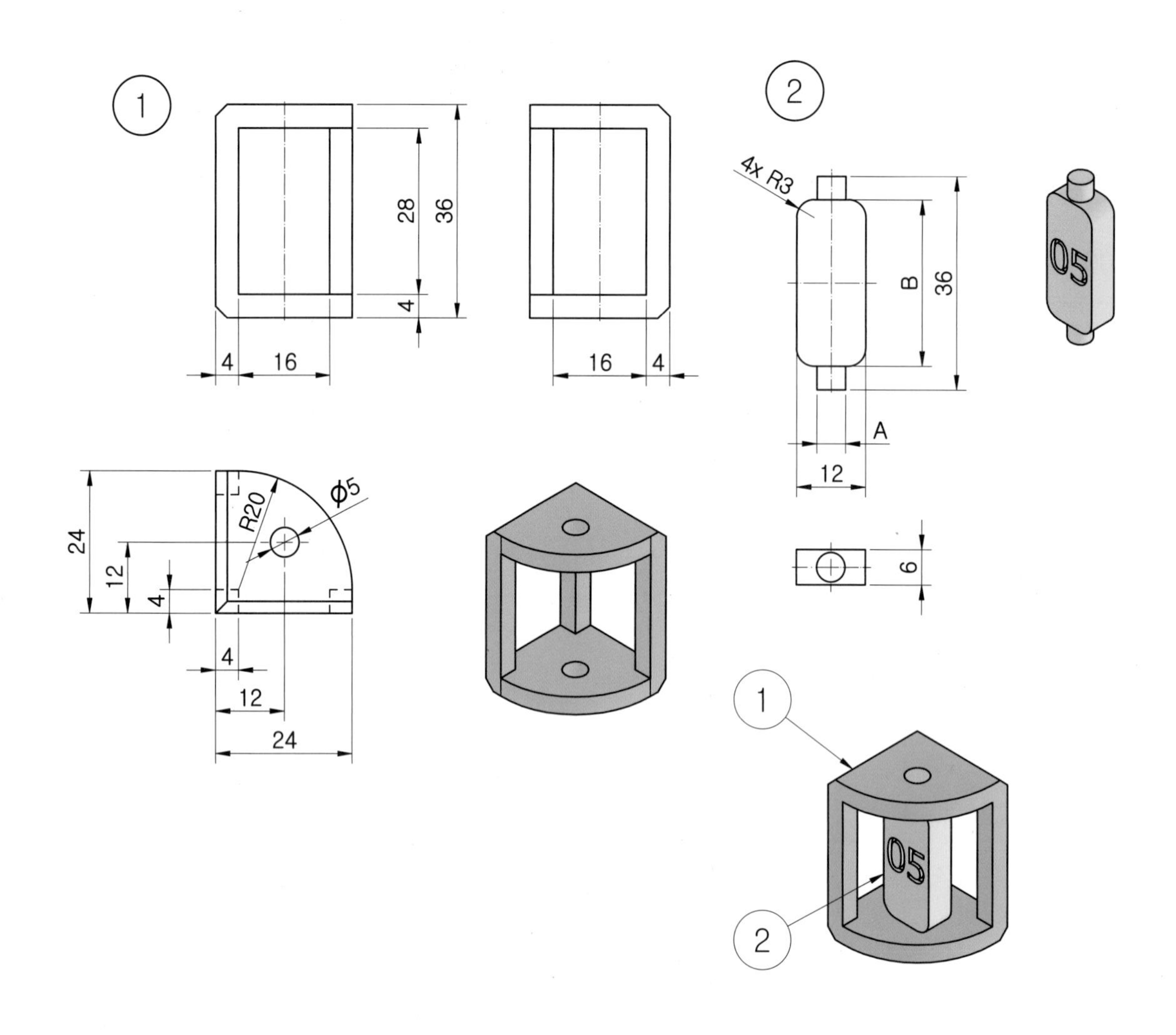

주서

도시되고 지시없는 모떼기는 C2

1 ①번 부품 모델링

01 평면도에 해당하는 XY 평면에 다음과 같은 스케치를 작성합니다. (어느 평면에 작업하셔도 무방합니다.)

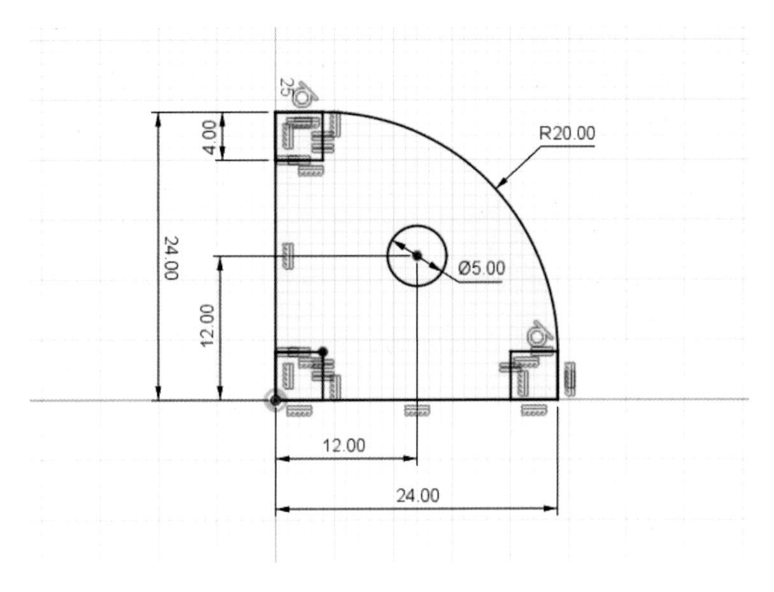

02 [돌출] 명령을 실행하고 다음과 같이 옵션 및 값을 입력하여 형상을 작성합니다.

· 방향 : 대칭 / · 측정값 : 전체 길이 / · 거리 : 28mm / · 생성 : 새 본체

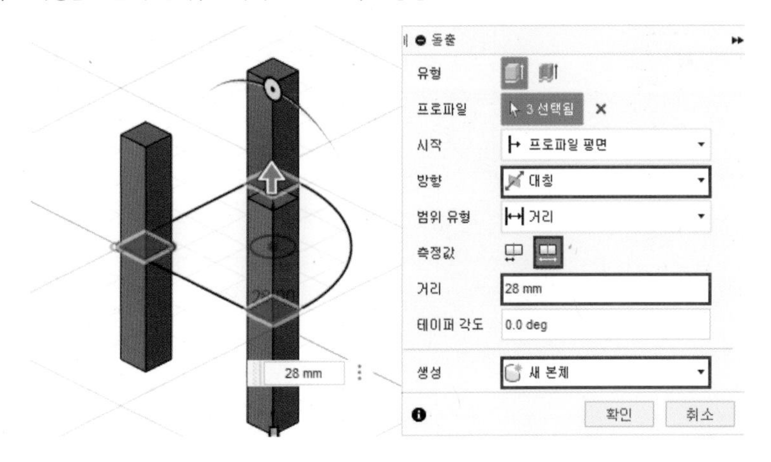

03 [돌출] 명령을 실행하고 다음과 같이 옵션 및 값을 입력하여 형상을 작성합니다.

· 시작 : 객체 / · 방향 : 한쪽 방향 / · 거리 : 4mm / · 생성 : 접합

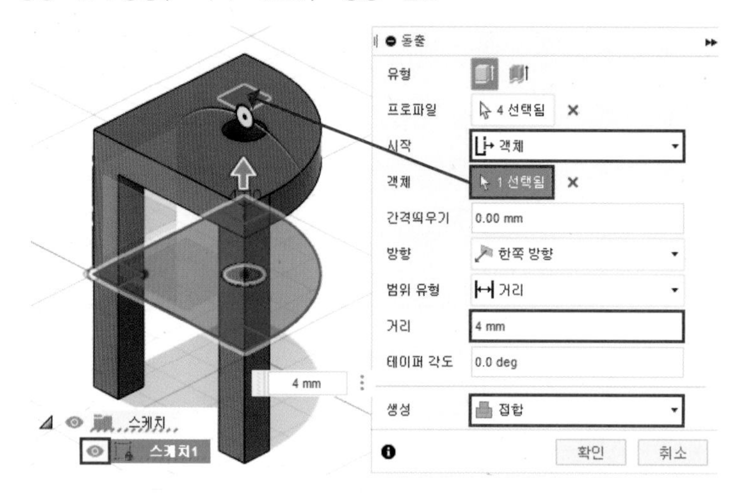

04 [돌출] 명령을 실행하고 다음과 같이 옵션 및 값을 입력하여 형상을 작성합니다.

· 시작 : 객체 / · 방향 : 한쪽 방향 / · 거리 : -4mm / · 생성 : 접합

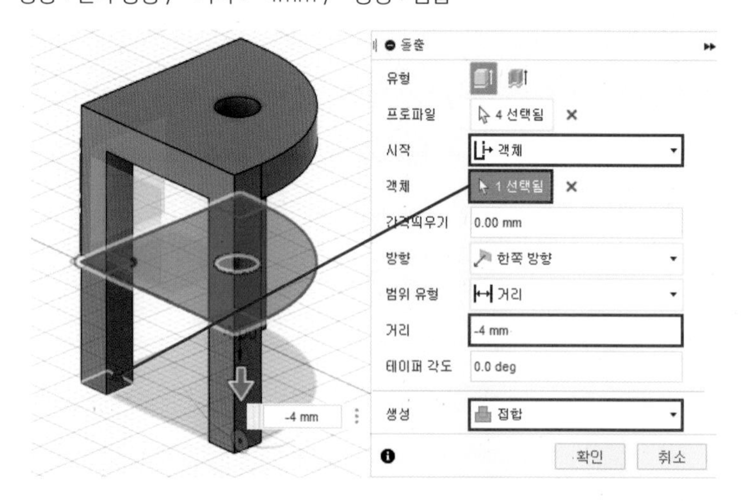

05 [모따기] 명령을 실행하고 선택한 모서리에 2mm의 모따기를 작성하여 ①번 부품 모델링 작업을 완료합니다.

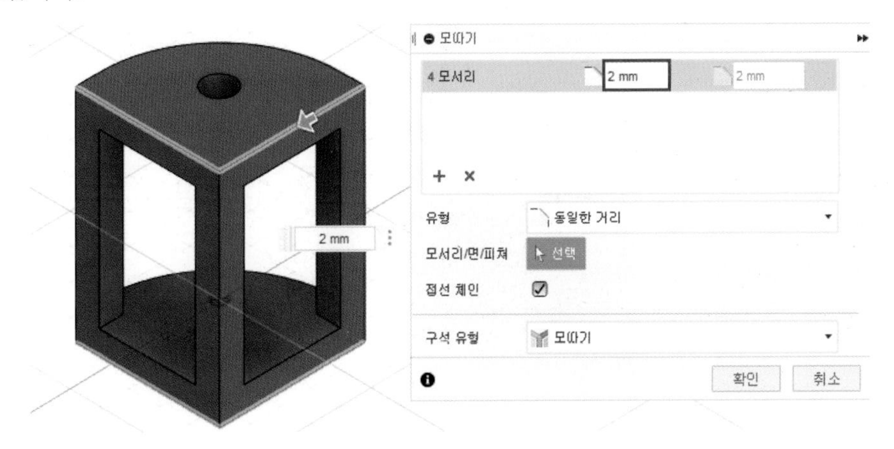

2 ②번 부품 모델링

01 평면도에 해당하는 XY 평면에 다음과 같은 스케치를 작성합니다.

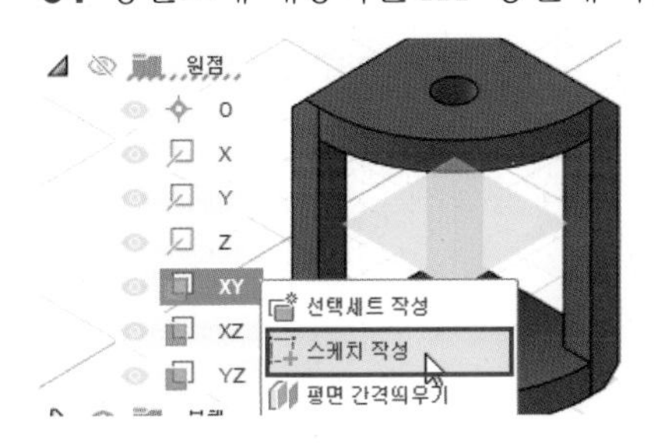

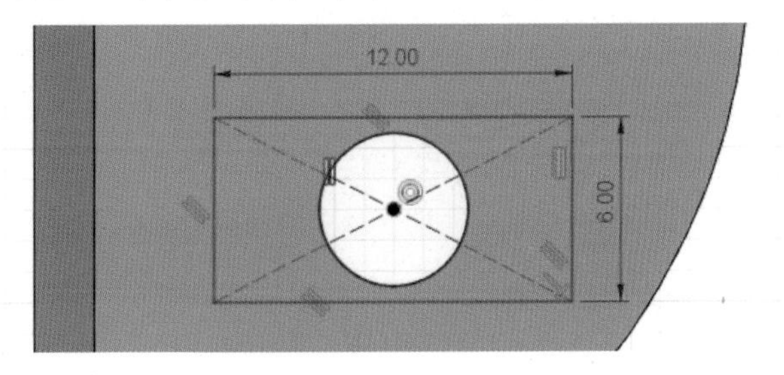

02 [돌출] 명령을 실행하고 다음과 같이 옵션 및 값을 입력하여 형상을 작성합니다. 이때, 본체 1은 가시성을 끄고 작업합니다.

· 방향 : 대칭 / · 측정값 : 전체 길이 / · 거리 : 28mm / · 생성 : 새 본체

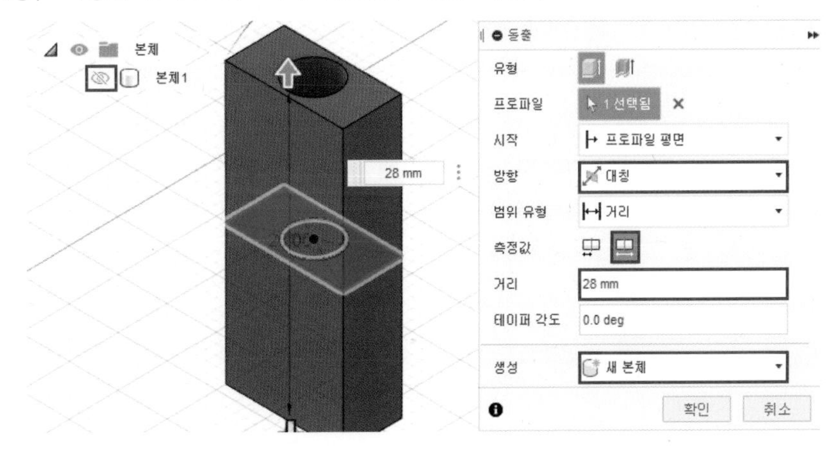

03 [돌출] 명령을 실행하고 다음과 같이 옵션 및 값을 입력하여 형상을 작성합니다.

· 방향 : 대칭 / · 측정값 : 전체 길이 / · 거리 : 36mm / · 생성 : 접합

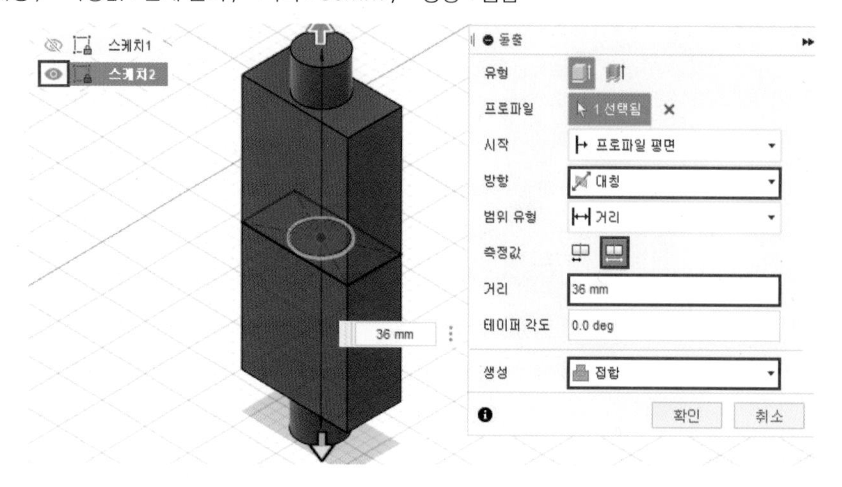

04 [모깎기] 명령을 실행하고 다음과 같이 선택한 모서리에 3mm의 모깎기를 작성합니다.

05 선택한 평면에 스케치를 작성하고 [문자] 명령으로 비번호를 작성합니다.

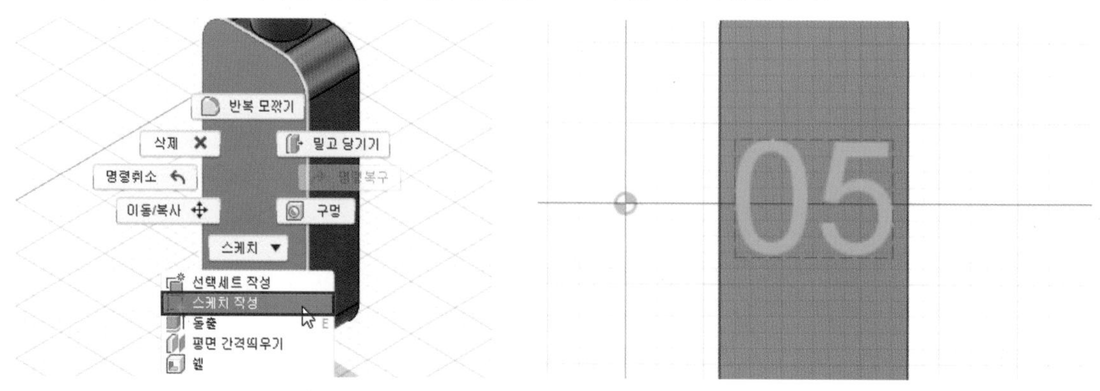

06 [돌출] 명령을 실행하고 다음과 같이 옵션 및 값을 입력하여 형상을 작성합니다.

· 방향 : 한쪽 방향 / · 거리 : –1mm / · 생성 : 잘라내기

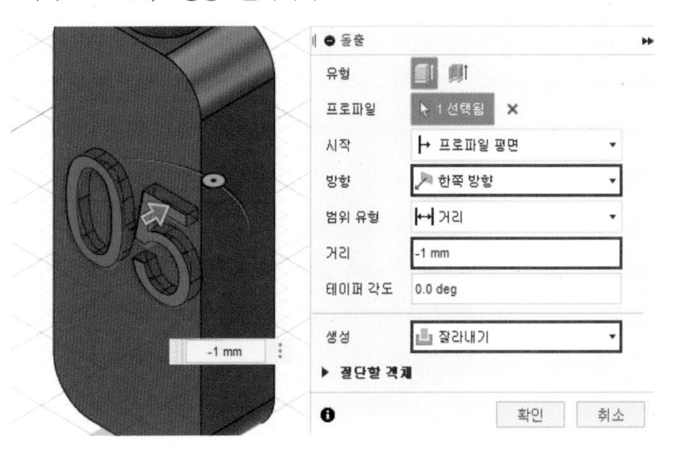

07 움직임이 발생하는 부위에 틈새를 주기 위해 [밀고 당기기] 명령을 실행하고 선택한 양쪽 원통면의 반지름을 -0.5mm 줄입니다.

08 [밀고 당기기] 명령을 실행하고 선택한 양쪽 면을 1mm 줄입니다.

09 ①번과 ②번 부품 모델링이 완료되었습니다.

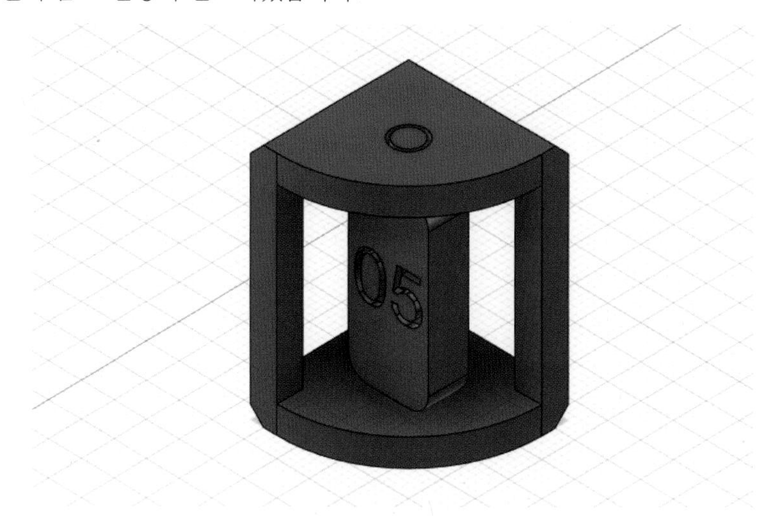

실기 도면 17

SECTION
17

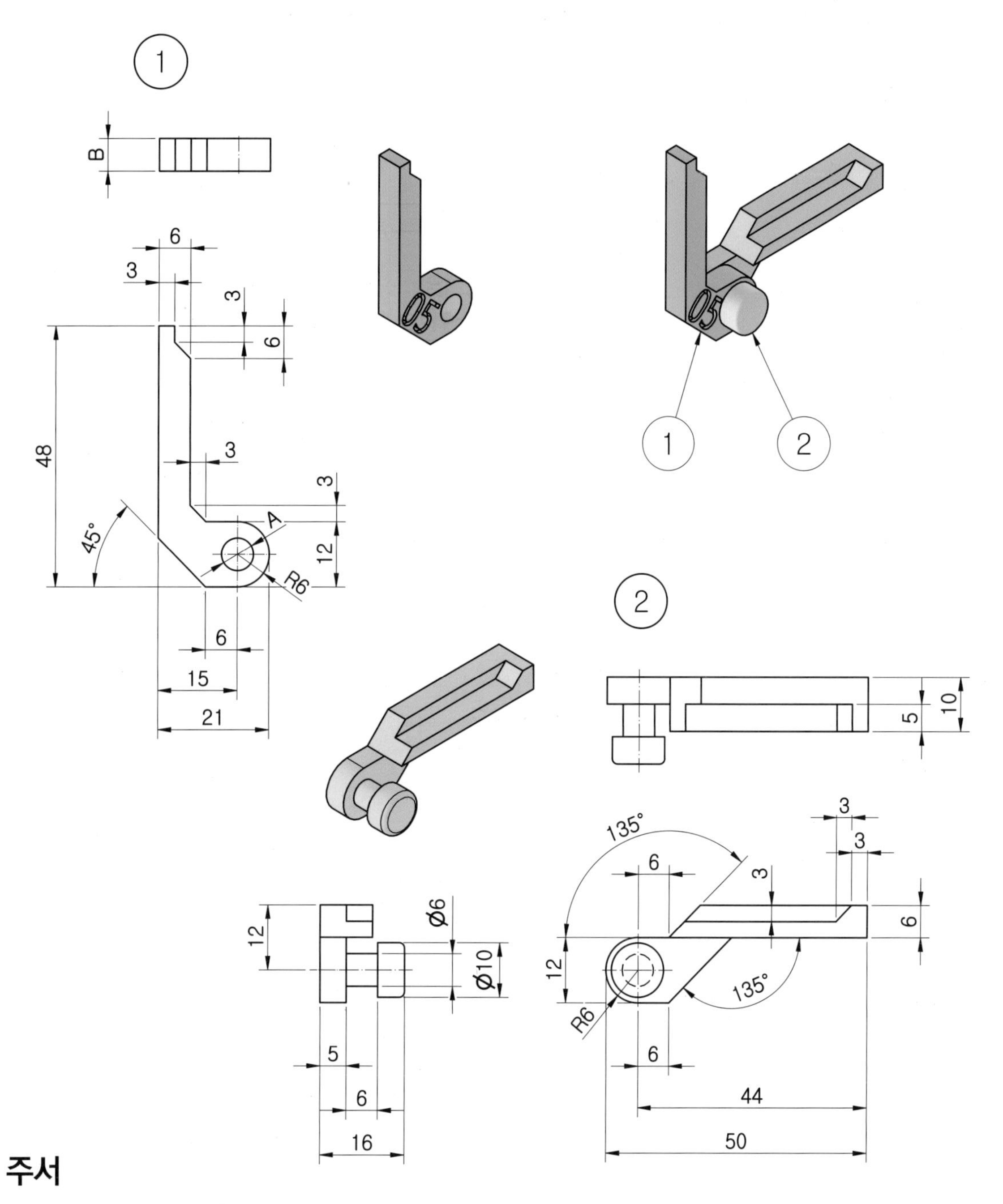

주서

도시되고 지시없는 라운드는 R1

1 ①번 부품 모델링

01 정면도에 해당하는 XZ 평면에 다음과 같은 스케치를 작성합니다. (어느 평면에 작업하셔도 무방합니다.)

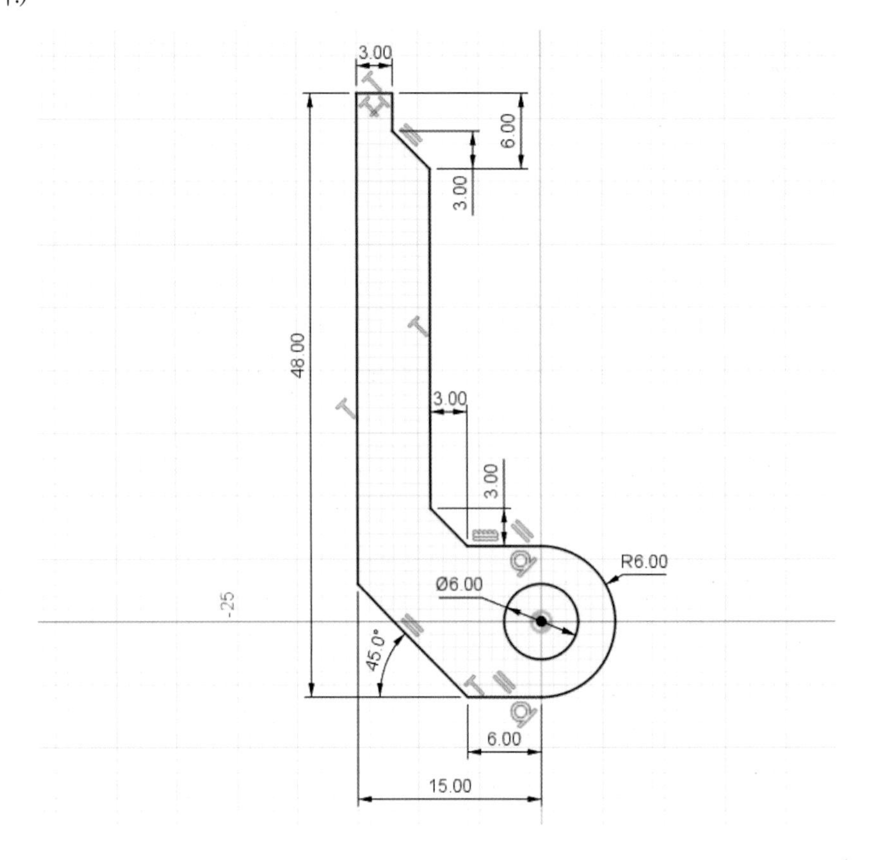

02 [돌출] 명령을 실행하고 다음과 같이 옵션 및 값을 입력하여 형상을 작성합니다.

· 방향 : 대칭 / · 측정값 : 전체 길이 / · 거리 : 6mm / · 생성 : 새 본체

03 선택한 평면에 스케치를 작성하고 [문자] 명령으로 비번호를 작성합니다.

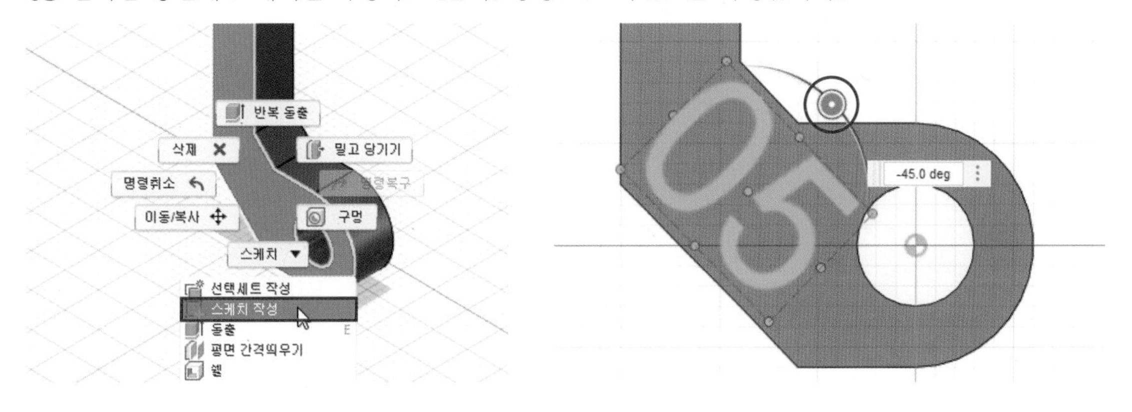

04 [돌출] 명령을 실행하고 다음과 같이 옵션 및 값을 입력하여 형상을 작성합니다.

· 방향 : 한쪽 방향 / · 거리 : −1mm / · 생성 : 잘라내기

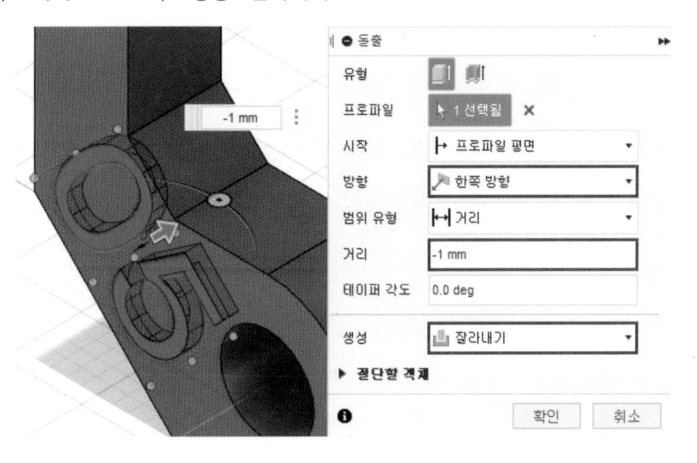

05 움직임이 발생하는 부위에 틈새를 주기 위해 [밀고 당기기] 명령을 실행하고 선택한 원통면의 반지름을 -0.5mm 늘립니다.

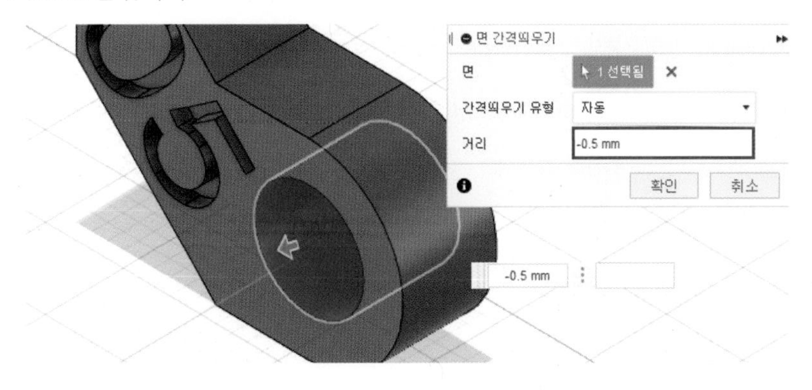

06 [밀고 당기기] 명령을 실행하고 선택한 양쪽 면을 1mm 줄여 ①번 부품 모델링 작업을 완료합니다.

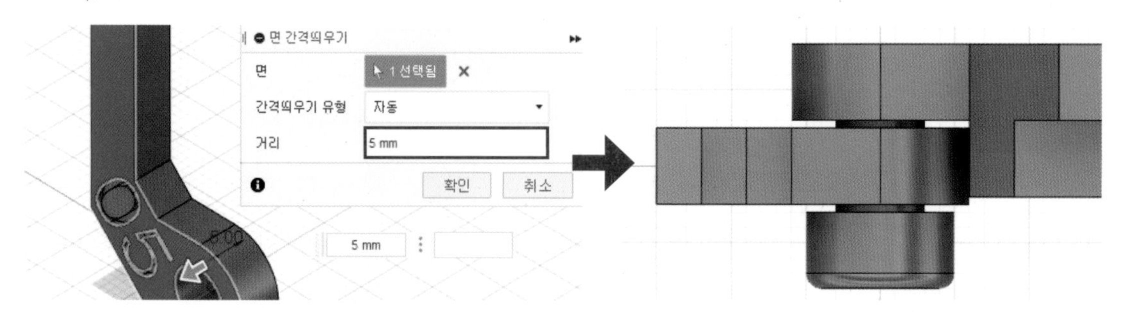

2 ②번 부품 모델링

01 정면도에 해당하는 XZ 평면에 다음과 같은 스케치를 작성합니다.

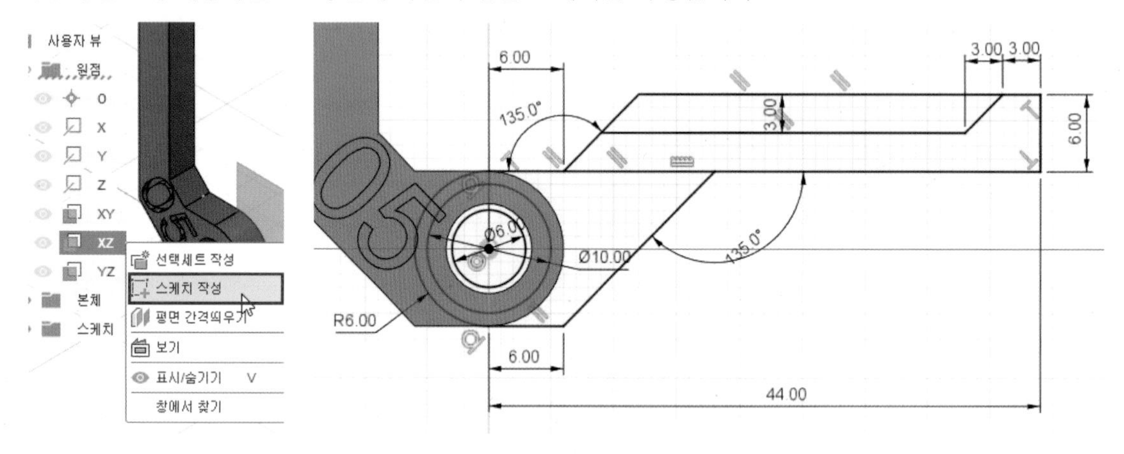

02 [돌출] 명령을 실행하고 다음과 같이 옵션 및 값을 입력하여 형상을 작성합니다. 이때, 본체 1의 틈새 적용이 완료되었으므로 본체 1의 가시성을 켜고 작업하셔도 무방합니다.

· 방향 : 대칭 / · 측정값 : 전체 길이 / · 거리 : 6mm / · 생성 : 새 본체

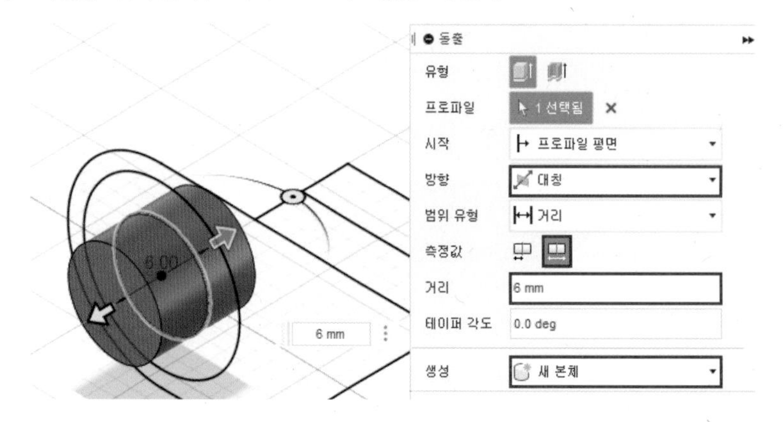

03 [돌출] 명령을 실행하고 다음과 같이 옵션 및 값을 입력하여 형상을 작성합니다.

· 시작 : 객체 / · 방향 : 한쪽 방향 / · 거리 : 5mm / · 생성 : 접합

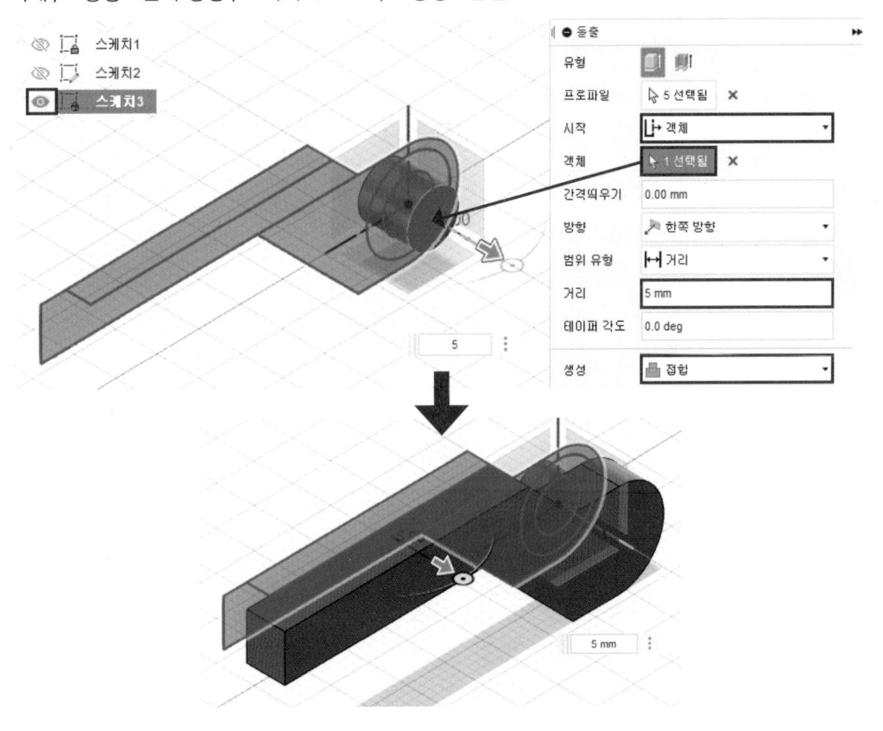

04 [돌출] 명령을 실행하고 다음과 같이 옵션 및 값을 입력하여 형상을 작성합니다.

· 시작 : 객체 / · 방향 : 한쪽 방향 / · 거리 : −5mm / · 생성 : 접합

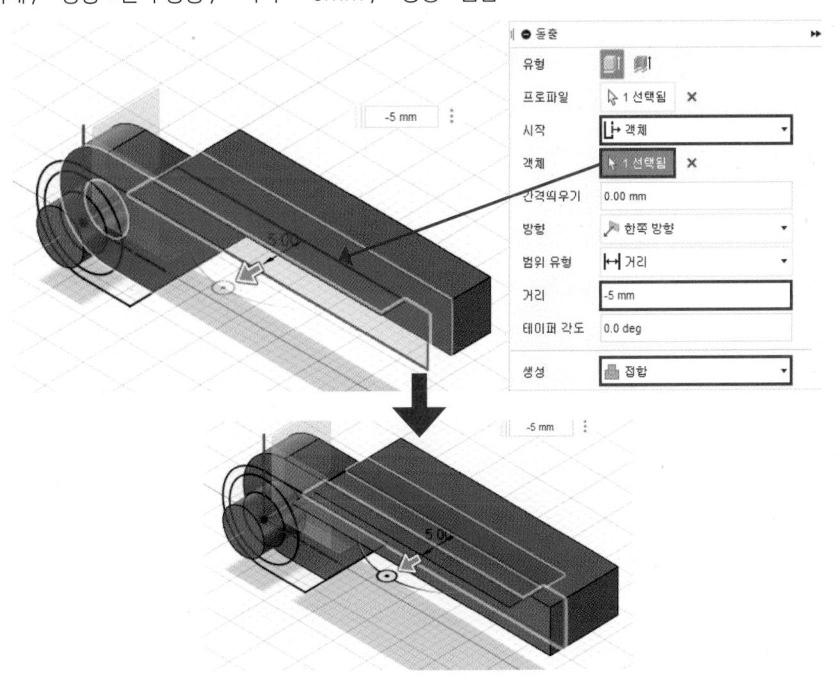

05 [돌출] 명령을 실행하고 다음과 같이 옵션 및 값을 입력하여 형상을 작성합니다.

· 시작 : 객체 / · 방향 : 한쪽 방향 / · 거리 : -5mm / · 생성 : 접합

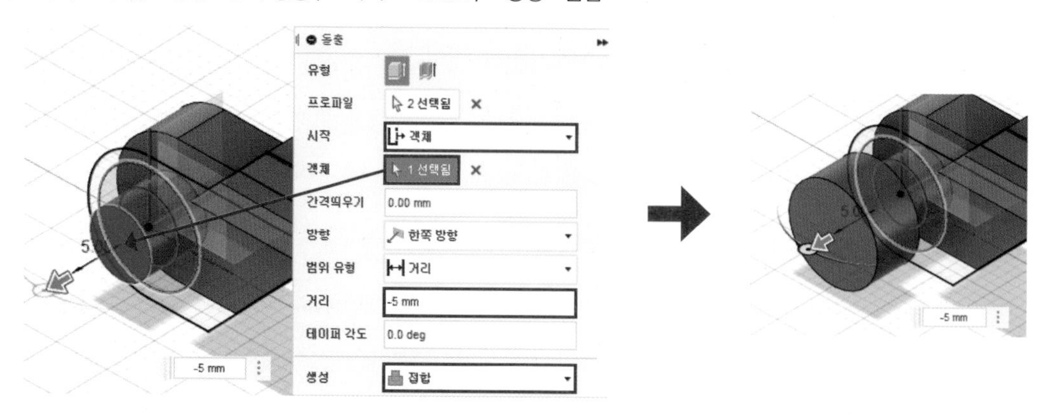

06 [모깎기] 명령을 실행하고 다음과 같이 선택한 모서리에 1mm의 모깎기를 작성합니다.

07 ①번과 ②번 부품 모델링이 완료되었습니다.

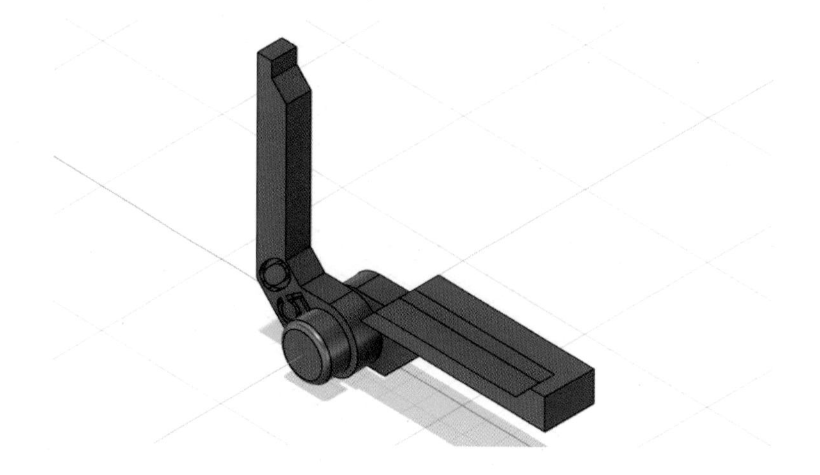

실기 도면 18

SECTION

18

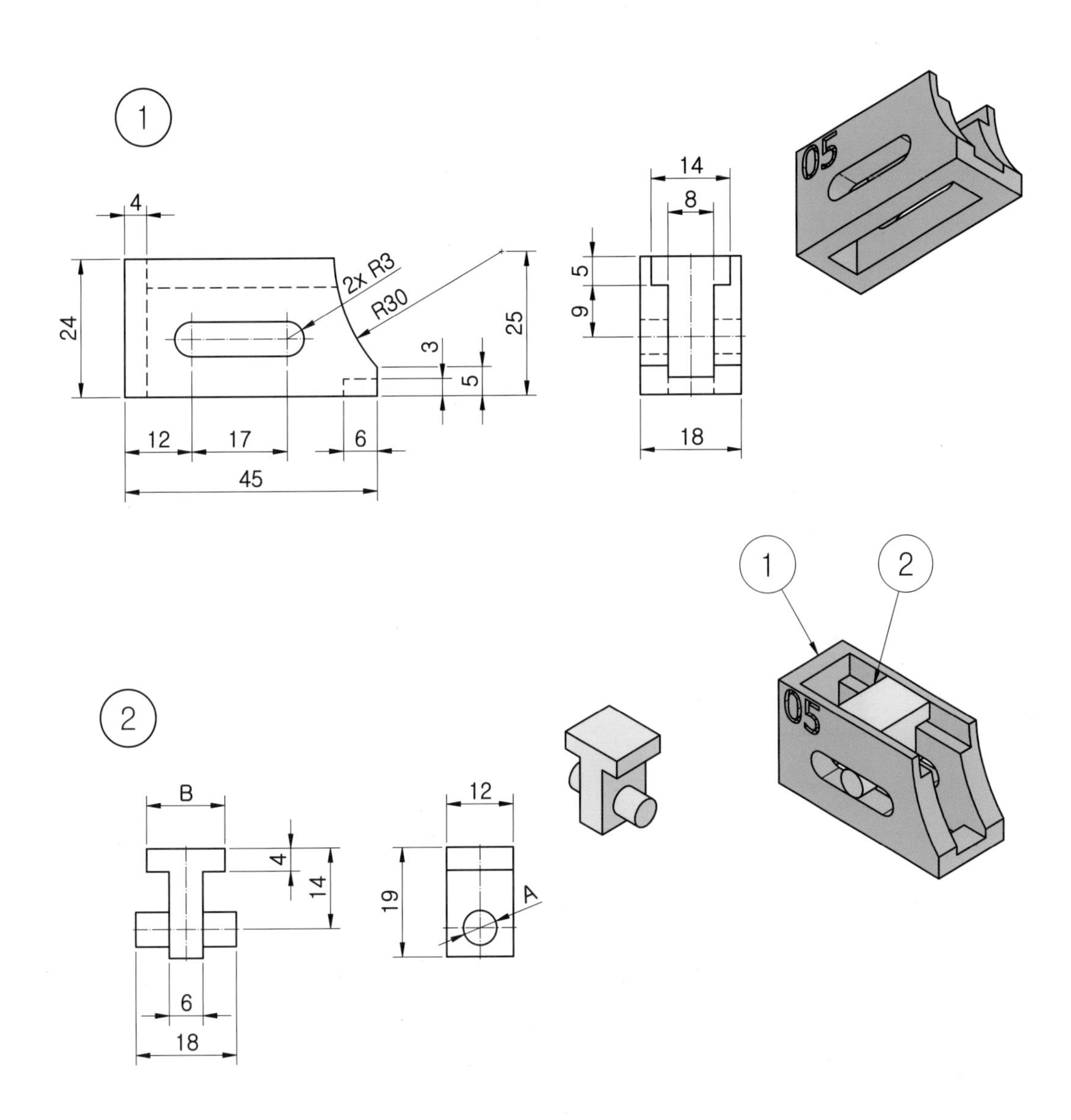

1 ①번 부품 모델링

01 정면도에 해당하는 XZ 평면에 다음과 같은 스케치를 작성합니다. (어느 평면에 작업하셔도 무방합니다.)

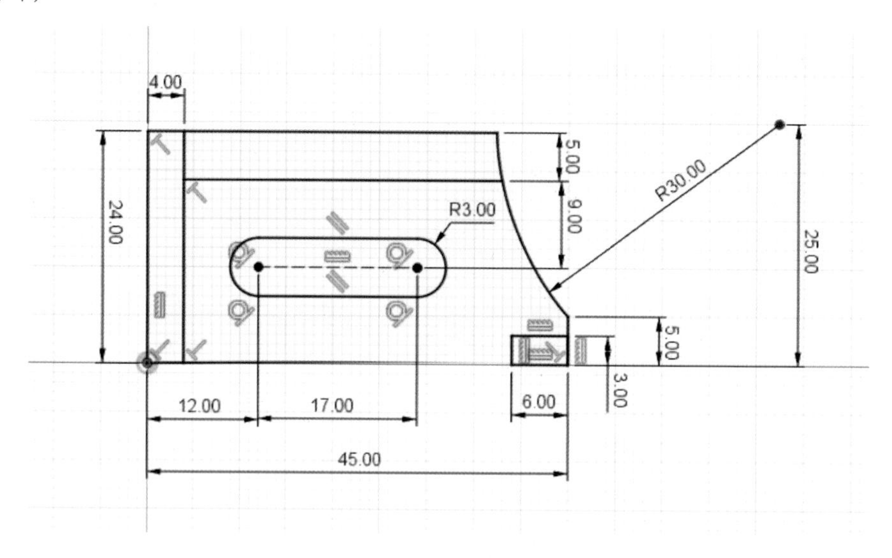

02 [돌출] 명령을 실행하고 다음과 같이 옵션 및 값을 입력하여 형상을 작성합니다.

· 방향 : 대칭 / · 측정값 : 전체 길이 / · 거리 : 18mm / · 생성 : 새 본체

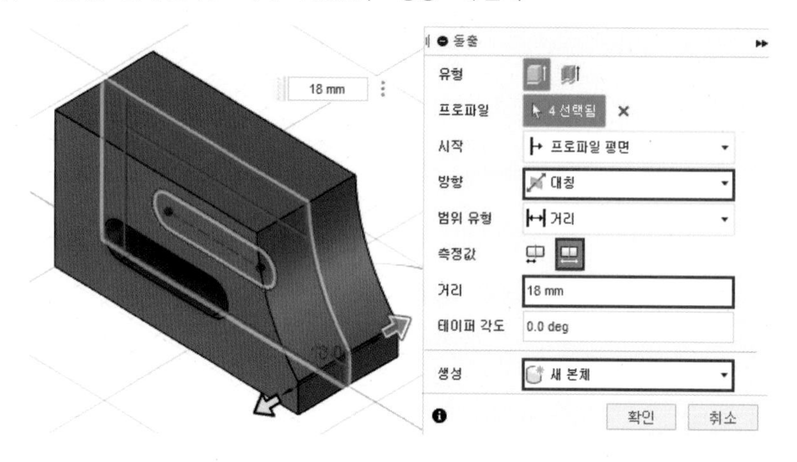

03 [돌출] 명령을 실행하고 다음과 같이 옵션 및 값을 입력하여 형상을 작성합니다.

· 방향 : 대칭 / · 측정값 : 전체 길이 / · 거리 : 14mm / · 생성 : 잘라내기

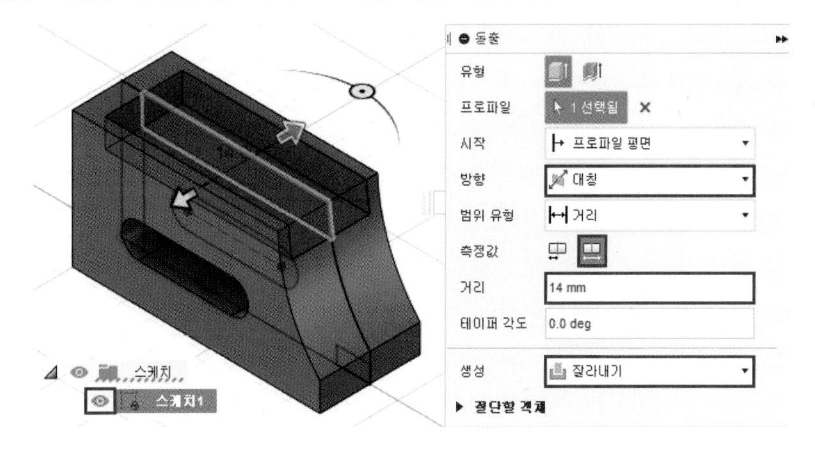

04 [돌출] 명령을 실행하고 다음과 같이 옵션 및 값을 입력하여 형상을 작성합니다.

· 방향 : 대칭 / · 측정값 : 전체 길이 / · 거리 : 8mm / · 생성 : 잘라내기

05 선택한 평면에 스케치를 작성하고 [문자] 명령으로 비번호를 작성합니다.

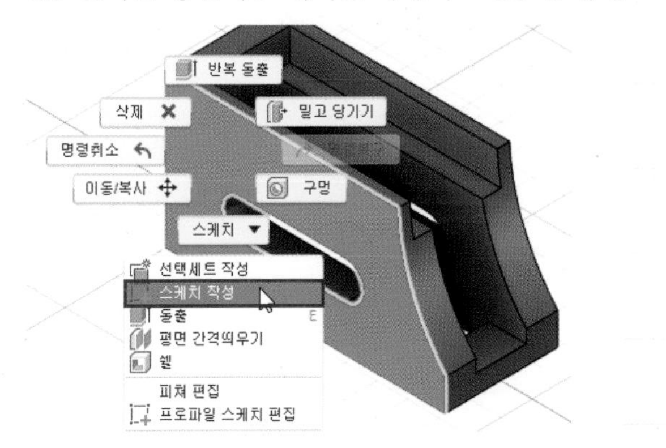

06 [돌출] 명령을 실행한 후 다음과 같이 옵션 및 값을 입력하고 형상을 작성하여 ①번 부품 모델링 작업을 완료합니다.

· 방향 : 한쪽 방향 / · 거리 : –1mm / · 생성 : 잘라내기

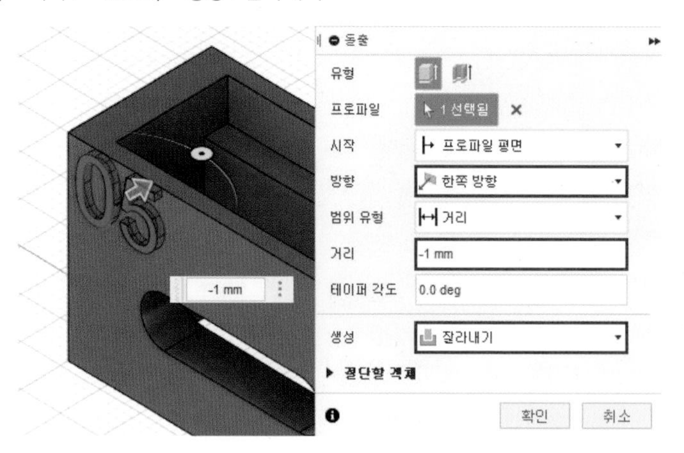

2 ②번 부품 모델링

01 정면도에 해당하는 XZ 평면에 다음과 같은 스케치를 작성합니다.

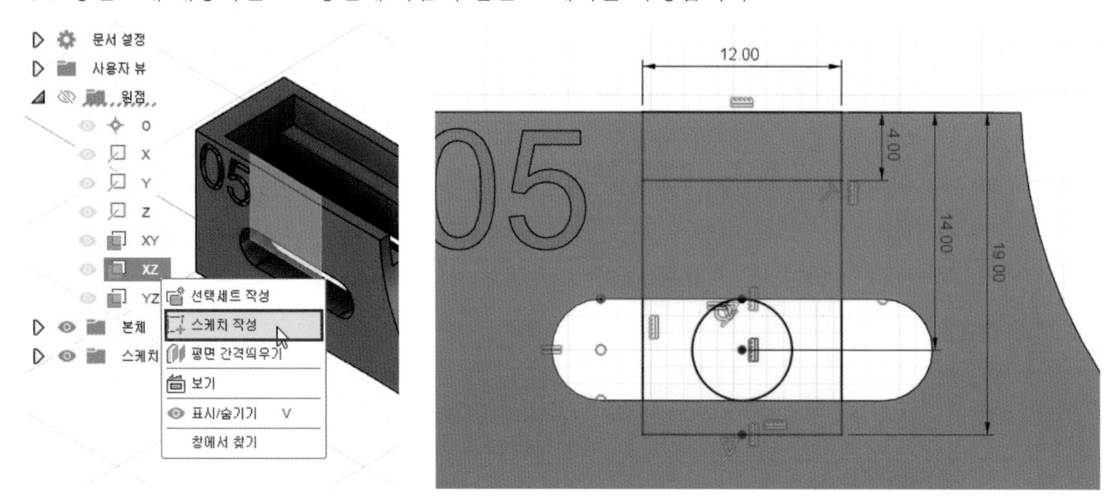

02 [돌출] 명령을 실행하고 다음과 같이 옵션 및 값을 입력하여 형상을 작성합니다. 이때, 본체 1은 가시성을 끄고 작업합니다.

· 방향 : 대칭 / · 측정값 : 전체 길이 / · 거리 : 14mm / · 생성 : 새 본체

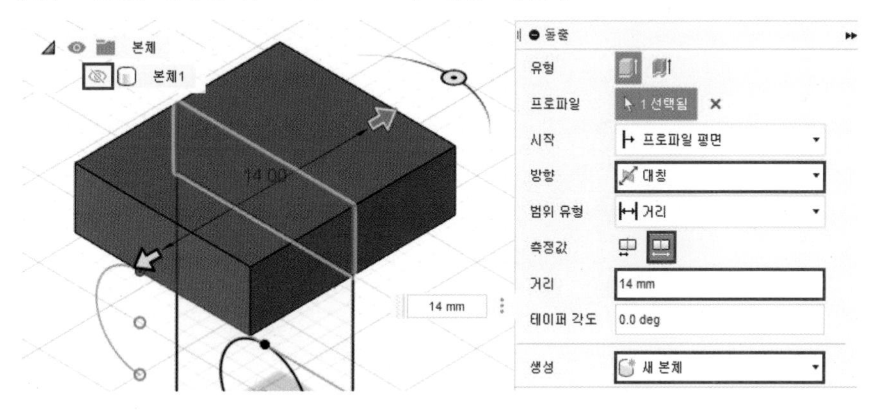

03 [돌출] 명령을 실행하고 다음과 같이 옵션 및 값을 입력하여 형상을 작성합니다.

· 방향 : 대칭 / · 측정값 : 전체 길이 / · 거리 : 6mm / · 생성 : 접합

04 [돌출] 명령을 실행하고 다음과 같이 옵션 및 값을 입력하여 형상을 작성합니다.

· 방향 : 대칭 / · 측정값 : 전체 길이 / · 거리 : 18mm / · 생성 : 접합

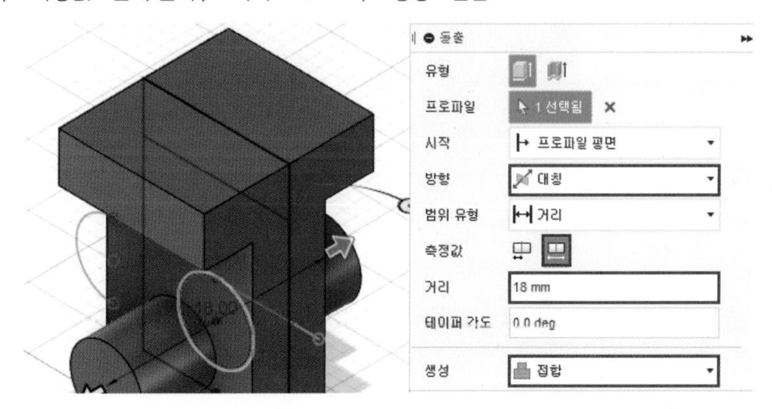

05 움직임이 발생하는 부위에 틈새를 주기 위해 [밀고 당기기] 명령을 실행하고 선택한 양쪽 원통면의 반지름을 -0.5mm 줄입니다.

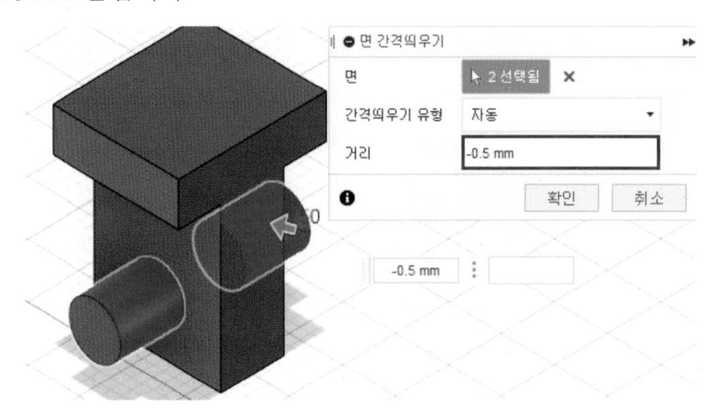

06 [밀고 당기기] 명령을 실행하고 선택한 양쪽 면을 1mm 줄입니다.

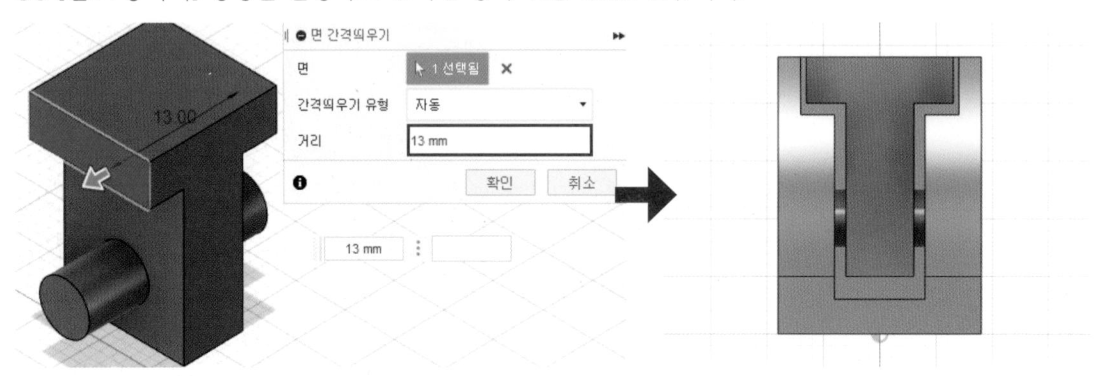

07 ①번과 ②번 부품 모델링이 완료되었습니다.

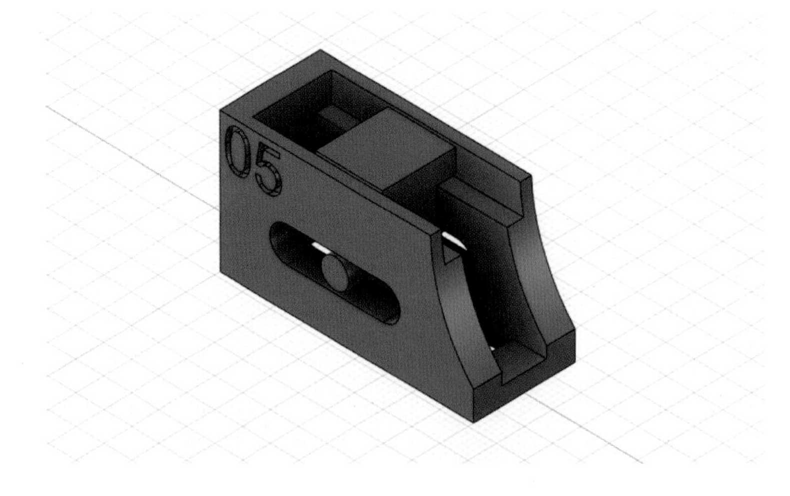

SECTION

19

실기 도면 19

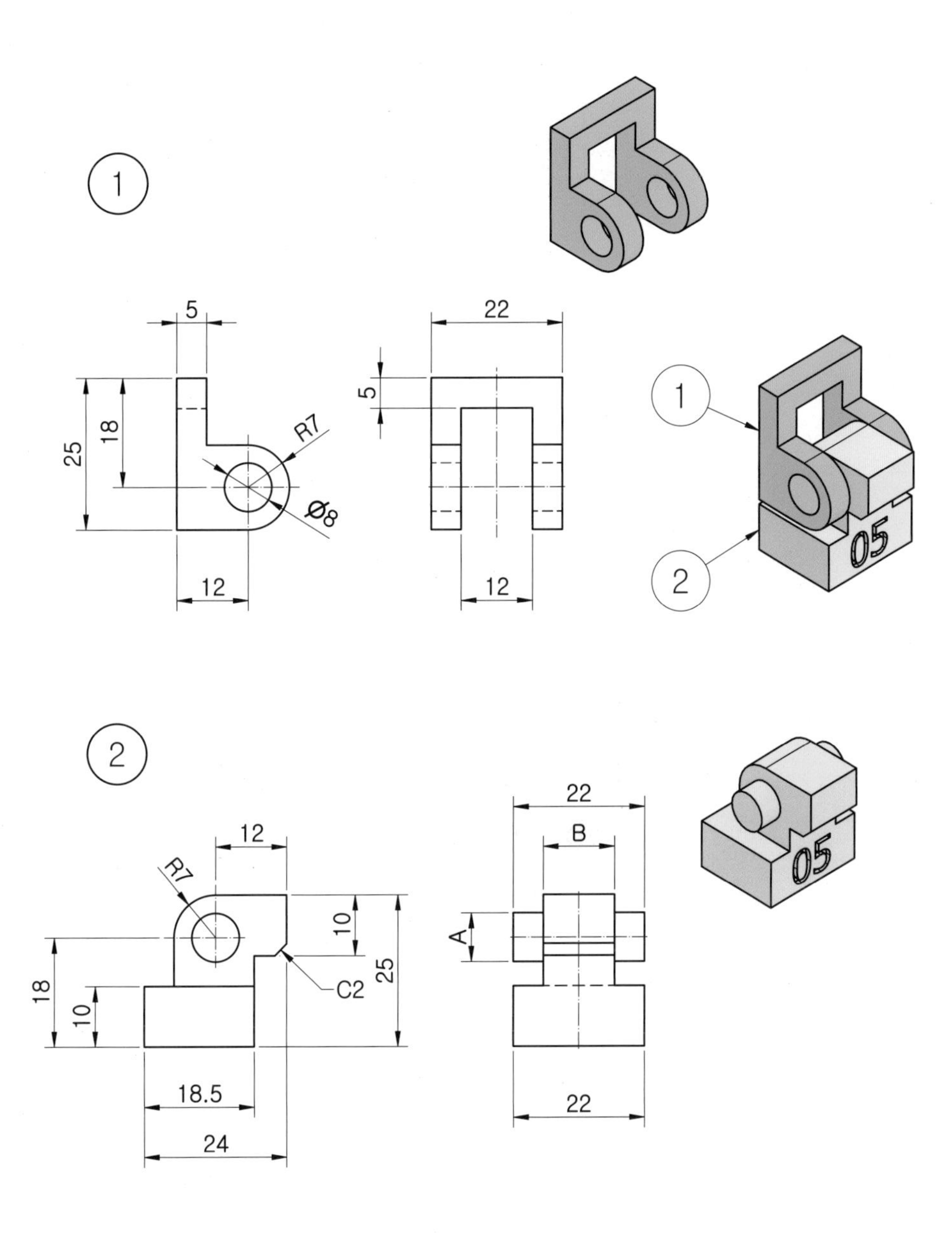

1 ①번 부품 모델링

01 정면도에 해당하는 XZ 평면에 다음과 같은 스케치를 작성합니다. (어느 평면에 작업하셔도 무방합니다.)

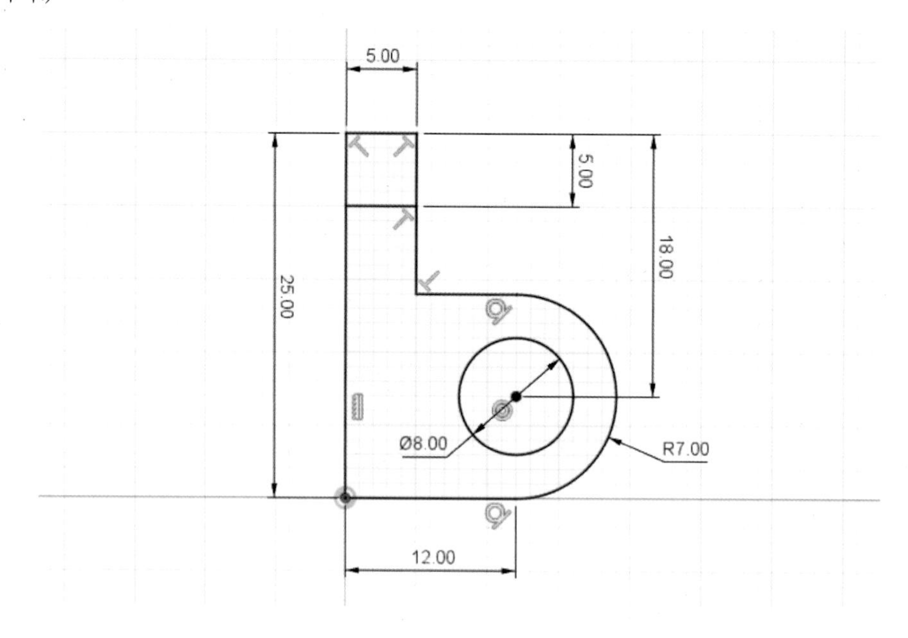

02 [돌출] 명령을 실행하고 다음과 같이 옵션 및 값을 입력하여 형상을 작성합니다.

· 방향 : 대칭 / · 측정값 : 전체 길이 / · 거리 : 22mm / · 생성 : 새 본체

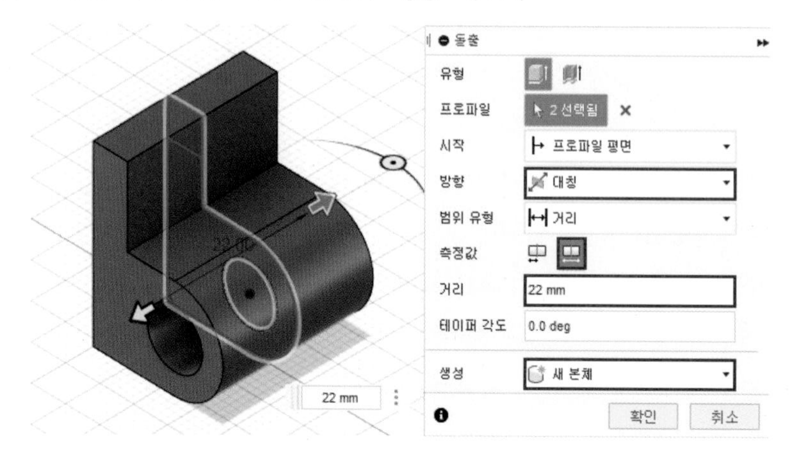

03 [돌출] 명령을 실행한 후 다음과 같이 옵션 및 값을 입력하고 형상을 작성하여 ①번 부품 모델링 작업을 완료합니다.

· 방향 : 대칭 / · 측정값 : 전체 길이 / · 거리 : 12mm / · 생성 : 잘라내기

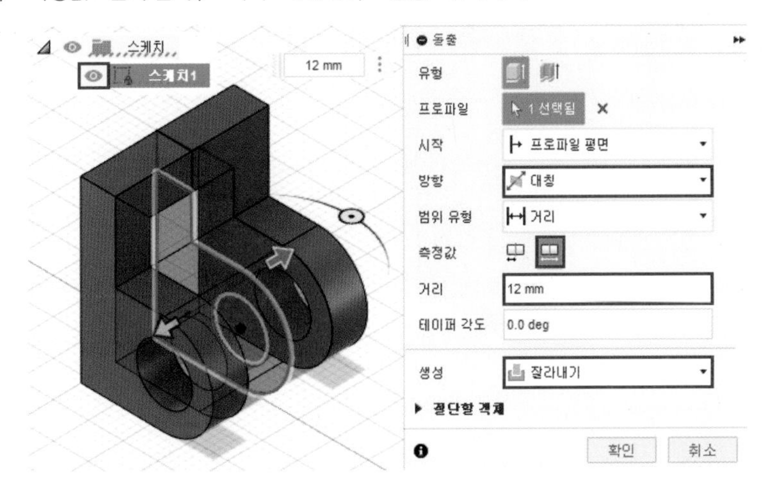

2 ②번 부품 모델링

01 정면도에 해당하는 XZ 평면에 다음과 같은 스케치를 작성합니다.

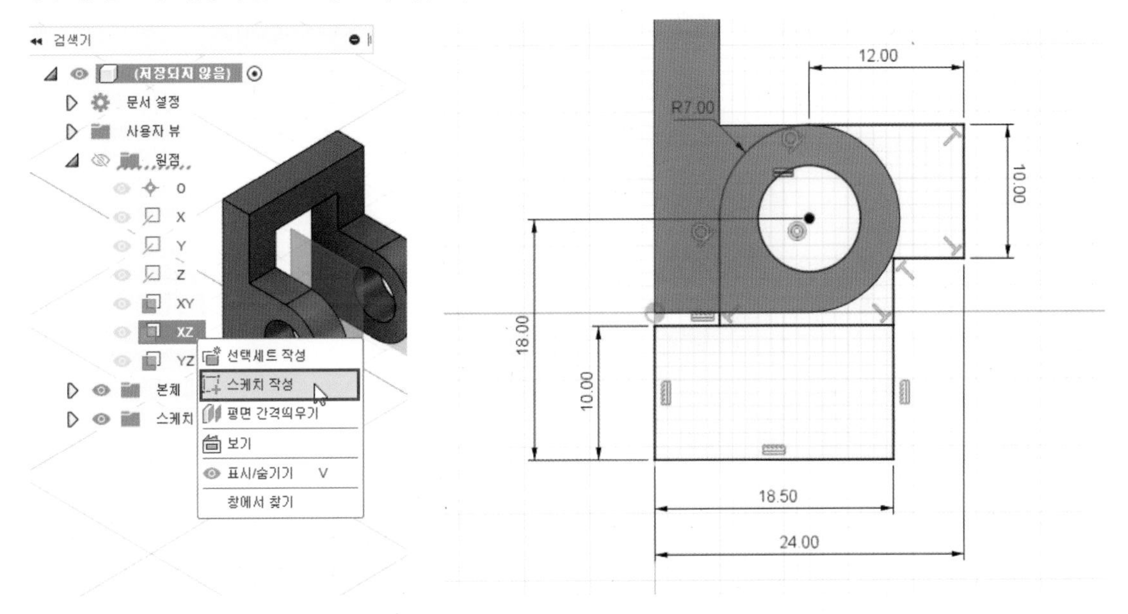

02 [돌출] 명령을 실행하고 다음과 같이 옵션 및 값을 입력하여 형상을 작성합니다.

· 방향 : 대칭 / · 측정값 : 전체 길이 / · 거리 : 22mm / · 생성 : 새 본체

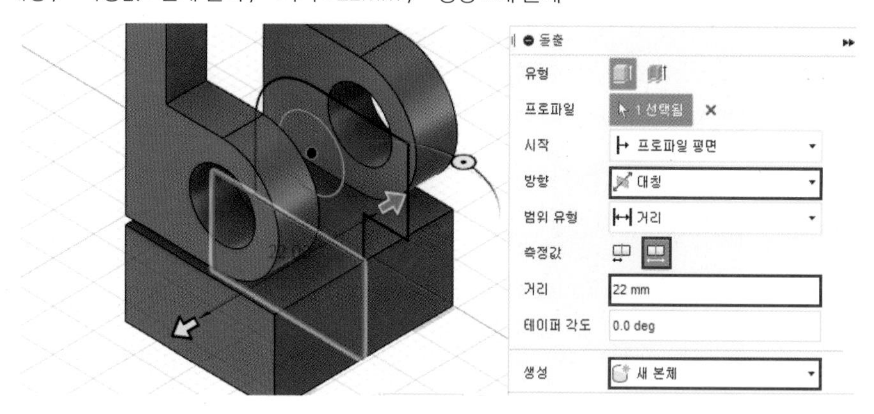

03 [돌출] 명령을 실행하고 다음과 같이 옵션 및 값을 입력하여 형상을 작성합니다. 이때, 본체 1은 가시성을 끄고 작업합니다.

· 방향 : 대칭 / · 측정값 : 전체 길이 / · 거리 : 12mm / · 생성 : 접합

04 [돌출] 명령을 실행하고 다음과 같이 옵션 및 값을 입력하여 형상을 작성합니다.

· 방향 : 대칭 / · 측정값 : 전체 길이 / · 거리 : 22mm / · 생성 : 접합

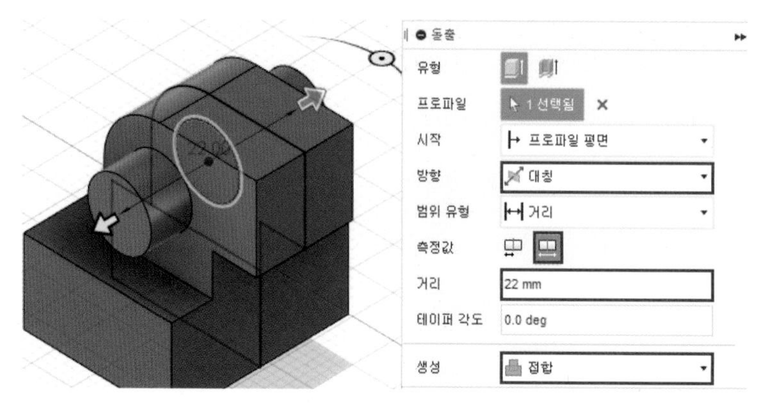

05 [모따기] 명령을 실행하고 선택한 모서리에 2mm의 모따기를 작성합니다.

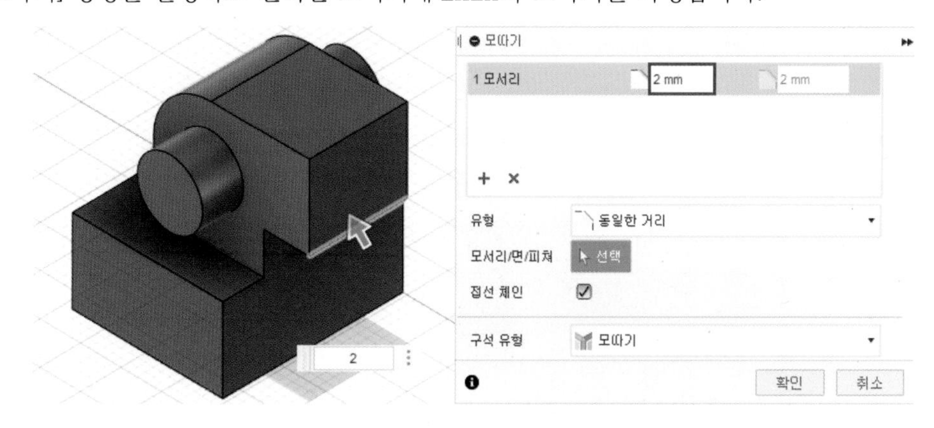

06 선택한 평면에 스케치를 작성하고 [문자] 명령으로 비번호를 작성합니다.

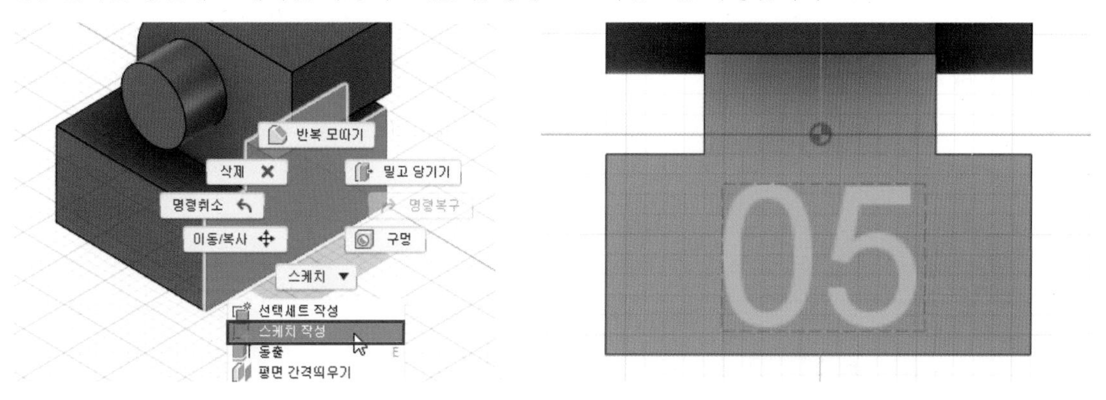

07 [돌출] 명령을 실행하고 다음과 같이 옵션 및 값을 입력하여 형상을 작성합니다.

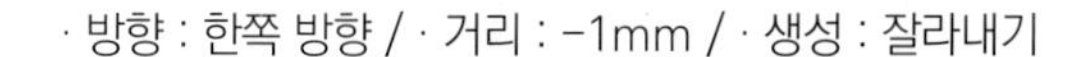
· 방향 : 한쪽 방향 / · 거리 : –1mm / · 생성 : 잘라내기

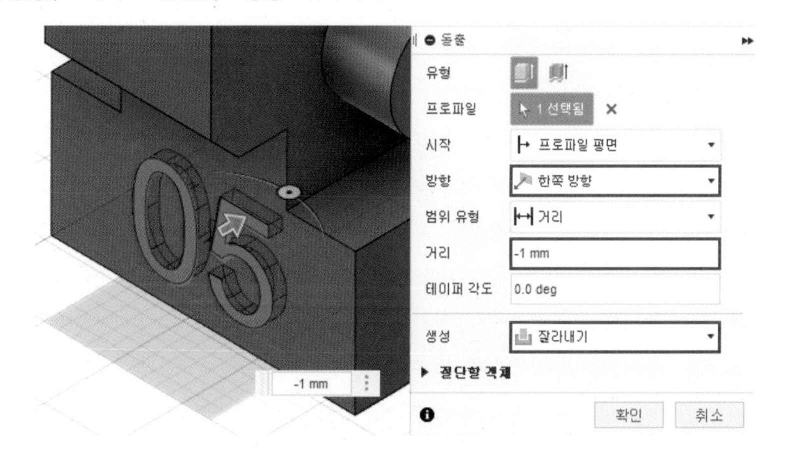

08 움직임이 발생하는 부위에 틈새를 주기 위해 [밀고 당기기] 명령을 실행하고 선택한 양쪽 원통면의 반지름을 -0.5mm 줄입니다.

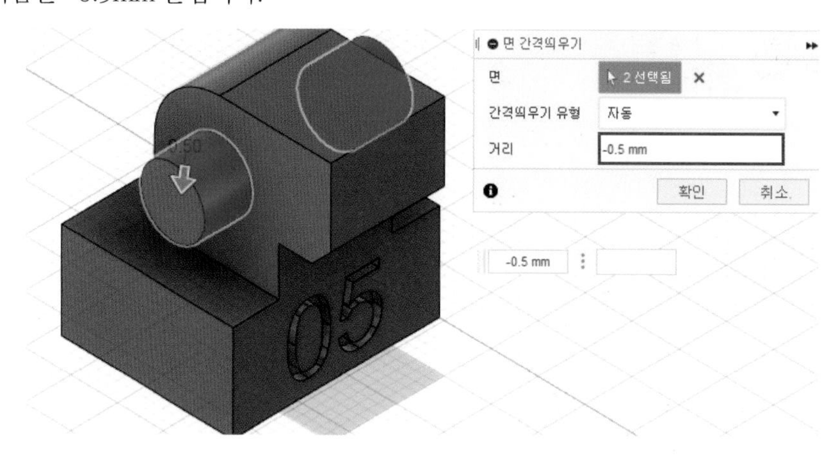

09 [밀고 당기기] 명령을 실행하고 선택한 양쪽 면을 1mm 줄입니다.

10 ①번과 ②번 부품 모델링이 완료되었습니다.

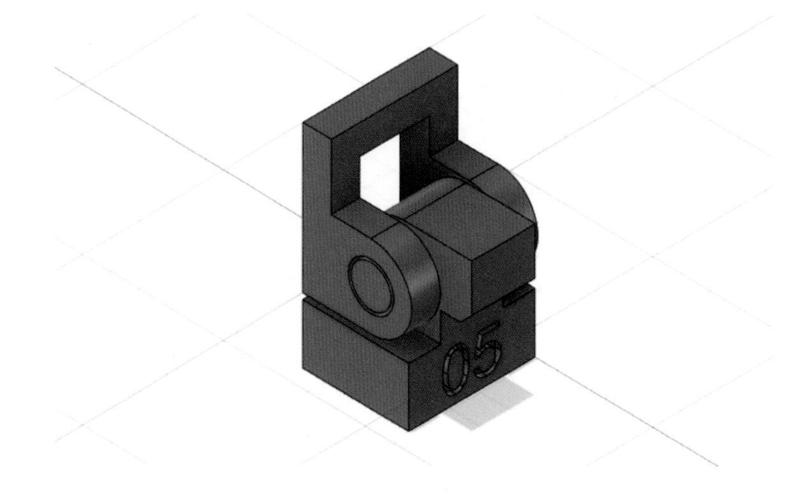

실기 도면 20

SECTION
20

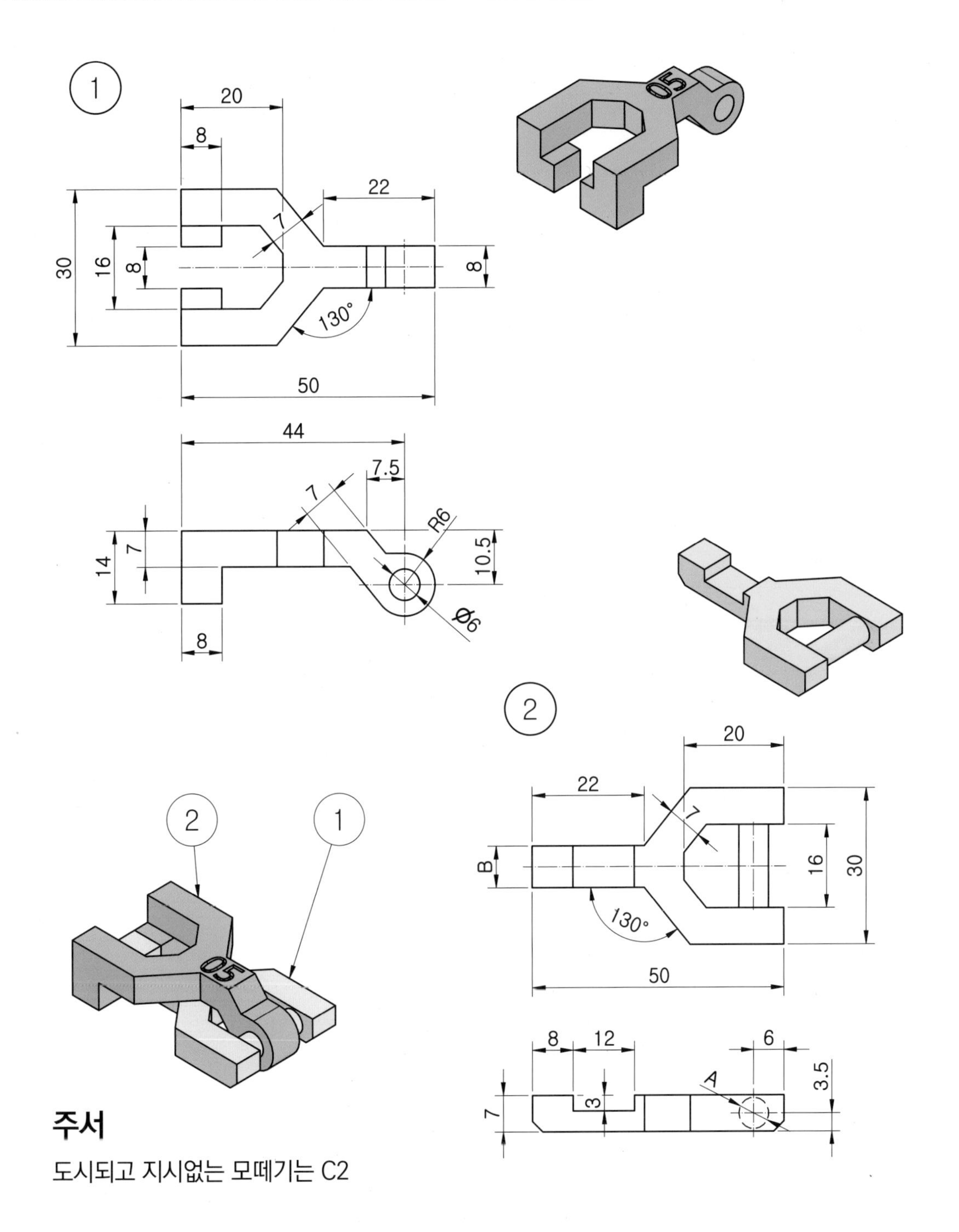

주서

도시되고 지시없는 모떼기는 C2

1 ①번 부품 모델링

01 정면도에 해당하는 XZ 평면에 다음과 같은 스케치를 작성합니다. (어느 평면에 작업하셔도 무방합니다.)

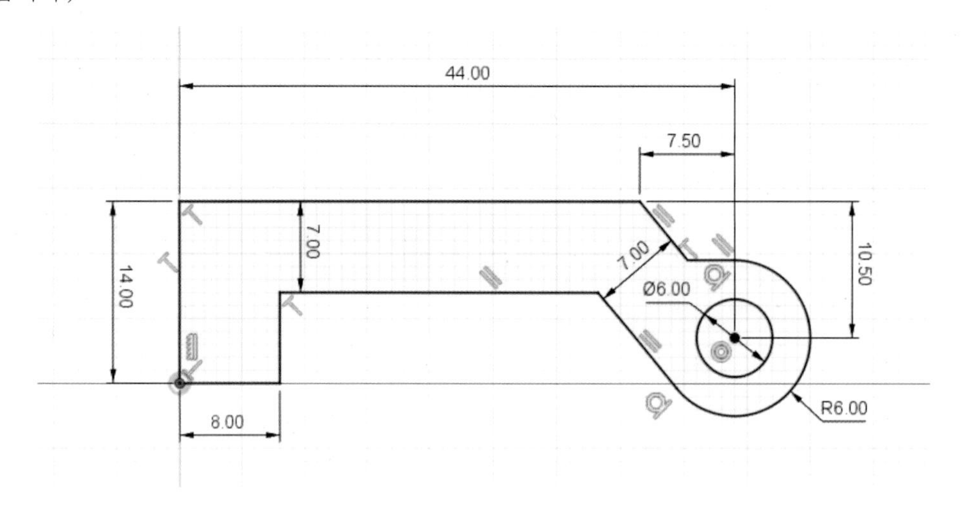

02 [돌출] 명령을 실행하고 다음과 같이 옵션 및 값을 입력하여 형상을 작성합니다.

· 방향 : 대칭 / · 측정값 : 전체 길이 / · 거리 : 30mm / · 생성 : 새 본체

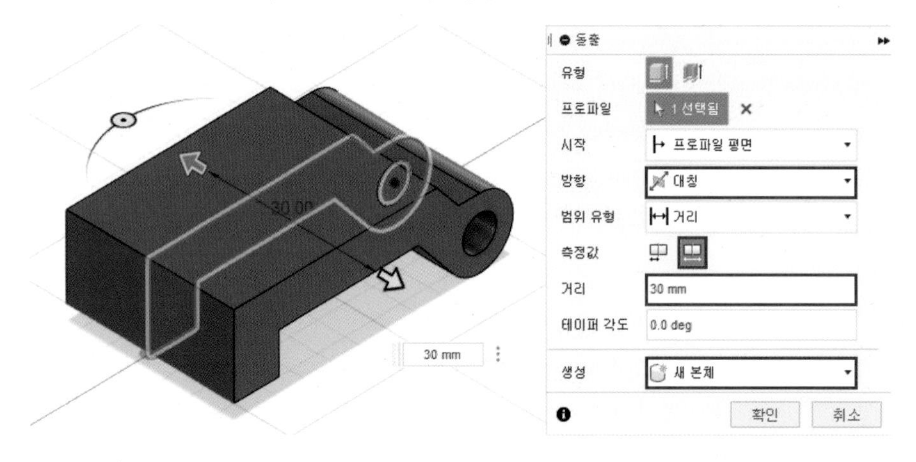

03 선택한 평면에 다음과 같이 스케치를 작성합니다.

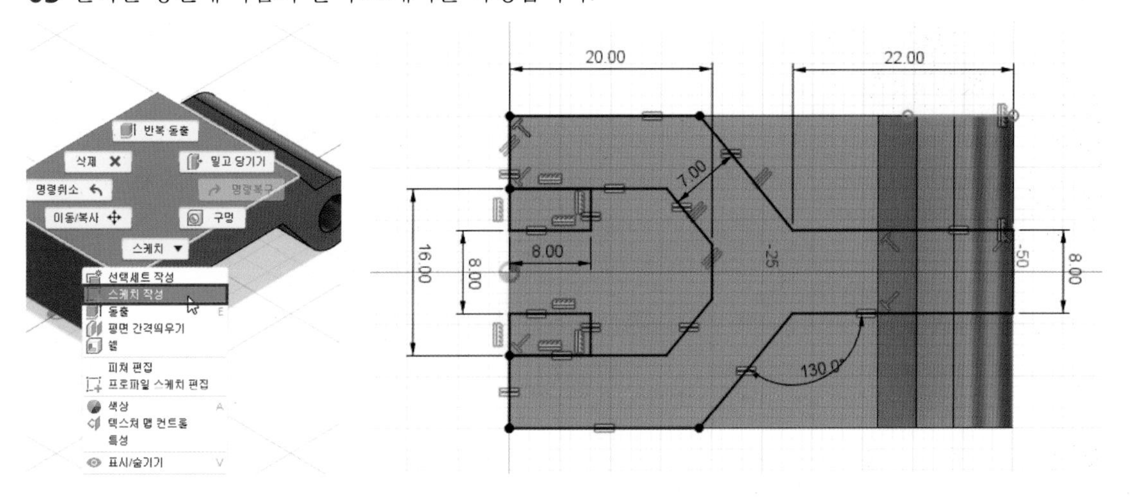

04 [돌출] 명령을 실행하고 다음과 같이 옵션 및 값을 입력하여 형상을 작성합니다.

· 방향 : 한쪽 방향 / · 반전 : 방향 반전 / · 생성 : 교차

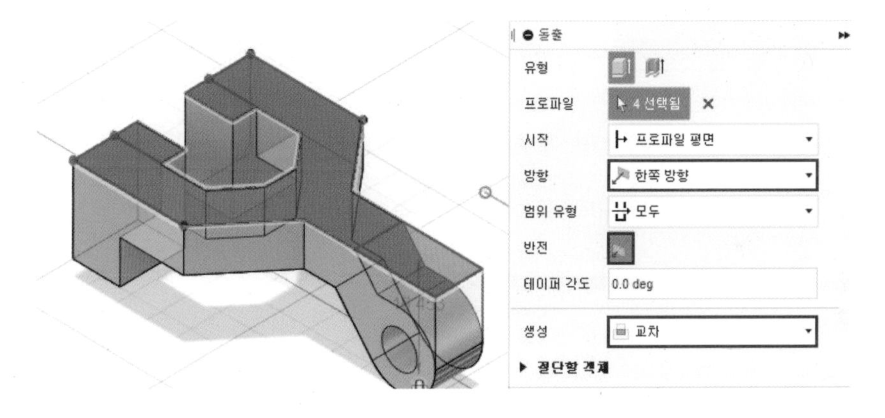

05 [돌출] 명령을 실행하고 다음과 같이 옵션 및 값을 입력하여 형상을 작성합니다.

· 방향 : 한쪽 방향 / · 거리 : -7mm / · 생성 : 잘라내기

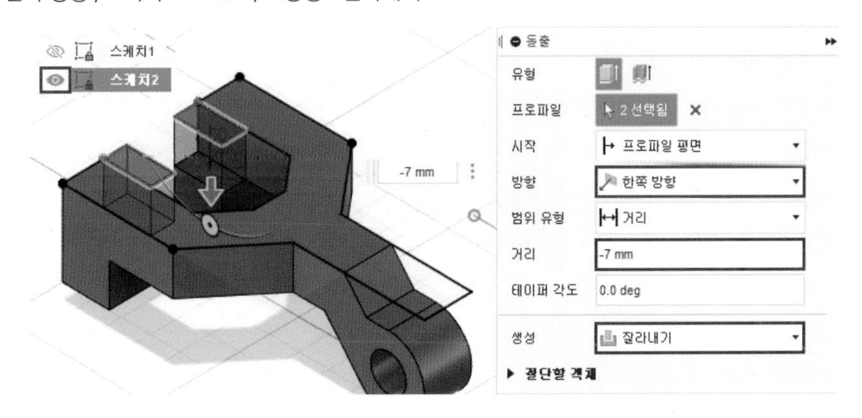

06 선택한 평면에 스케치를 작성하고 [문자] 명령으로 비번호를 작성합니다.

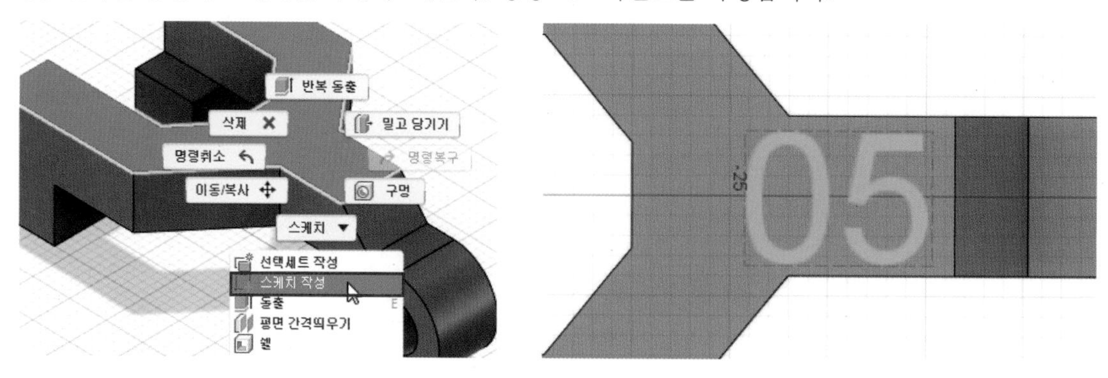

07 [돌출] 명령을 실행한 후 다음과 같이 옵션 및 값을 입력하고 형상을 작성하여 ①번 부품 모델링 작업을 완료합니다.

· 방향 : 한쪽 방향 / · 거리 : -1mm / · 생성 : 잘라내기

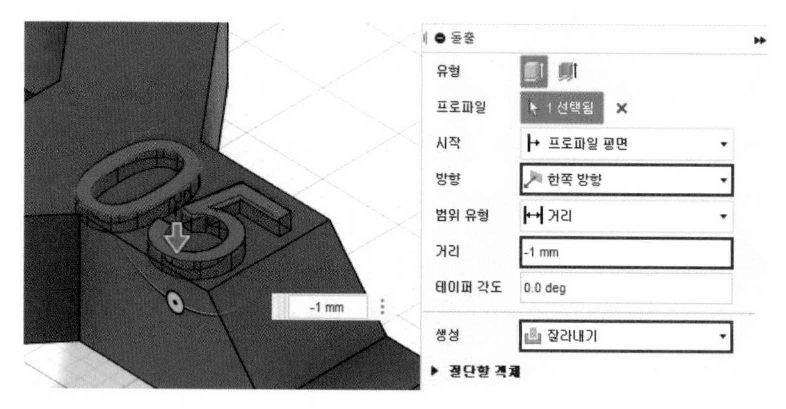

2 ②번 부품 모델링

01 정면도에 해당하는 XZ 평면에 다음과 같은 스케치를 작성합니다.

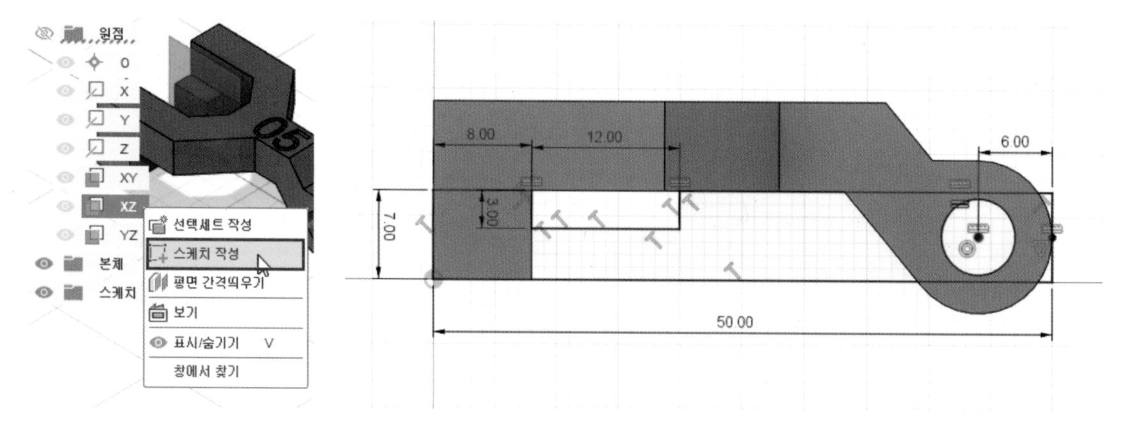

02 [돌출] 명령을 실행하고 다음과 같이 옵션 및 값을 입력하여 형상을 작성합니다. 이때, 본체 1은 가시성을 끄고 작업합니다.

· 방향 : 대칭 / · 측정값 : 전체 길이 / · 거리 : 30mm / · 생성 : 새 본체

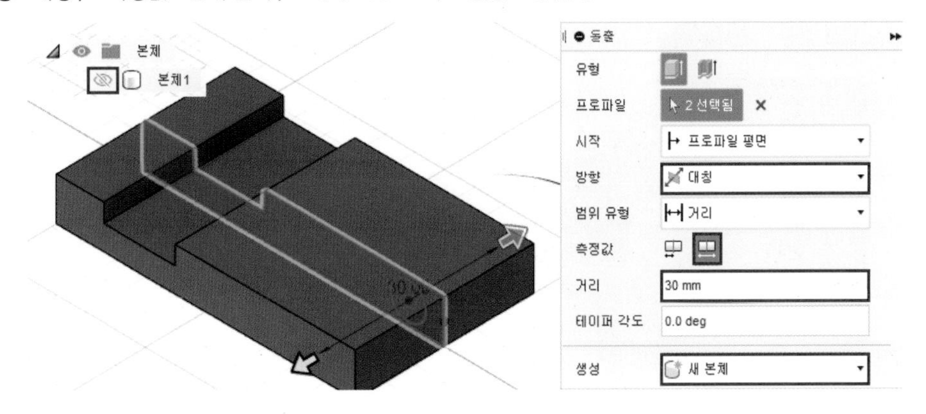

03 선택한 평면에 다음과 같이 스케치를 작성합니다.

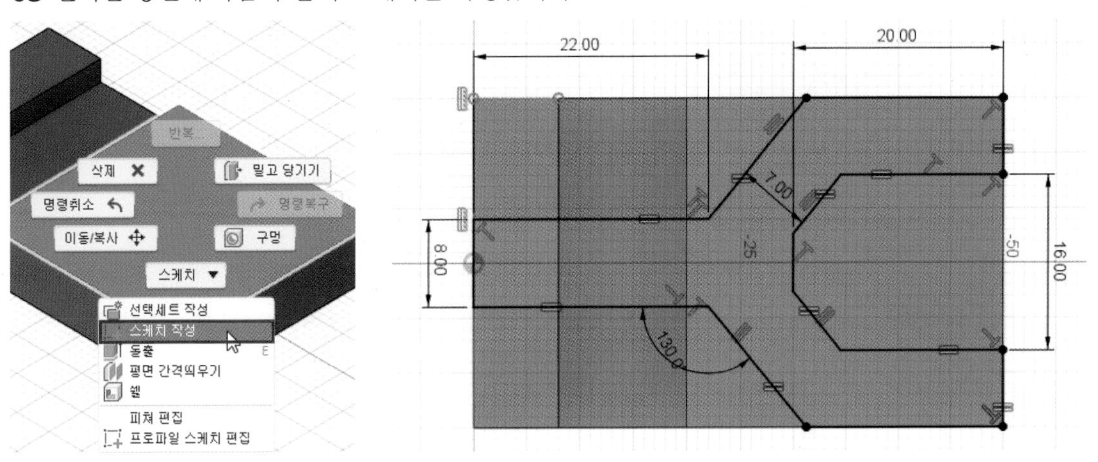

04 [돌출] 명령을 실행하고 다음과 같이 옵션 및 값을 입력하여 형상을 작성합니다.

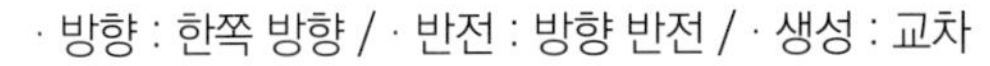
· 방향 : 한쪽 방향 / · 반전 : 방향 반전 / · 생성 : 교차

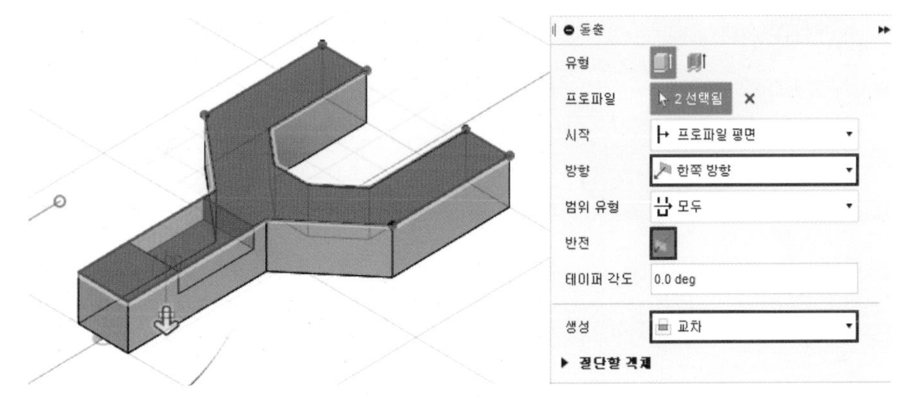

05 [돌출] 명령을 실행하고 다음과 같이 옵션 및 값을 입력하여 형상을 작성합니다.

· 방향 : 대칭 / · 측정값 : 전체 길이 / · 거리 : 16mm / · 생성 : 접합

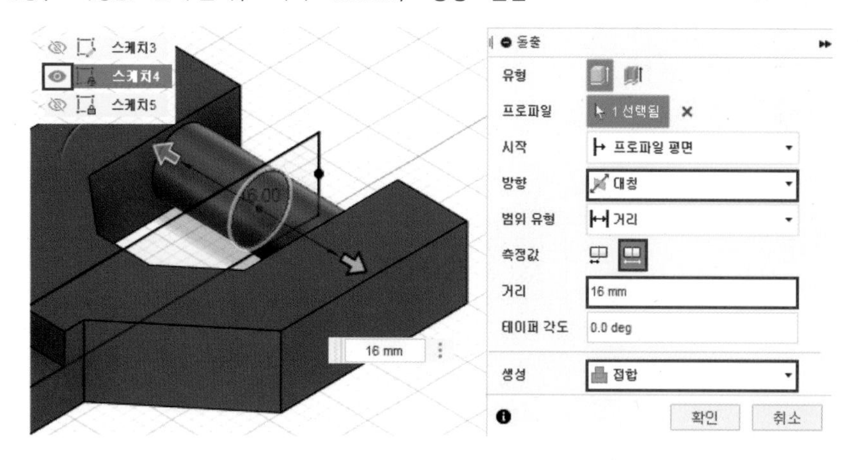

06 [모따기] 명령을 실행하고 선택한 모서리에 2mm의 모따기를 작성합니다.

07 움직임이 발생하는 부위에 틈새를 주기 위해 [밀고 당기기] 명령을 실행하고 선택한 양쪽 원통면의 반지름을 -0.5mm 줄입니다.

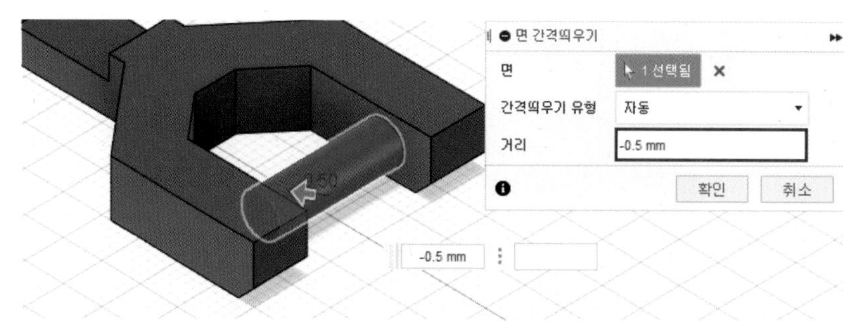

08 [밀고 당기기] 명령을 실행하고 선택한 양쪽 면을 -0.5mm씩 줄입니다.

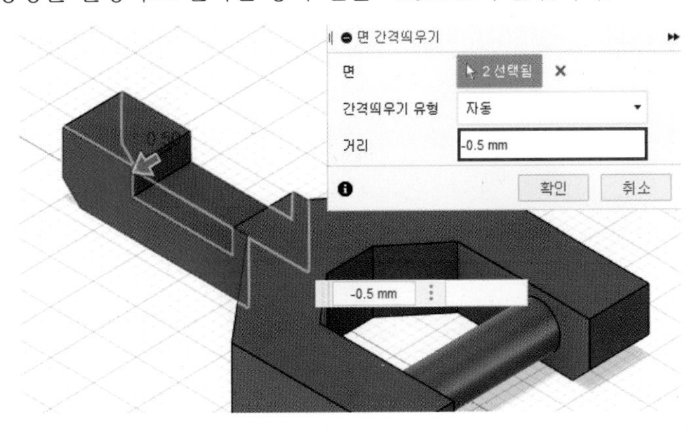

09 수정 메뉴의 [이동/복사] 명령을 실행하여 ①번 부품을 클릭하고 [회전] 유형으로 변경한 다음 회전축으로 다음 모서리를 클릭합니다.

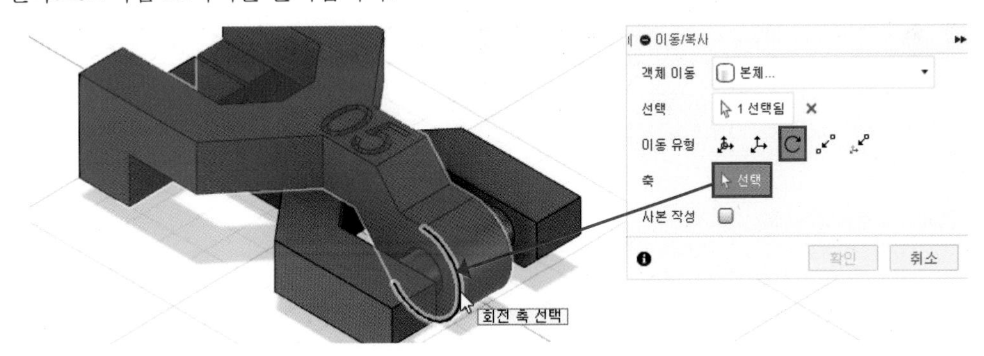

10 ①번 부품을 약 -185도 정도 회전하여 3D 프린터 출력시 서포트가 잘 제거될 수 있도록 방향을 결정합니다.

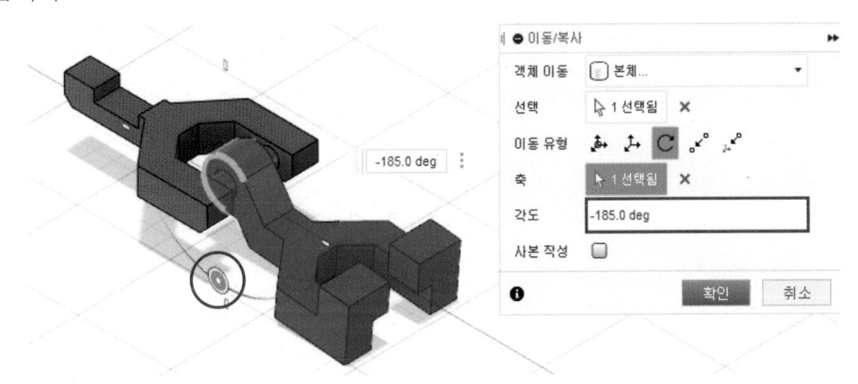

11 ②번 부품도 약 -15도 정도 회전하여 최대한 서포트가 생기지 않는 쪽으로 방향을 결정합니다.

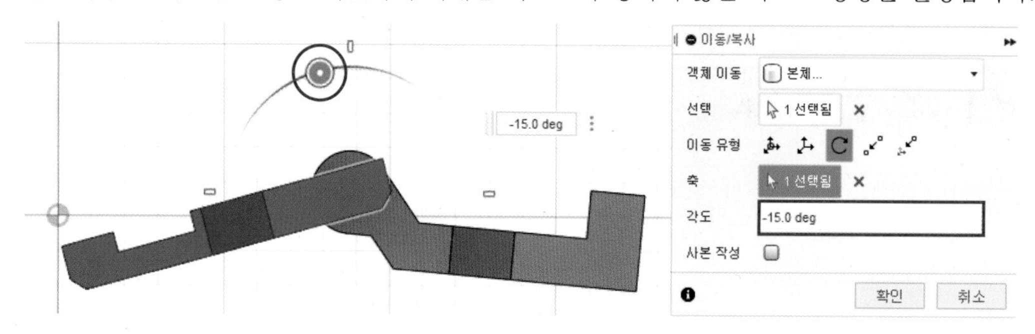

12 ①번과 ②번 부품 모델링이 완료되었습니다.

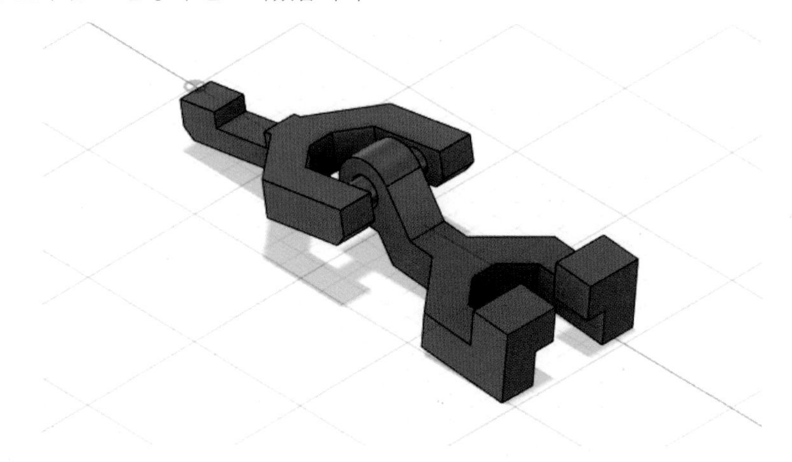

실기 도면 21

SECTION
21

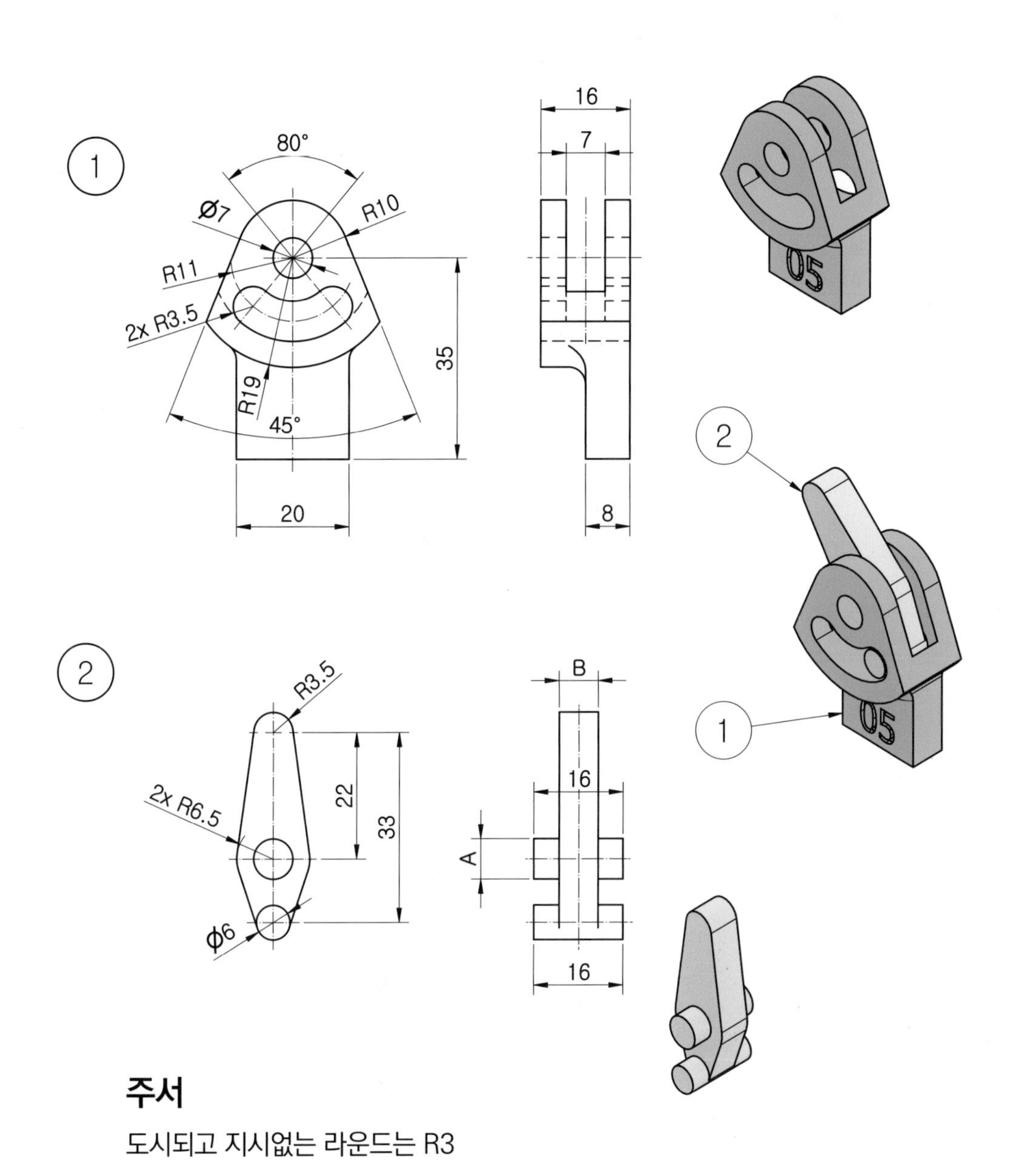

주서

도시되고 지시없는 라운드는 R3

1 ①번 부품 모델링

01 정면도에 해당하는 XZ 평면에 다음과 같은 스케치를 작성합니다. (어느 평면에 작업하셔도 무방합니다.)

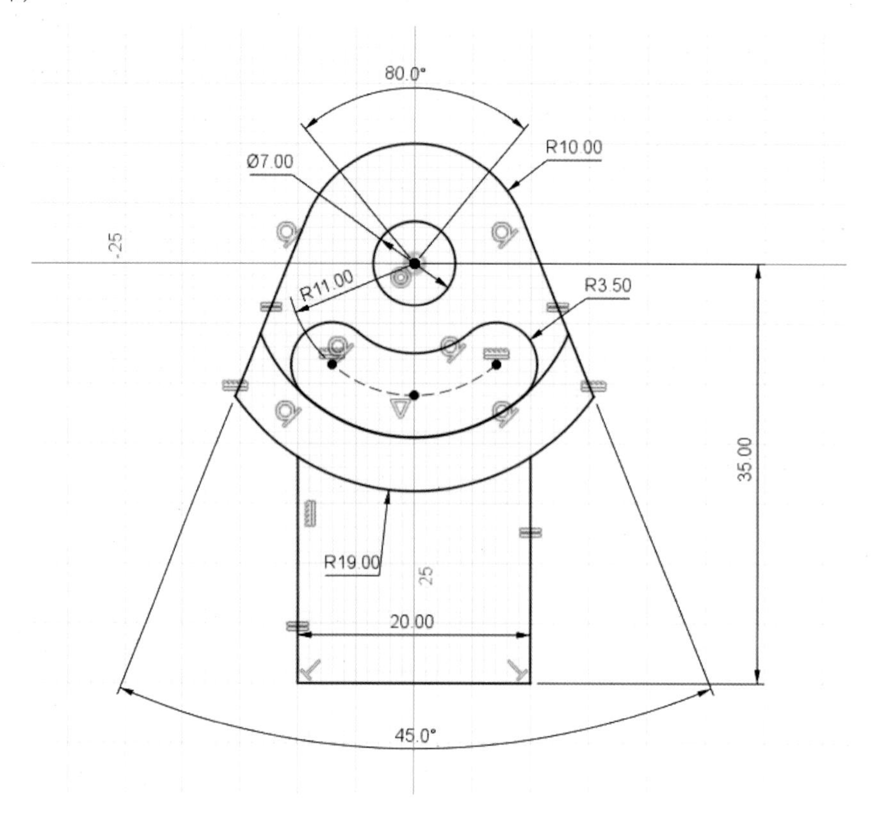

02 [돌출] 명령을 실행하고 다음과 같이 옵션 및 값을 입력하여 형상을 작성합니다.

· 방향 : 대칭 / · 측정값 : 전체 길이 / · 거리 : 16mm / · 생성 : 새 본체

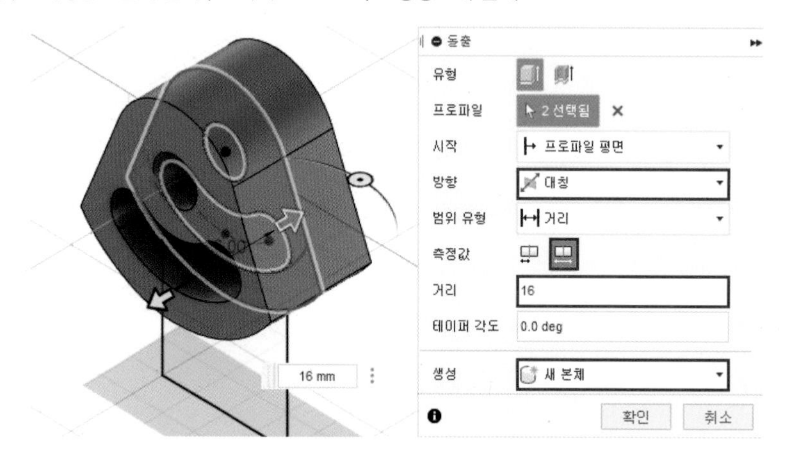

03 [돌출] 명령을 실행하고 다음과 같이 옵션 및 값을 입력하여 형상을 작성합니다.

· 방향 : 대칭 / · 측정값 : 전체 길이 / · 거리 : 7mm / · 생성 : 잘라내기

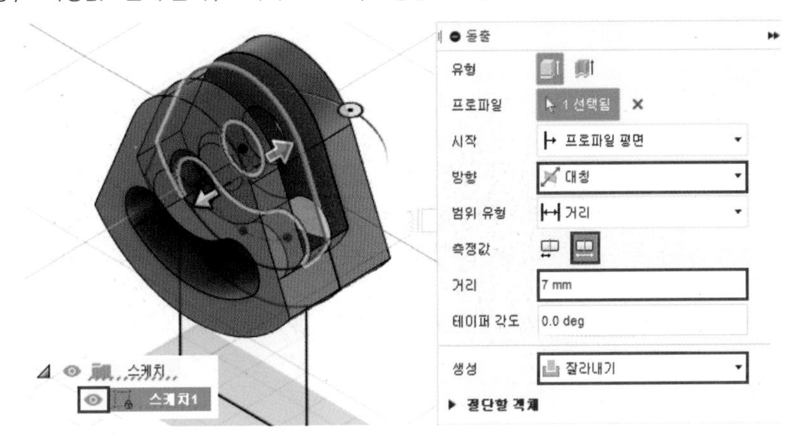

04 [돌출] 명령을 실행하고 다음과 같이 옵션 및 값을 입력하여 형상을 작성합니다.

· 방향 : 한쪽 방향 / · 거리 : 8mm / · 생성 : 접합

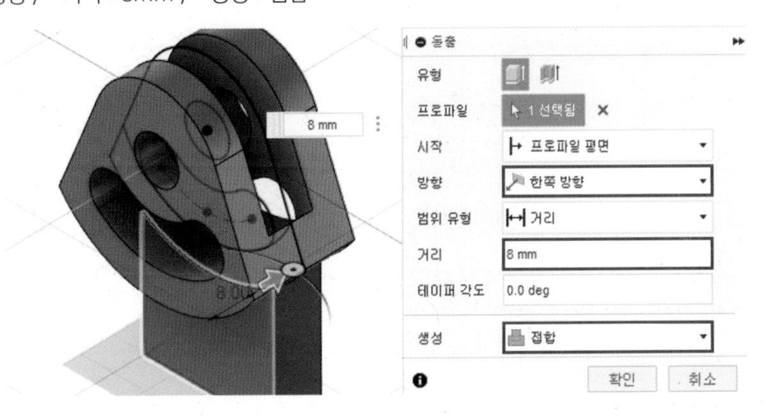

05 [모깎기] 명령을 실행하고 다음과 같이 선택한 모서리에 3mm의 모깎기를 작성합니다.

06 선택한 평면에 스케치를 작성하고 [문자] 명령으로 비번호를 작성합니다.

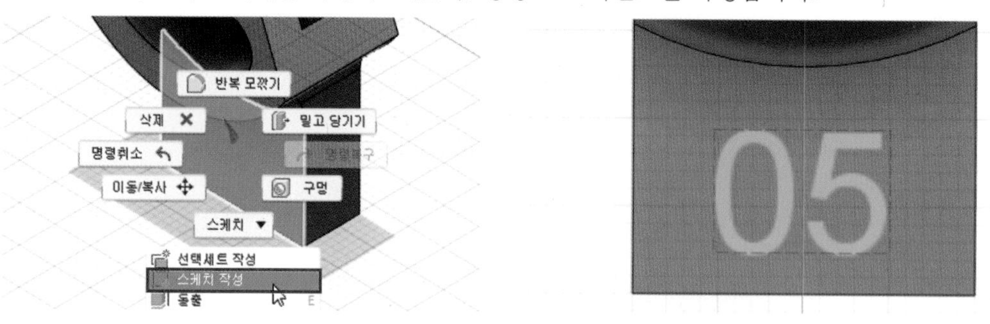

07 [돌출] 명령을 실행한 후 다음과 같이 옵션 및 값을 입력하고 형상을 작성하여 ①번 부품 모델링 작업을 완료합니다.

· 방향 : 한쪽 방향 / · 거리 : -1mm / · 생성 : 잘라내기

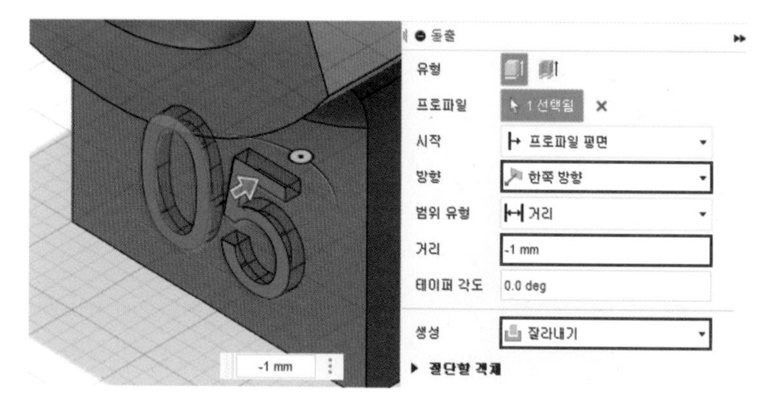

2 ②번 부품 모델링

01 정면도에 해당하는 XZ 평면에 다음과 같은 스케치를 작성합니다.

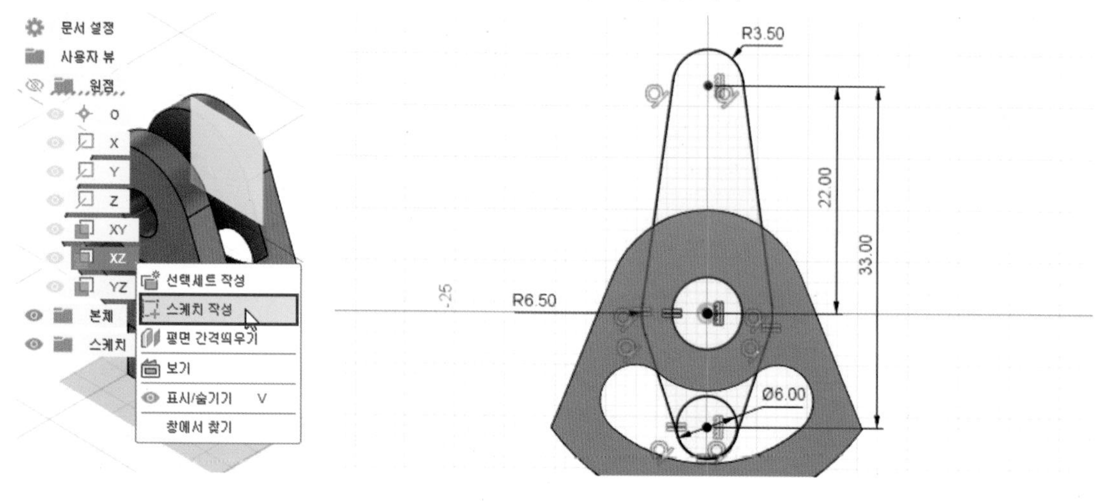

02 [돌출] 명령을 실행하고 다음과 같이 옵션 및 값을 입력하여 형상을 작성합니다. 이때, 본체 1은 가시성을 끄고 작업합니다.

· 방향 : 대칭 / · 측정값 : 전체 길이 / · 거리 : 7mm / · 생성 : 새 본체

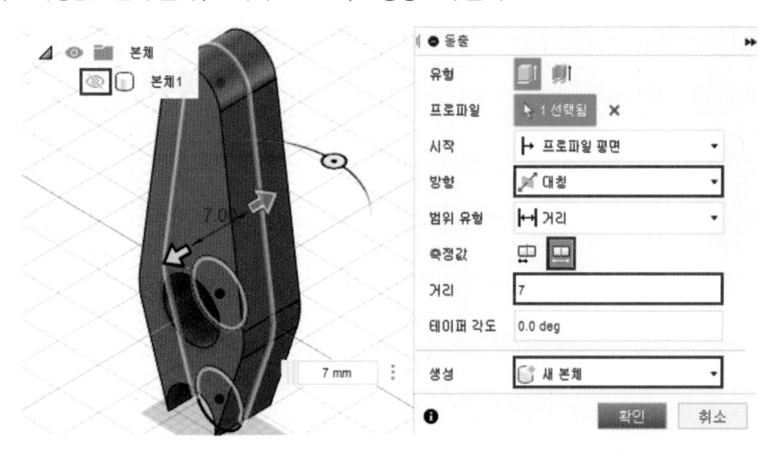

03 [돌출] 명령을 실행하고 다음과 같이 옵션 및 값을 입력하여 형상을 작성합니다.

· 방향 : 대칭 / · 측정값 : 전체 길이 / · 거리 : 16mm / · 생성 : 접합

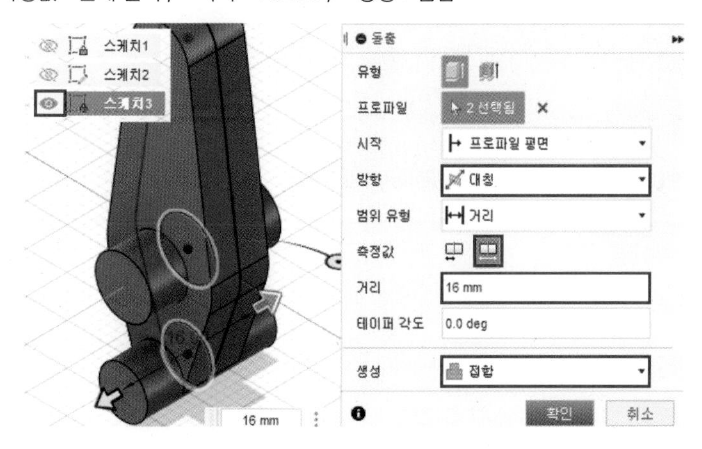

04 움직임이 발생하는 부위에 틈새를 주기 위해 [밀고 당기기] 명령을 실행하고 선택한 양쪽 원통면의 반지름을 -0.5mm 줄입니다.

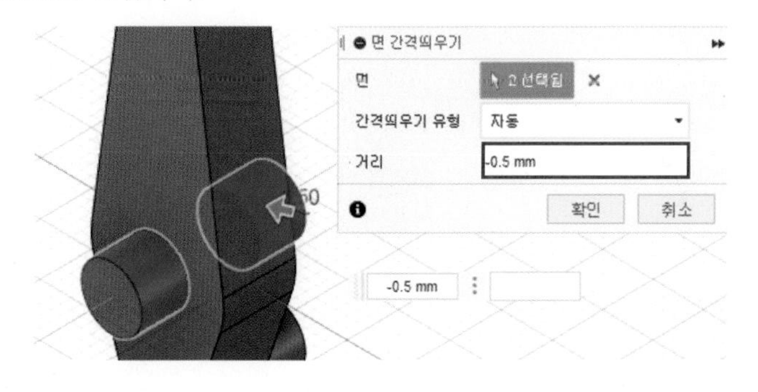

05 [밀고 당기기] 명령을 실행하고 선택한 양쪽 면을 1mm 줄입니다.

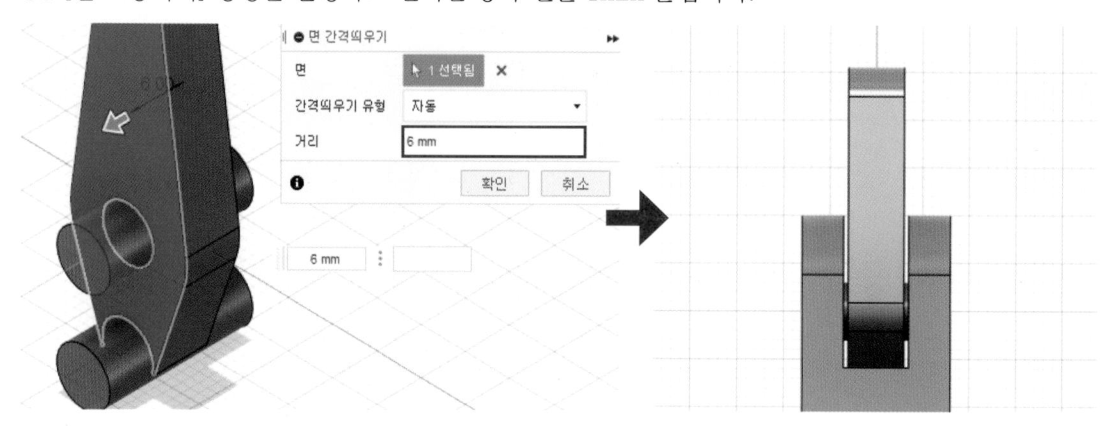

06 만일 실기 도면처럼 ②번 부품을 회전하려면 수정 메뉴의 [이동/복사] 명령을 실행하여 ②번 부품을 클릭하고 [회전] 유형으로 변경한 다음 회전축으로 해당 모서리를 클릭하여 40도 만큼 회전하면 됩니다.

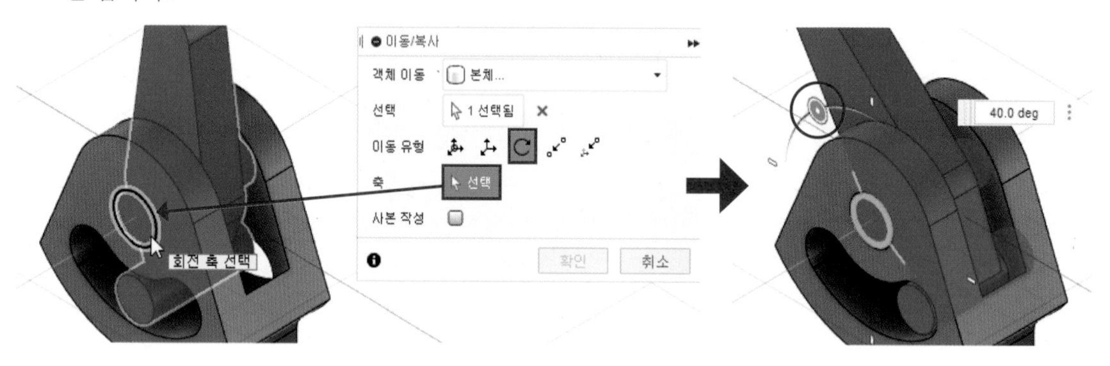

07 ①번과 ②번 부품 모델링이 완료되었습니다.

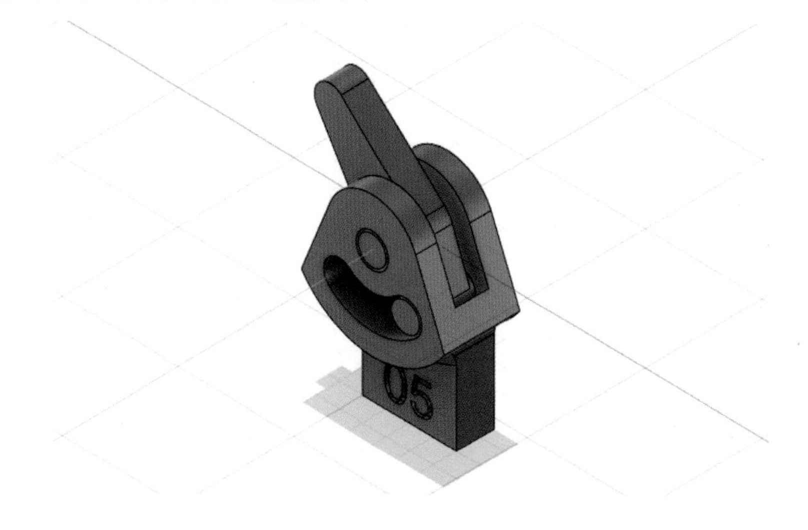

SECTION 22

실기 도면 22

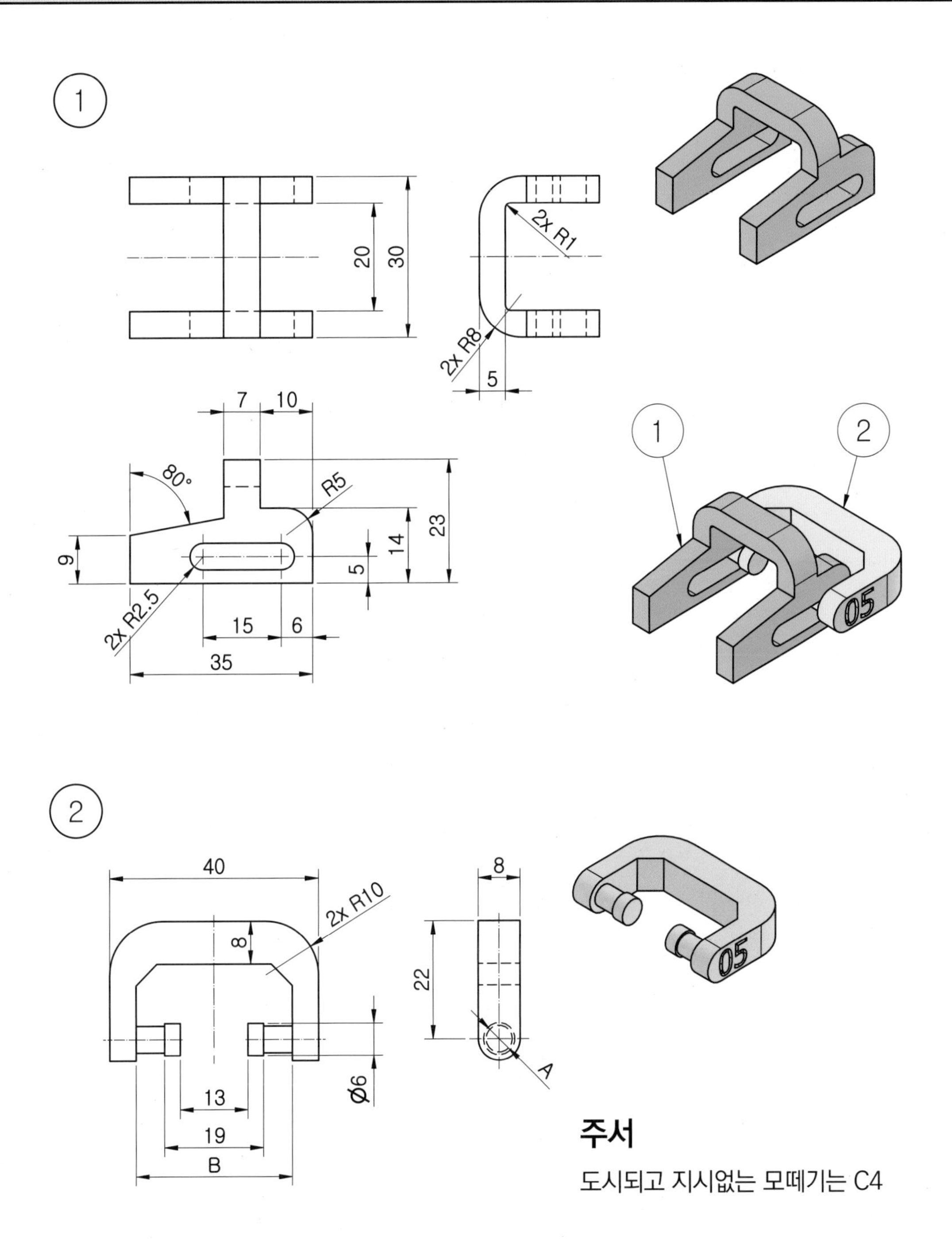

주서

도시되고 지시없는 모떼기는 C4

1 ①번 부품 모델링

01 정면도에 해당하는 XZ 평면에 다음과 같은 스케치를 작성합니다. (어느 평면에 작업하셔도 무방합니다.)

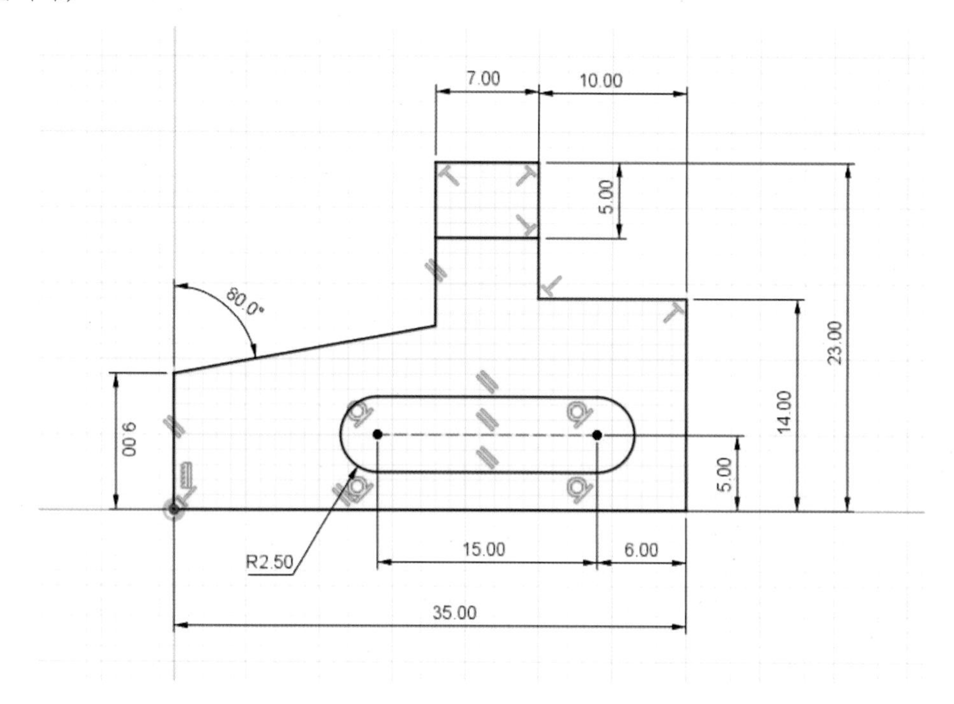

02 [돌출] 명령을 실행하고 다음과 같이 옵션 및 값을 입력하여 형상을 작성합니다.

· 방향 : 대칭 / · 측정값 : 전체 길이 / · 거리 : 30mm / · 생성 : 새 본체

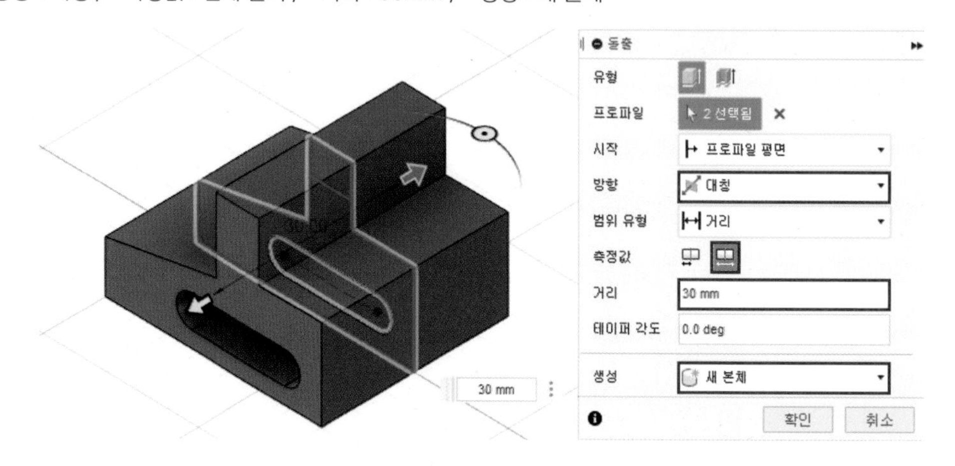

03 [돌출] 명령을 실행하고 다음과 같이 옵션 및 값을 입력하여 형상을 작성합니다.

· 방향 : 대칭 / · 측정값 : 전체 길이 / · 거리 : 20mm / · 생성 : 잘라내기

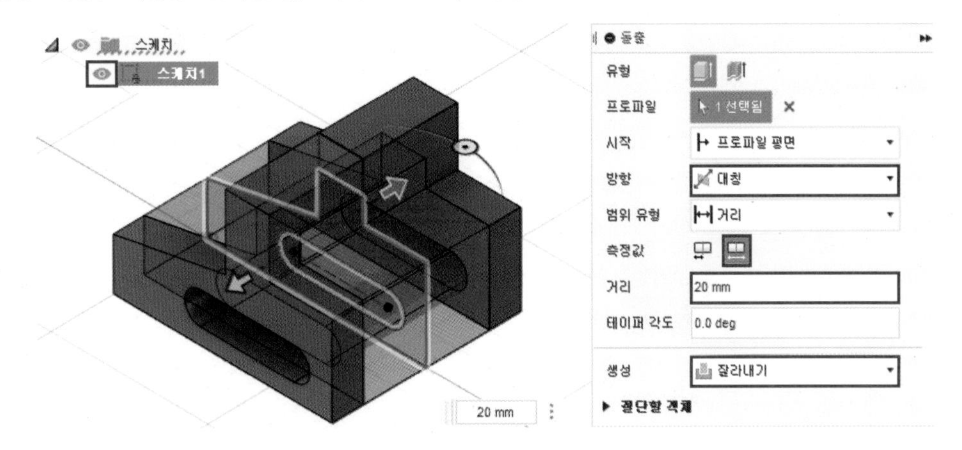

04 [모깎기] 명령을 실행하고 다음과 같이 각 모서리에 8mm, 1mm의 모깎기를 작성합니다.

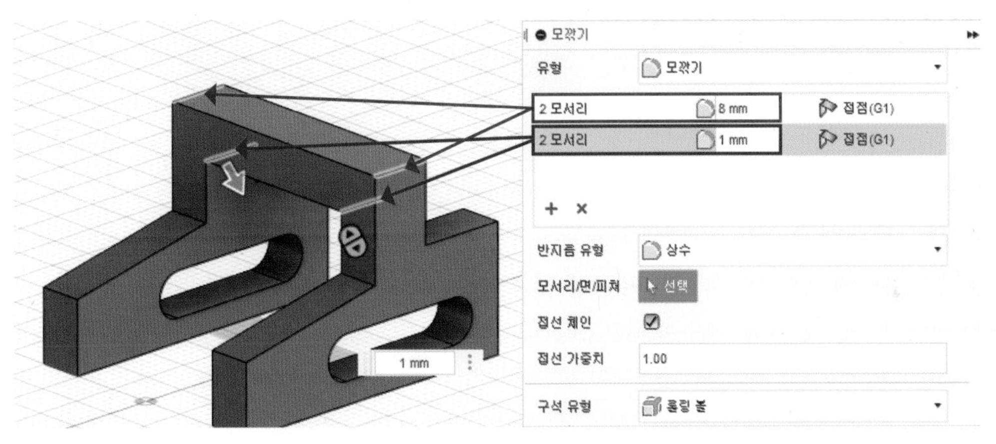

05 [모깎기] 명령을 실행하고 선택한 모서리에 5mm의 모깎기를 작성하여 ①번 부품 모델링 작업을 완료합니다.

2 ②번 부품 모델링

01 정면도에 해당하는 XZ 평면에 다음과 같은 스케치를 작성합니다.

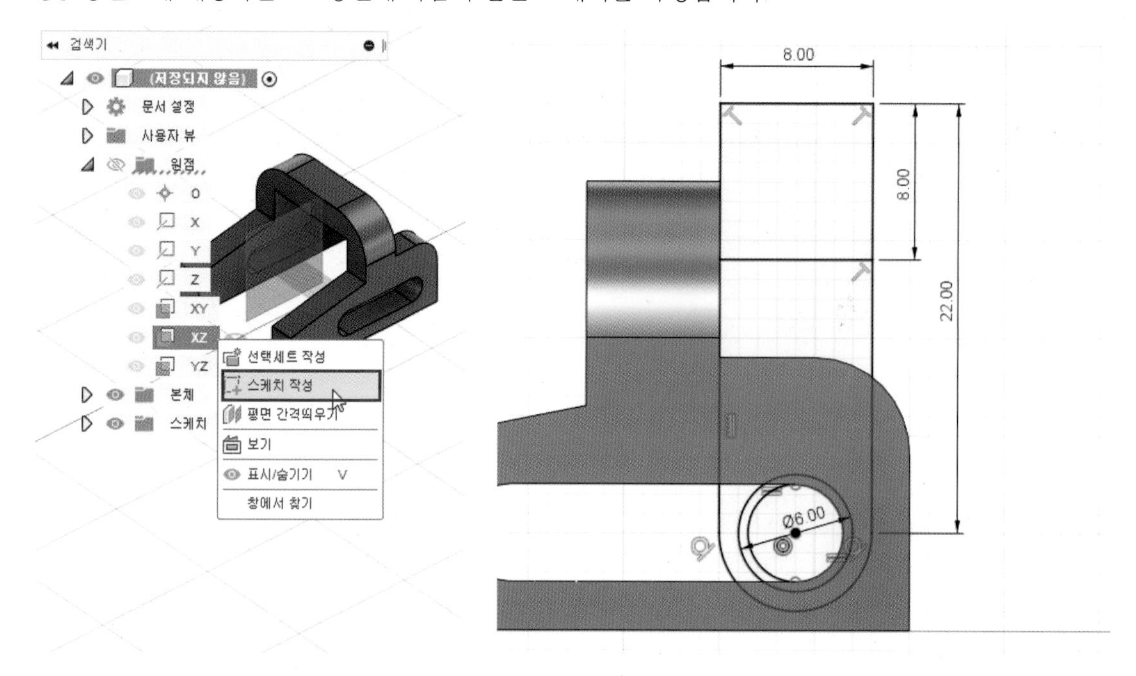

02 [돌출] 명령을 실행하고 다음과 같이 옵션 및 값을 입력하여 형상을 작성합니다. 이때, 본체 1은 가시성을 끄고 작업합니다.

· 방향 : 대칭 / · 측정값 : 전체 길이 / · 거리 : 40mm / · 생성 : 새 본체

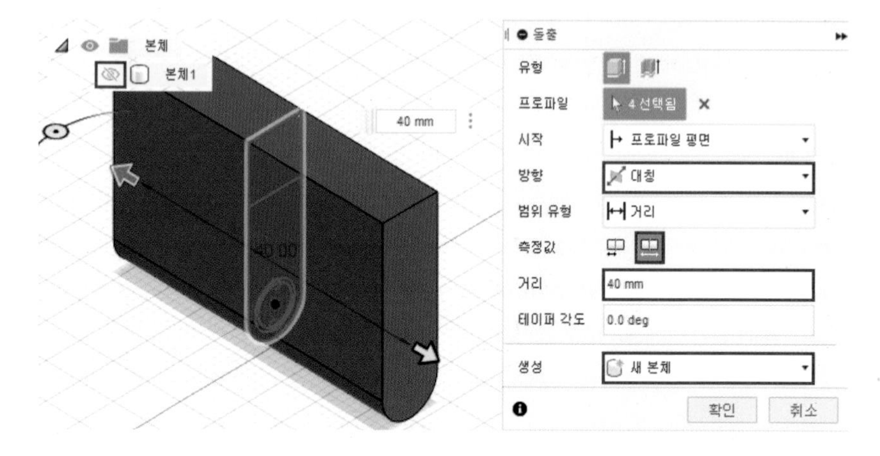

03 [돌출] 명령을 실행하고 다음과 같이 옵션 및 값을 입력하여 형상을 작성합니다.

· 방향 : 대칭 / · 측정값 : 전체 길이 / · 거리 : 30mm / · 생성 : 잘라내기

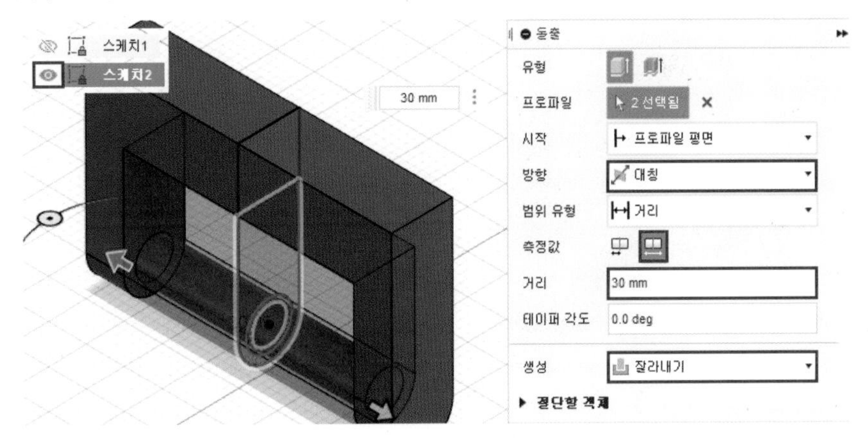

04 [돌출] 명령을 실행하고 다음과 같이 옵션 및 값을 입력하여 형상을 작성합니다.

· 방향 : 대칭 / · 측정값 : 전체 길이 / · 거리 : 19mm / · 생성 : 접합

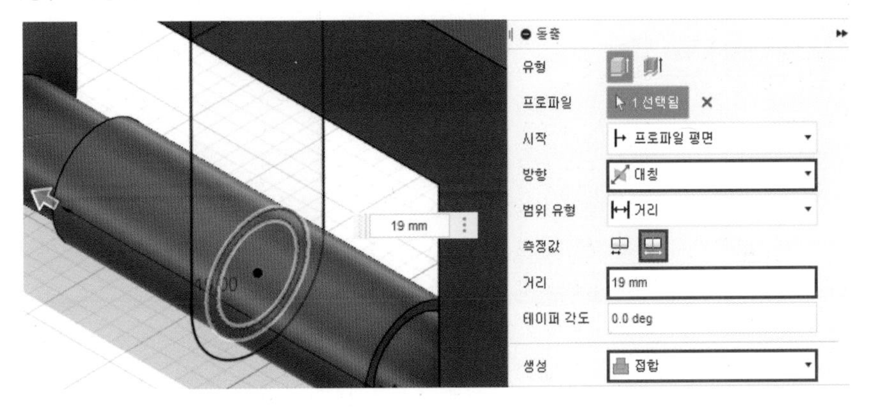

05 [돌출] 명령을 실행하고 다음과 같이 옵션 및 값을 입력하여 형상을 작성합니다.

· 방향 : 대칭 / · 측정값 : 전체 길이 / · 거리 : 13mm / · 생성 : 잘라내기

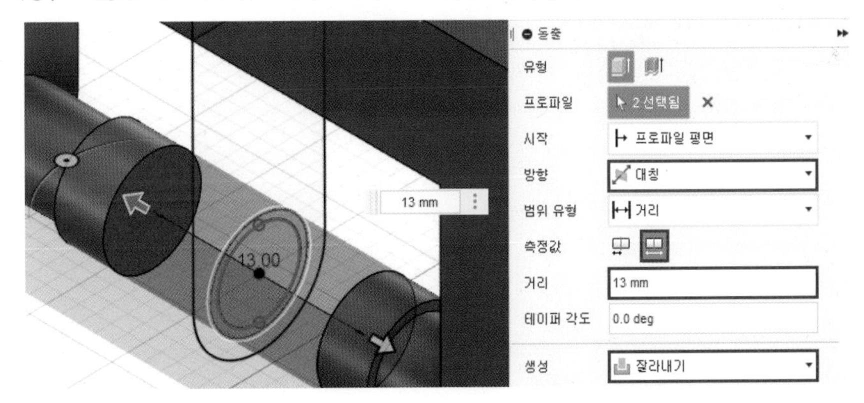

06 [모따기] 명령을 실행하고 선택한 모서리에 4mm의 모따기를 작성합니다.

07 [모깎기] 명령을 실행하고 다음과 같이 선택한 모서리에 10mm의 모깎기를 작성합니다.

08 선택한 평면에 스케치를 작성하고 [문자] 명령으로 비번호를 작성합니다.

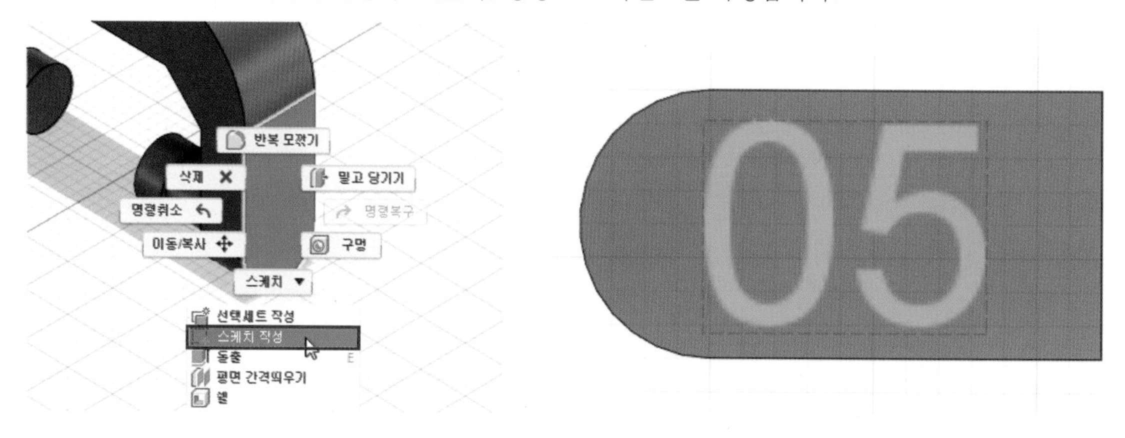

09 [돌출] 명령을 실행하고 다음과 같이 옵션 및 값을 입력하여 형상을 작성합니다.

· 방향 : 한쪽 방향 / · 거리 : -1mm / · 생성 : 잘라내기

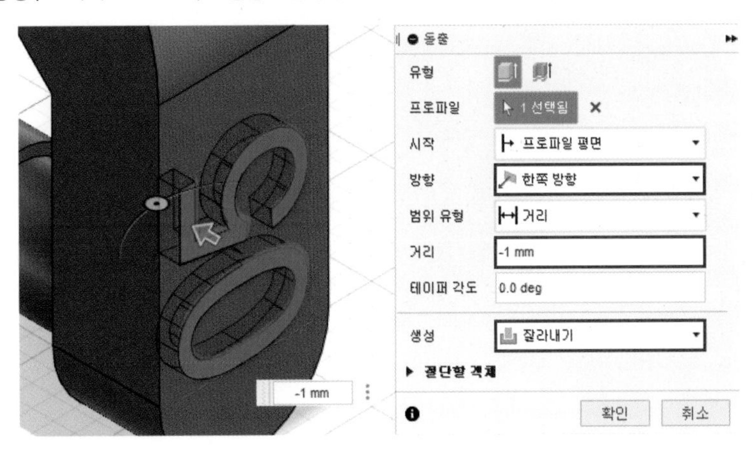

10 움직임이 발생하는 부위에 틈새를 주기 위해 [밀고 당기기] 명령을 실행하고 선택한 양쪽 원통면의 반지름을 -0.5mm 줄입니다.

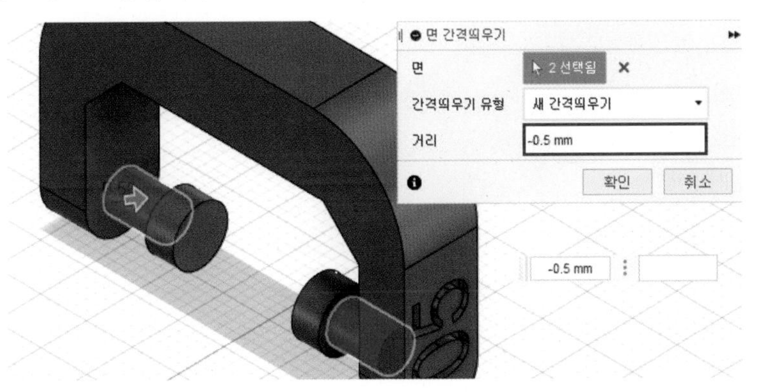

11 [밀고 당기기] 명령을 실행하고 선택한 양쪽 면을 1mm 늘립니다.

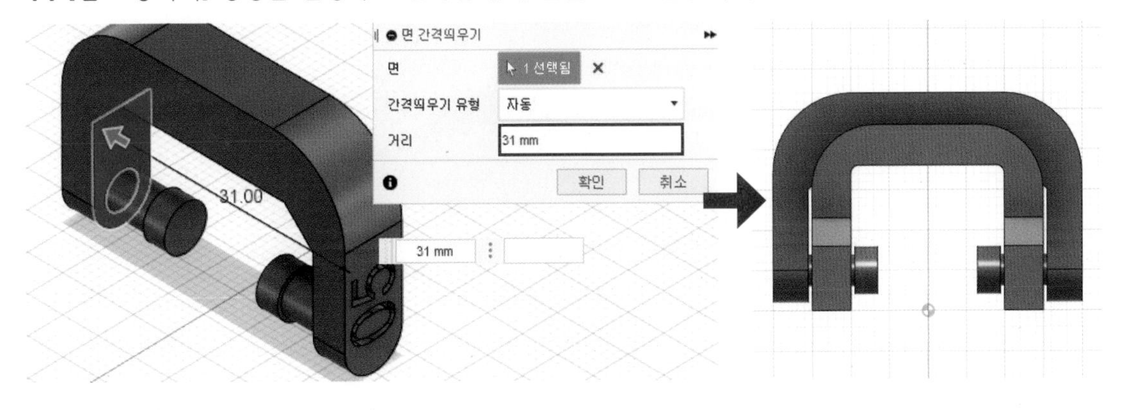

12 수정 메뉴의 [이동/복사] 명령을 실행하여 ②번 부품을 클릭하고 [회전] 유형으로 변경한 다음 회전축으로 다음 모서리를 클릭합니다.

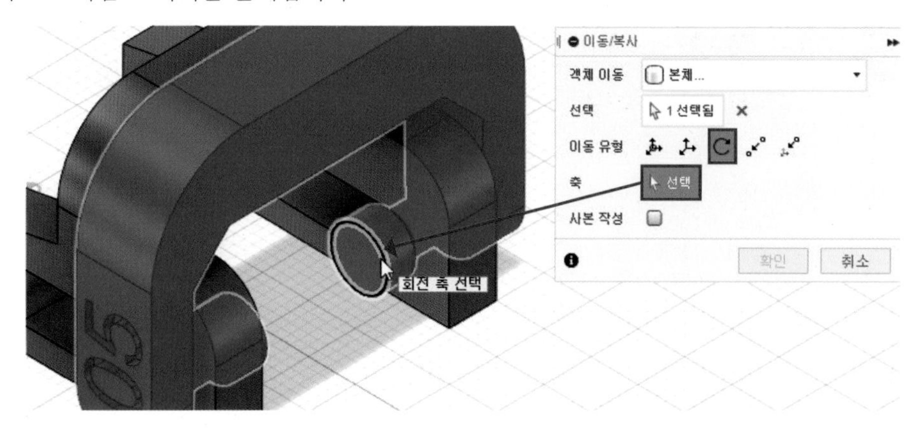

13 ②번 부품을 90도 회전하여 3D 프린터 출력시 서포트가 잘 제거될 수 있도록 방향을 결정합니다.

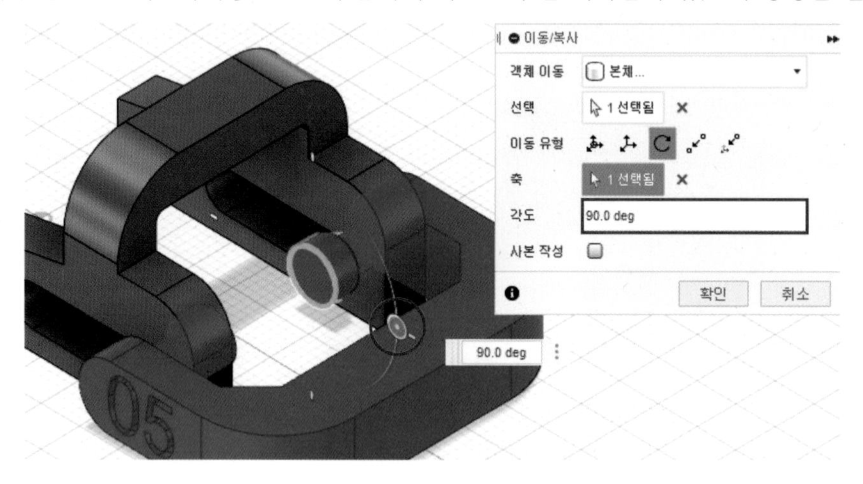

14 ①번과 ②번 부품 모델링이 완료되었습니다.

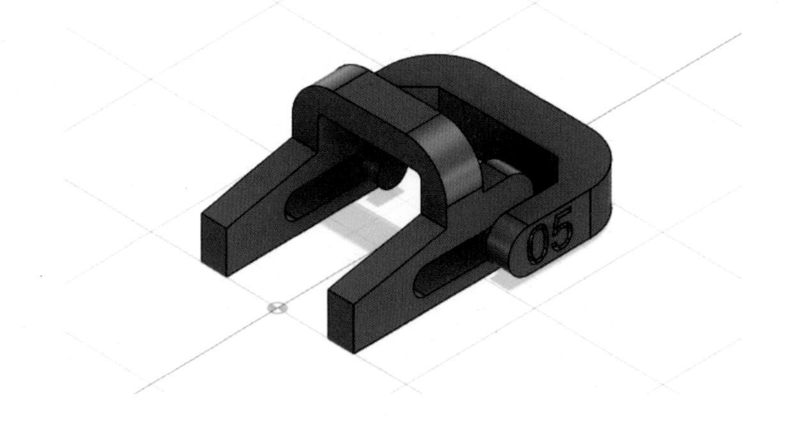

실기 도면 23

SECTION 23

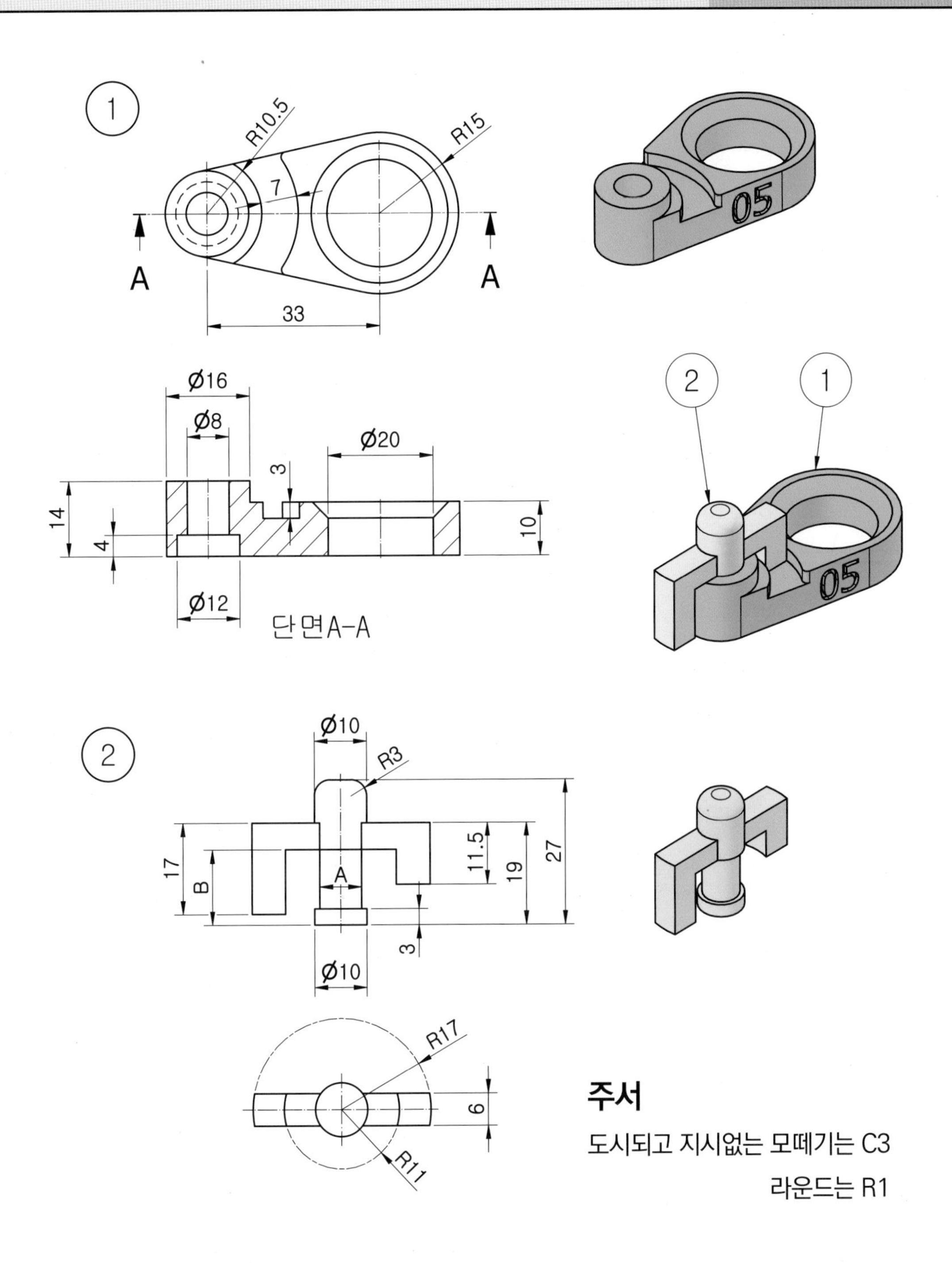

주서

도시되고 지시없는 모떼기는 C3

라운드는 R1

1 ①번 부품 모델링

01 평면도에 해당하는 XY 평면에 다음과 같은 스케치를 작성합니다. (어느 평면에 작업하셔도 무방합니다.)

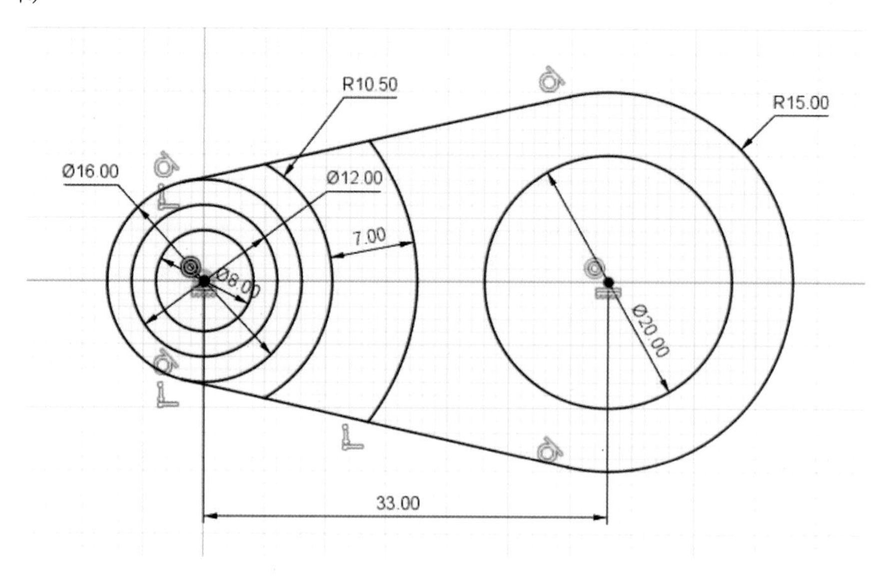

02 [돌출] 명령을 실행하고 다음과 같이 옵션 및 값을 입력하여 형상을 작성합니다.

· 방향 : 한쪽 방향 / · 거리 : -14mm / · 생성 : 새 본체

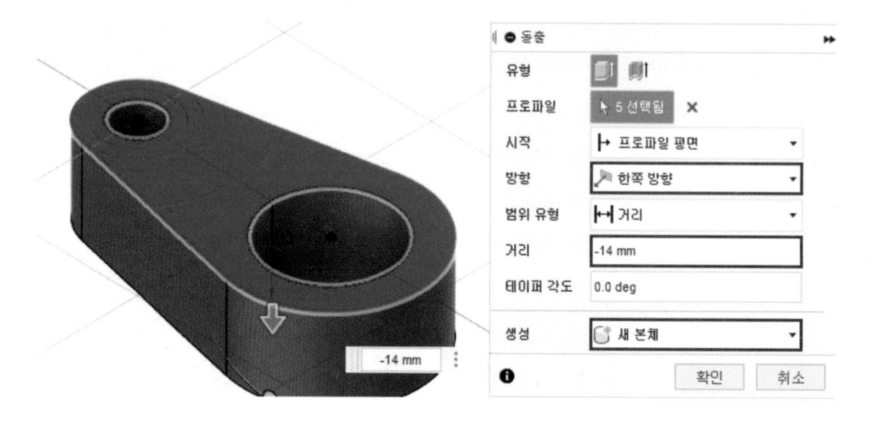

03 [돌출] 명령을 실행하고 다음과 같이 옵션 및 값을 입력하여 형상을 작성합니다.

· 방향 : 한쪽 방향 / · 거리 : -4mm / · 생성 : 잘라내기

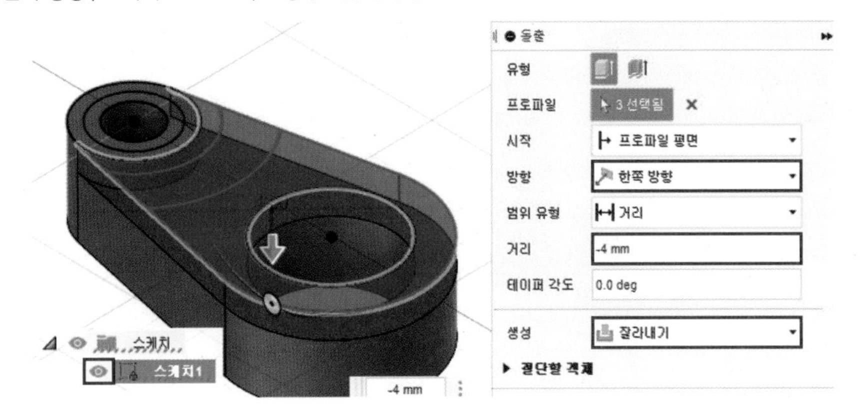

04 [돌출] 명령을 실행하고 다음과 같이 옵션 및 값을 입력하여 형상을 작성합니다.

· 방향 : 한쪽 방향 / · 거리 : -7mm / · 생성 : 잘라내기

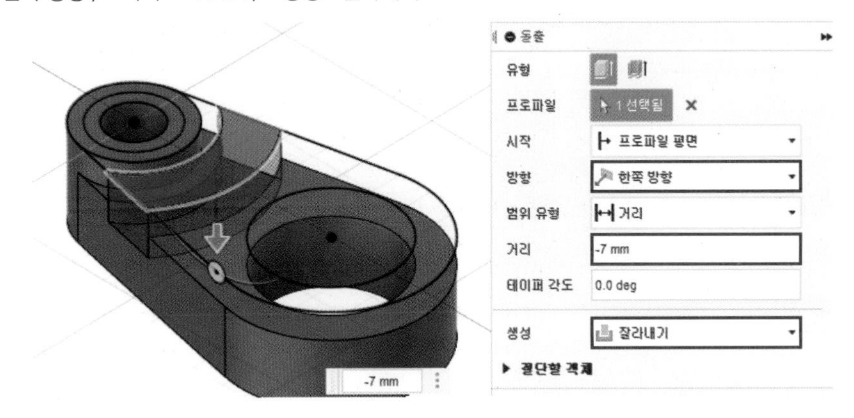

05 [돌출] 명령을 실행하고 다음과 같이 옵션 및 값을 입력하여 형상을 작성합니다.

· 시작 : 객체 / · 방향 : 한쪽 방향 / · 거리 : 4mm / · 생성 : 잘라내기

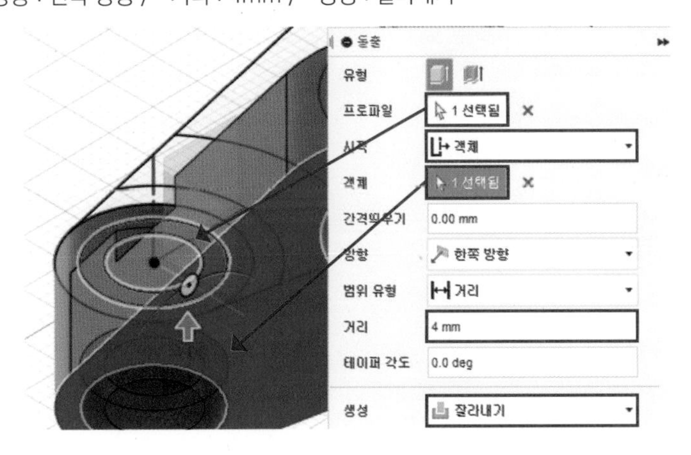

06 [모따기] 명령을 실행하고 선택한 모서리에 3mm의 모따기를 작성합니다.

07 [모깎기] 명령을 실행하고 다음과 같이 선택한 모서리에 1mm의 모깎기를 작성합니다.

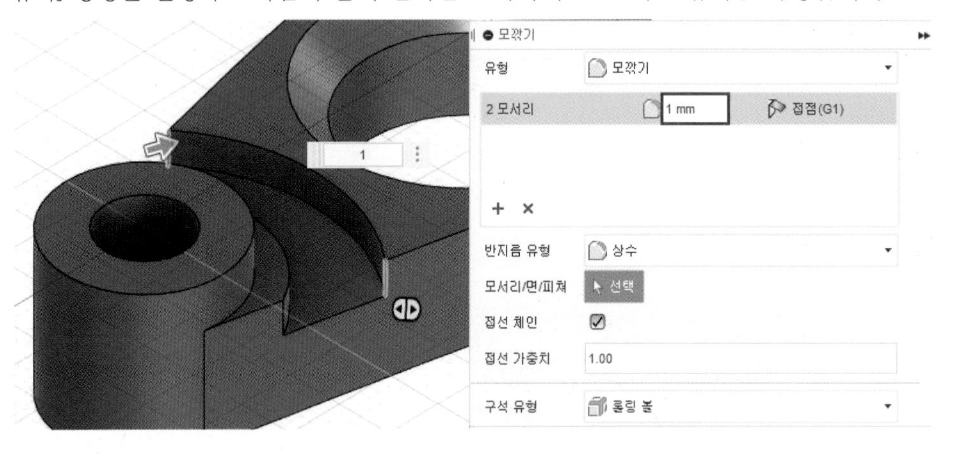

08 선택한 평면에 스케치를 작성하고 [문자] 명령으로 비번호를 작성합니다.

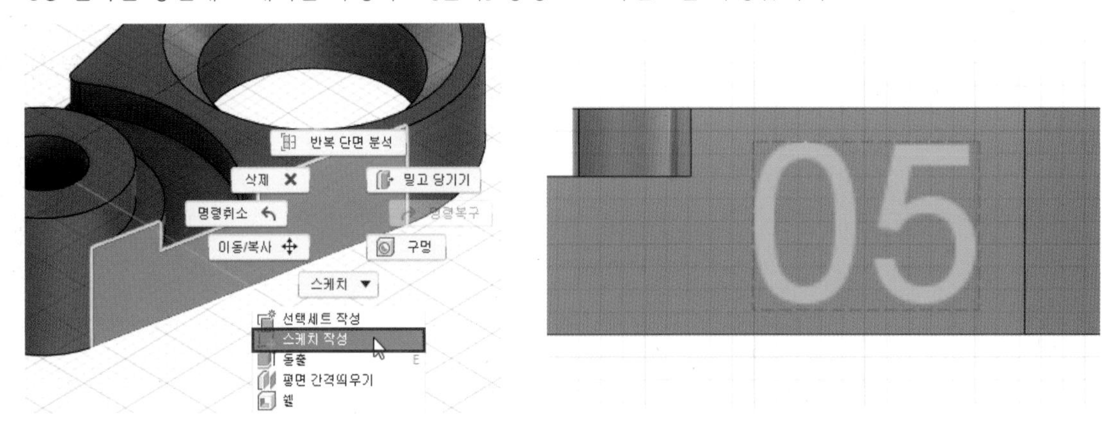

09 [돌출] 명령을 실행한 후 다음과 같이 옵션 및 값을 입력하고 형상을 작성하여 ①번 부품 모델링 작업을 완료합니다.

· 방향 : 한쪽 방향 / · 거리 : −1mm / · 생성 : 잘라내기

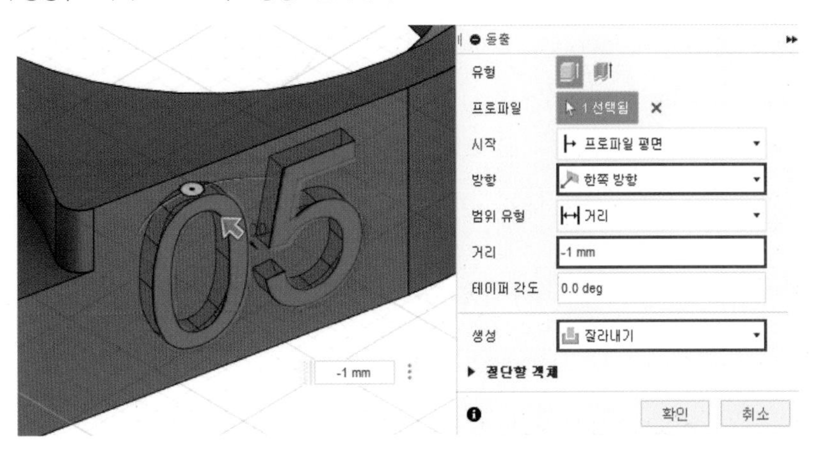

2 ②번 부품 모델링

01 평면도에 해당하는 XY 평면에 다음과 같은 스케치를 작성합니다.

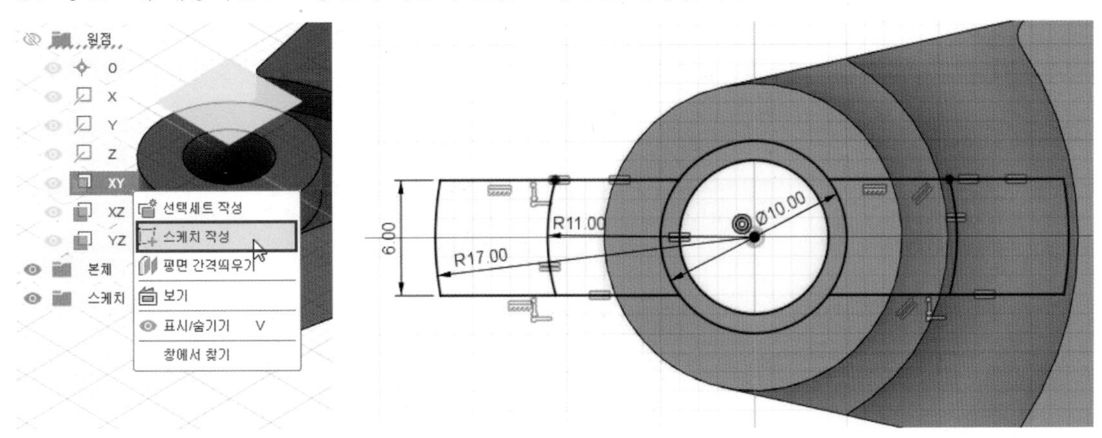

02 [돌출] 명령을 실행하고 다음과 같이 옵션 및 값을 입력하여 형상을 작성합니다. 이때, 본체 1은 가시성을 끄고 작업합니다.

· 방향 : 한쪽 방향 / · 거리 : 13mm / · 생성 : 새 본체

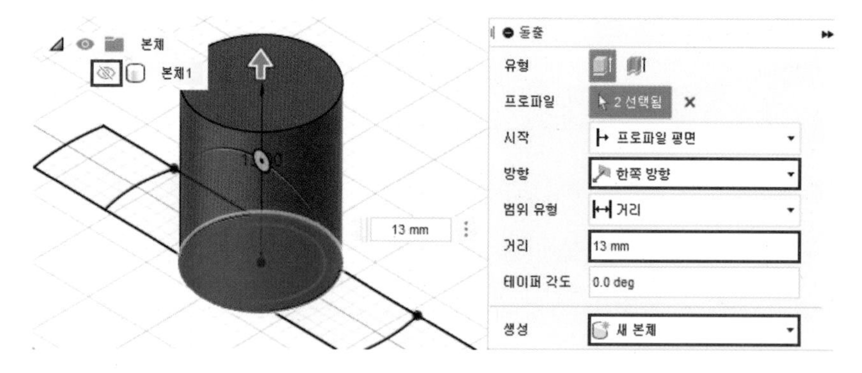

03 [돌출] 명령을 실행하고 다음과 같이 옵션 및 값을 입력하여 형상을 작성합니다.

· 방향 : 한쪽 방향 / · 거리 : –11mm / · 생성 : 접합

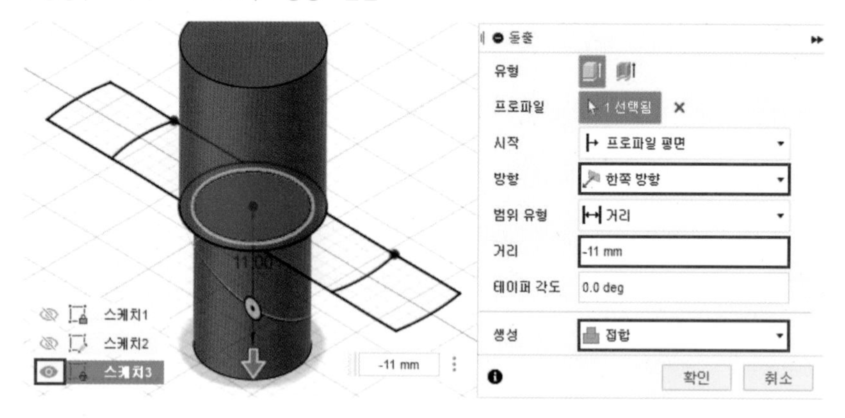

04 [돌출] 명령을 실행하고 다음과 같이 옵션 및 값을 입력하여 형상을 작성합니다.

· 시작 : 객체 / · 방향 : 한쪽 방향 / · 거리 : –3mm / · 생성 : 접합

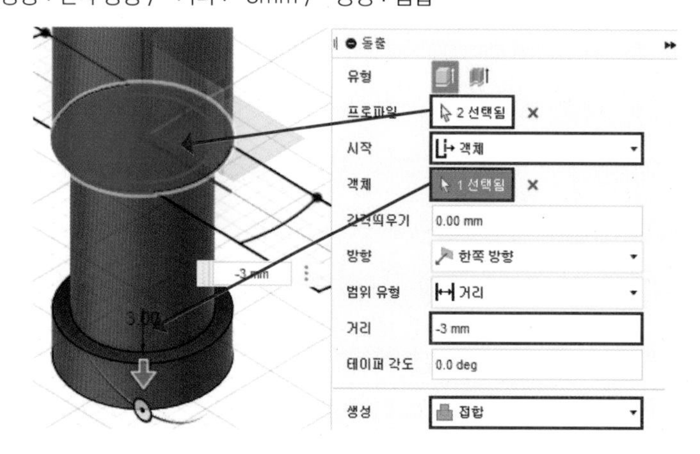

05 [돌출] 명령을 실행하고 다음과 같이 옵션 및 값을 입력하여 형상을 작성합니다.

· 방향 : 한쪽 방향 / · 거리 : 5mm / · 생성 : 접합

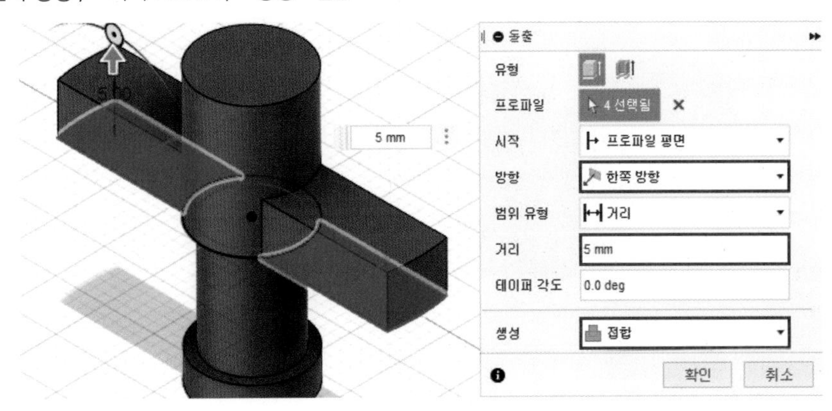

06 [돌출] 명령을 실행하고 다음과 같이 옵션 및 값을 입력하여 형상을 작성합니다.

· 방향 : 한쪽 방향 / · 거리 : −12mm / · 생성 : 접합

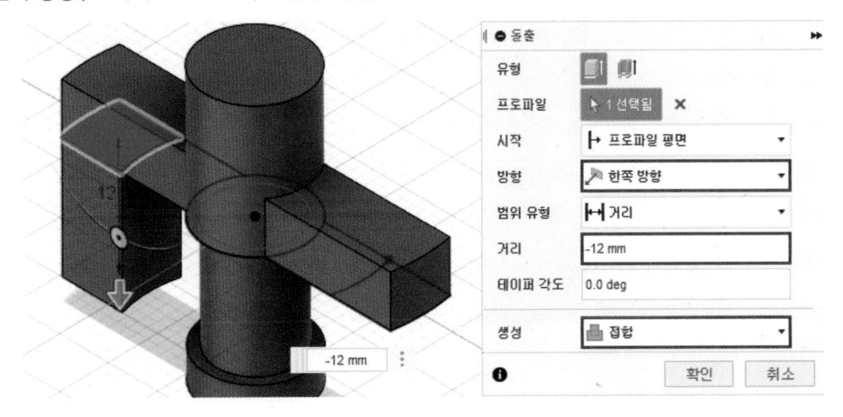

07 [돌출] 명령을 실행하고 다음과 같이 옵션 및 값을 입력하여 형상을 작성합니다.

· 방향 : 한쪽 방향 / · 거리 : −6.5mm / · 생성 : 접합

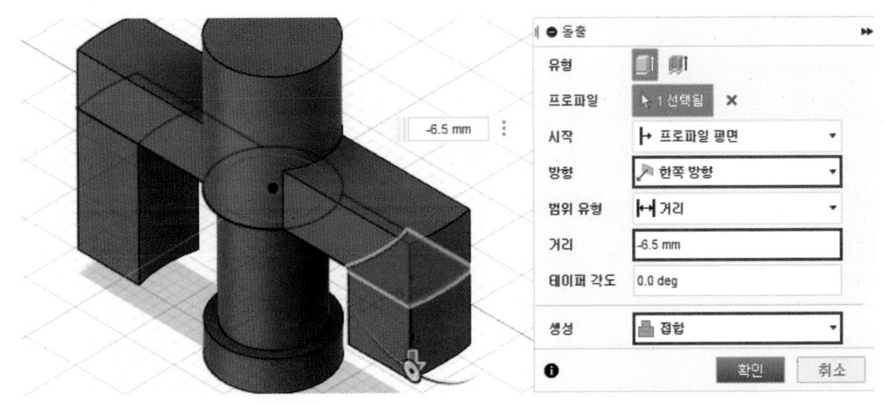

08 [모깎기] 명령을 실행하고 다음과 같이 선택한 모서리에 3mm의 모깎기를 작성합니다.

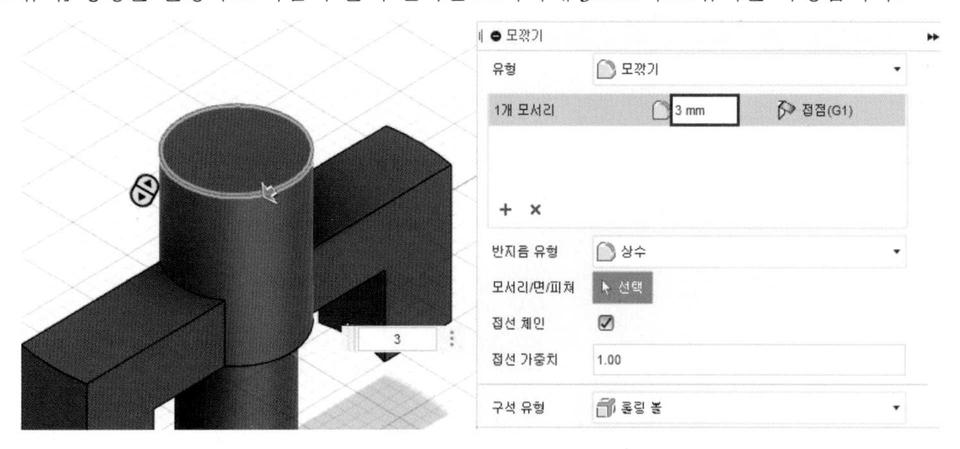

09 움직임이 발생하는 부위에 틈새를 주기 위해 [밀고 당기기] 명령을 실행하고 선택한 양쪽 원통면의 반지름을 -0.5mm 줄입니다.

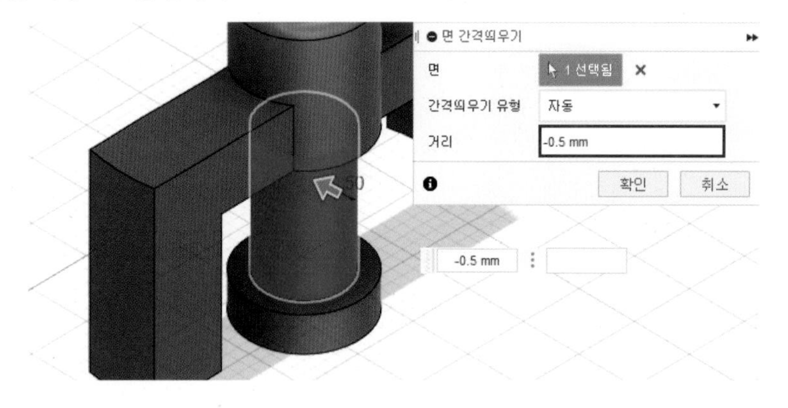

10 [밀고 당기기] 명령을 실행하고 선택한 면을 -0.5mm 만큼 위로 올립니다.

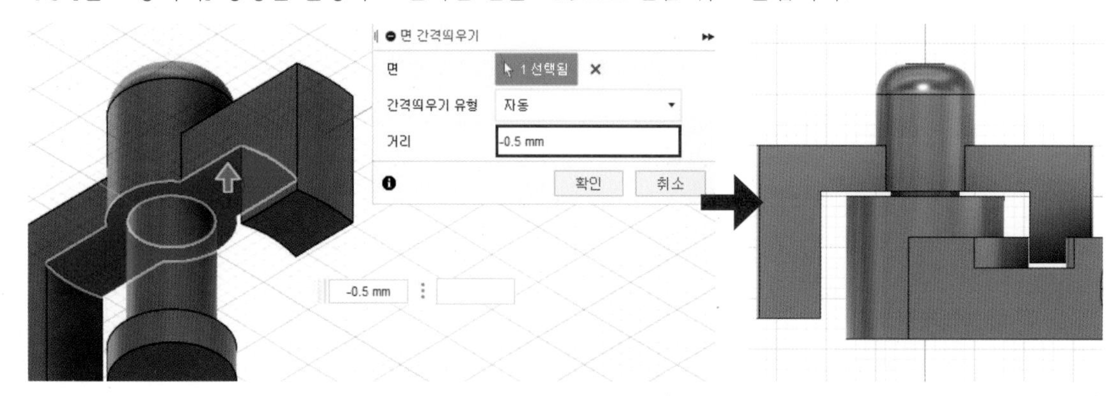

11 수정 메뉴의 [이동/복사] 명령을 실행하여 ②번 부품을 클릭하고 [회전] 유형으로 변경한 다음 회전축으로 다음 모서리를 클릭합니다.

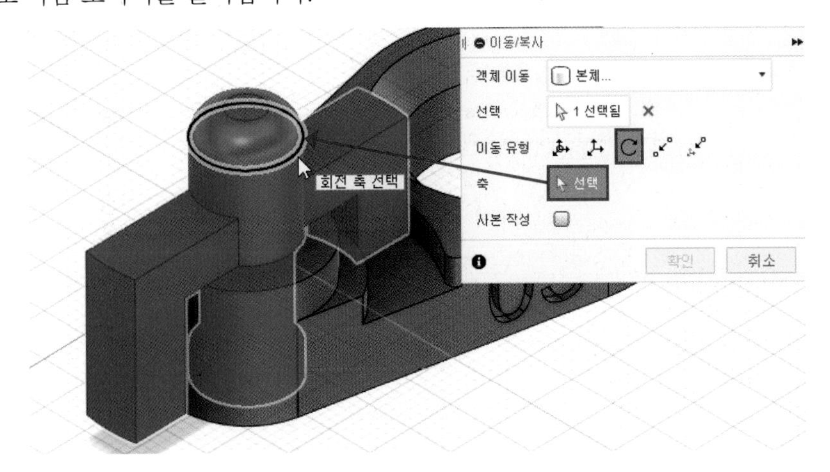

12 ②번 부품을 90도 회전하여 3D 프린터 출력시 서포트가 잘 제거될 수 있도록 방향을 결정합니다.

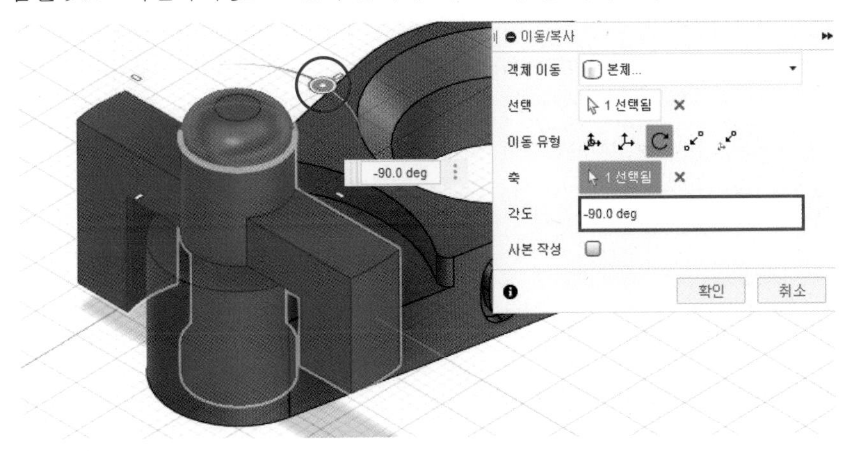

13 ①번과 ②번 부품 모델링이 완료되었습니다.

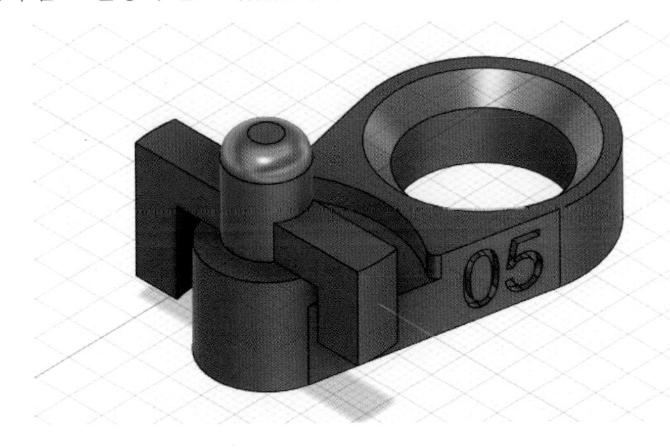

실기 도면 24

SECTION
24

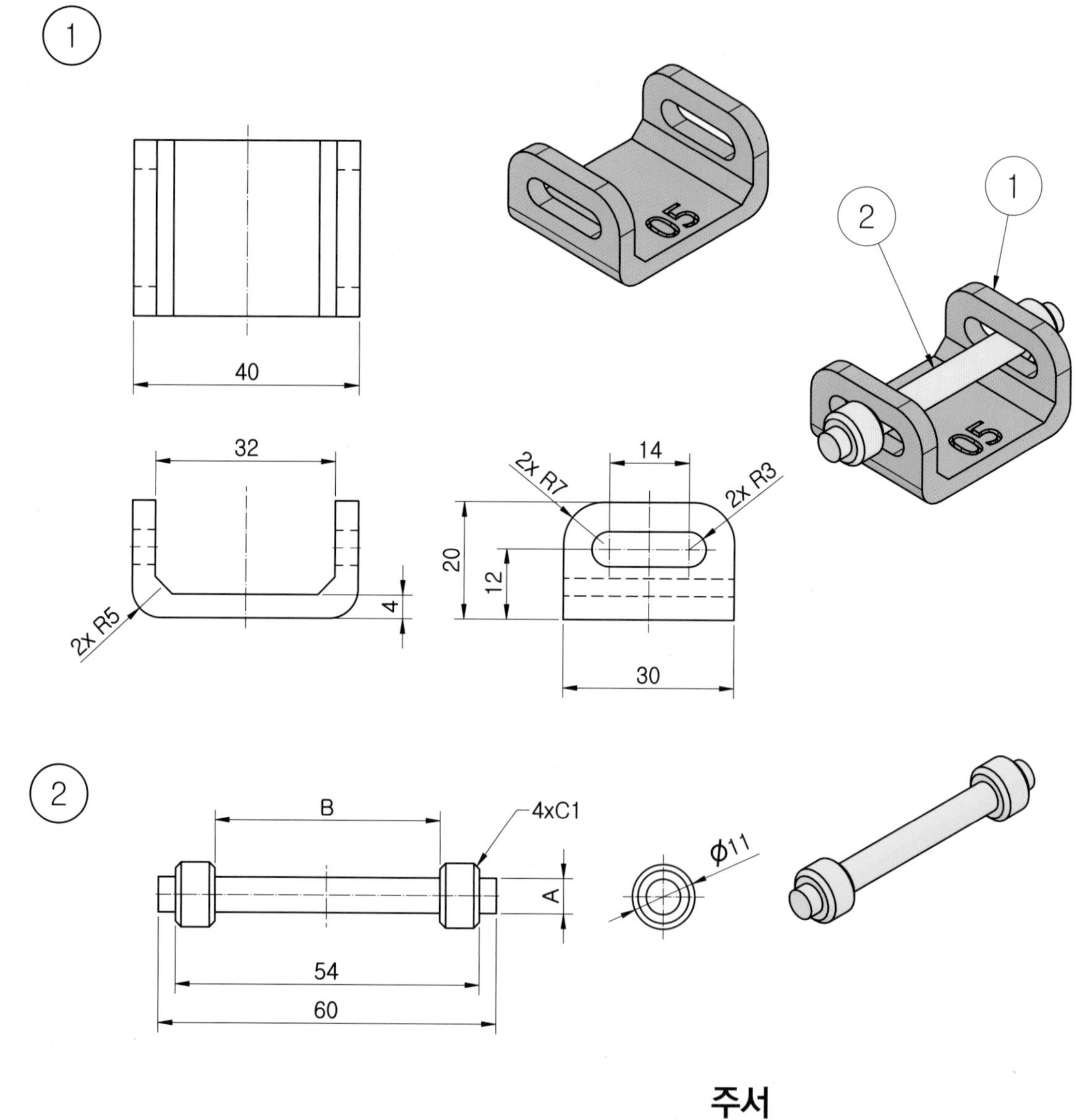

주서

도시되고 지시없는 모떼기는 C3

1 ①번 부품 모델링

01 정면도에 해당하는 XZ 평면에 다음과 같은 스케치를 작성합니다. (어느 평면에 작업하셔도 무방합니다.)

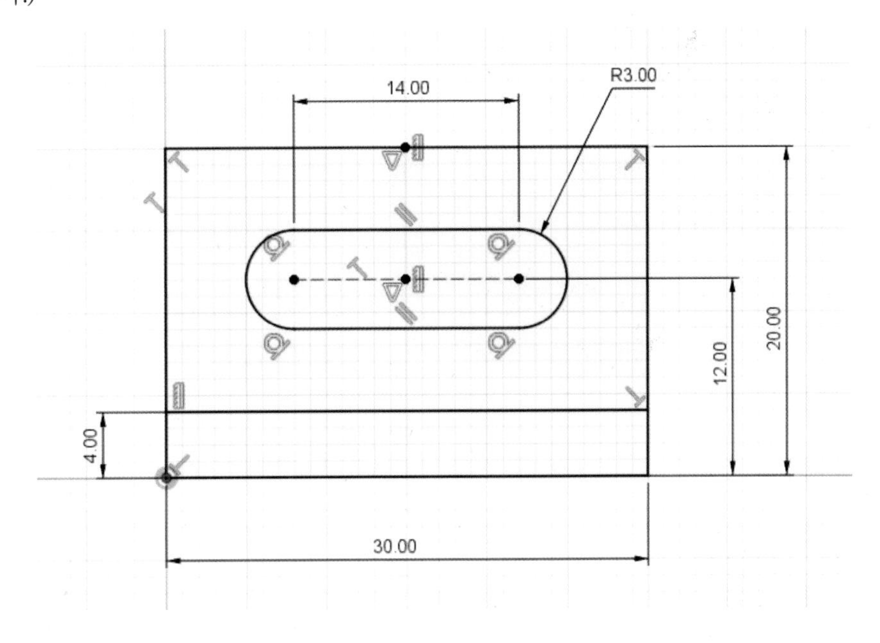

02 [돌출] 명령을 실행하고 다음과 같이 옵션 및 값을 입력하여 형상을 작성합니다.

· 방향 : 대칭 / · 측정값 : 전체 길이 / · 거리 : 40mm / · 생성 : 새 본체

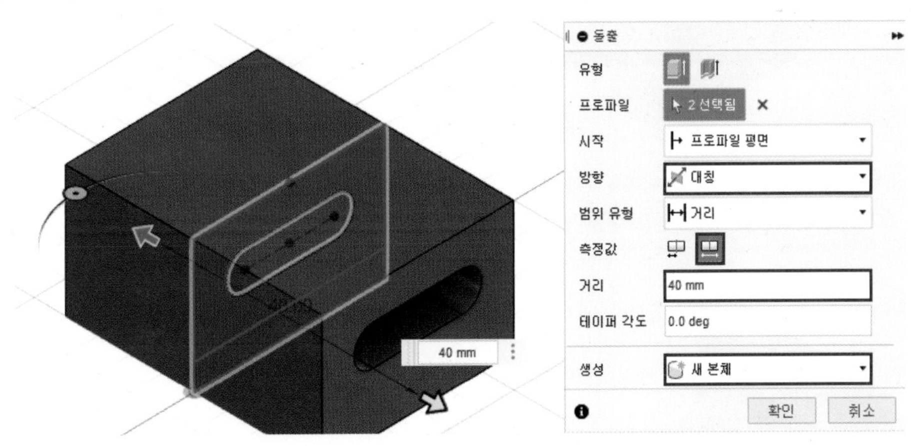

03 [돌출] 명령을 실행하고 다음과 같이 옵션 및 값을 입력하여 형상을 작성합니다.

· 방향 : 대칭 / · 측정값 : 전체 길이 / · 거리 : 32mm / · 생성 : 잘라내기

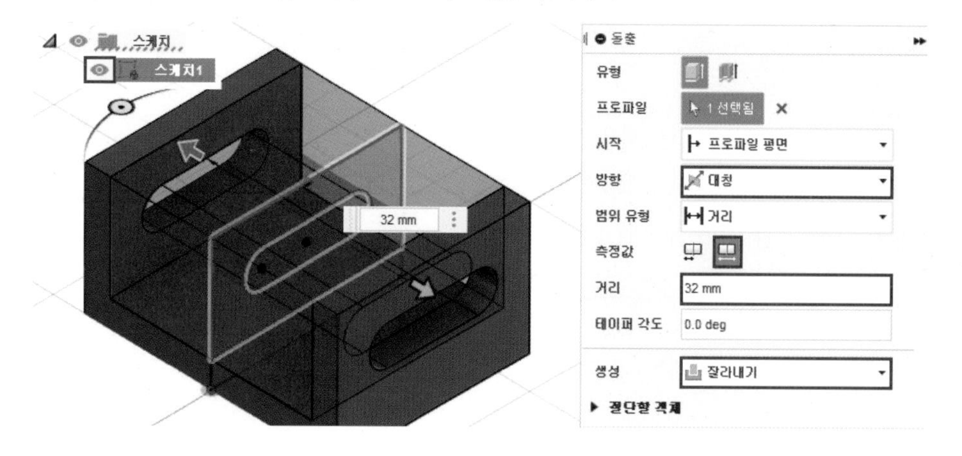

04 [모따기] 명령을 실행하고 선택한 모서리에 3mm의 모따기를 작성합니다.

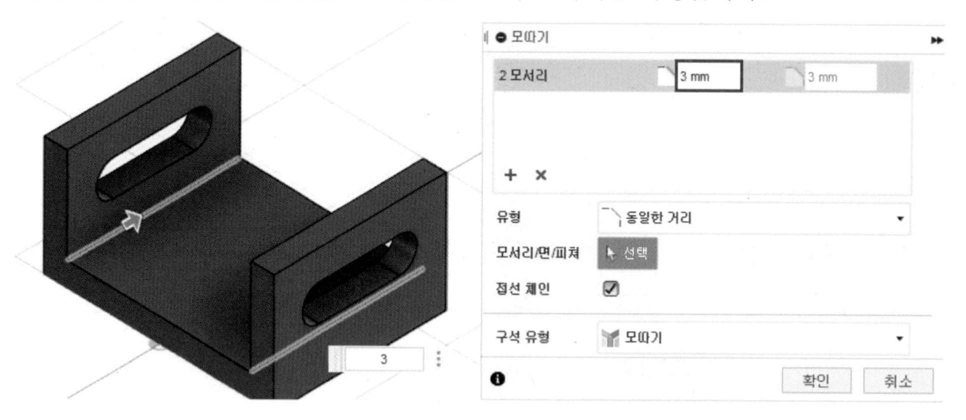

05 [모깎기] 명령을 실행하고 다음과 같이 선택한 모서리에 7mm의 모깎기를 작성합니다.

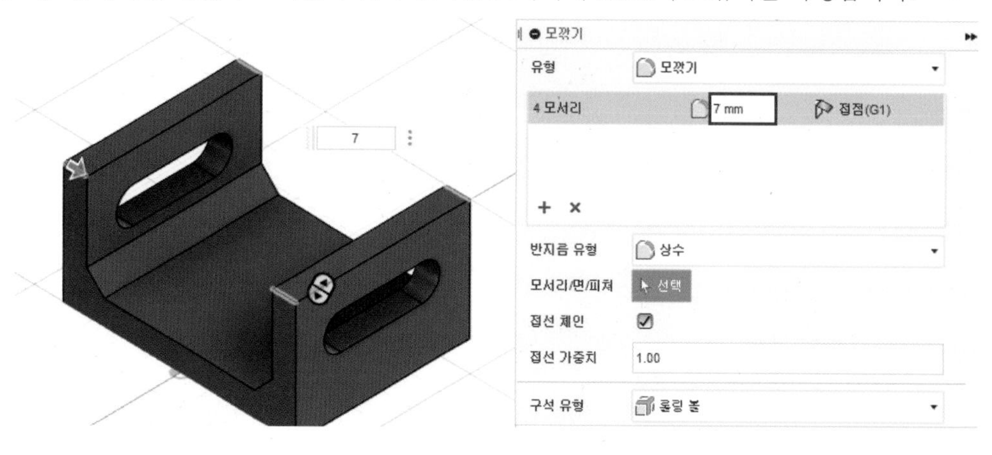

06 [모깎기] 명령을 실행하여 선택한 모서리에 5mm 모깎기를 작성합니다.

07 선택한 평면에 스케치를 작성하고 [문자] 명령으로 비번호를 작성합니다.

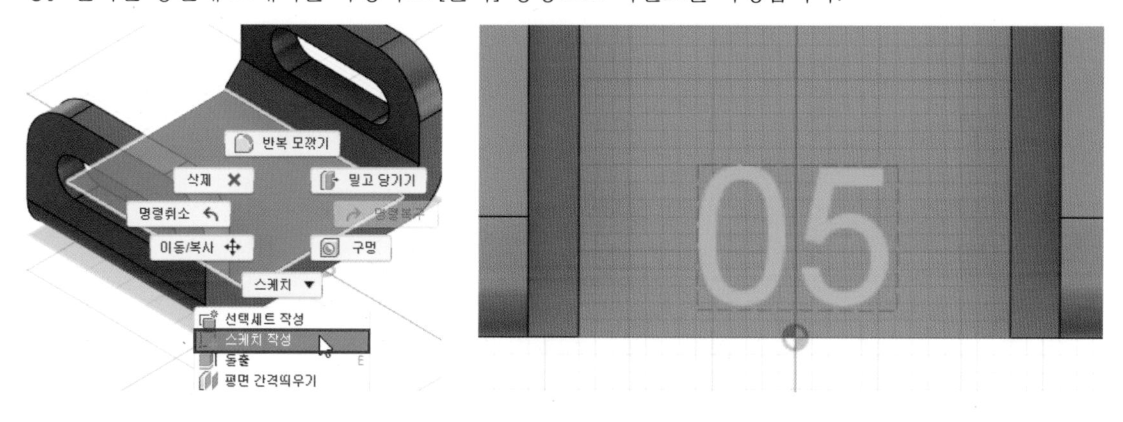

08 [돌출] 명령을 실행한 후 다음과 같이 옵션 및 값을 입력하고 형상을 작성하여 ①번 부품 모델링 작업을 완료합니다.

· 방향 : 한쪽 방향 / · 거리 : -1mm / · 생성 : 잘라내기

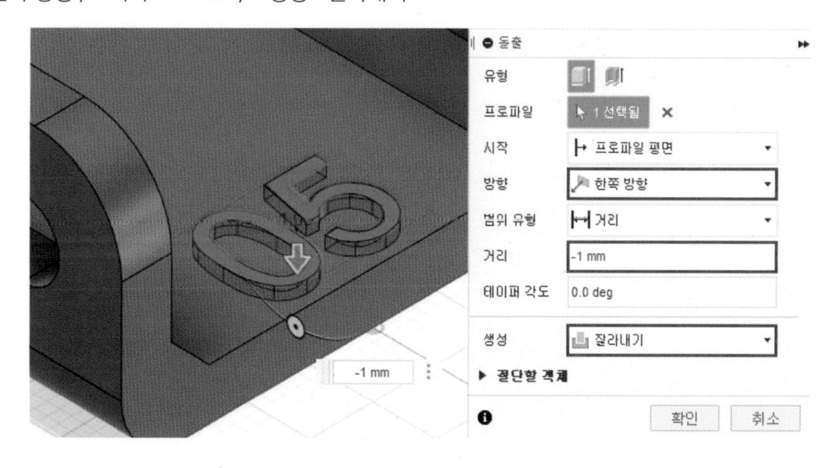

2 ②번 부품 모델링

01 정면도에 해당하는 XZ 평면에 다음과 같은 스케치를 작성합니다.

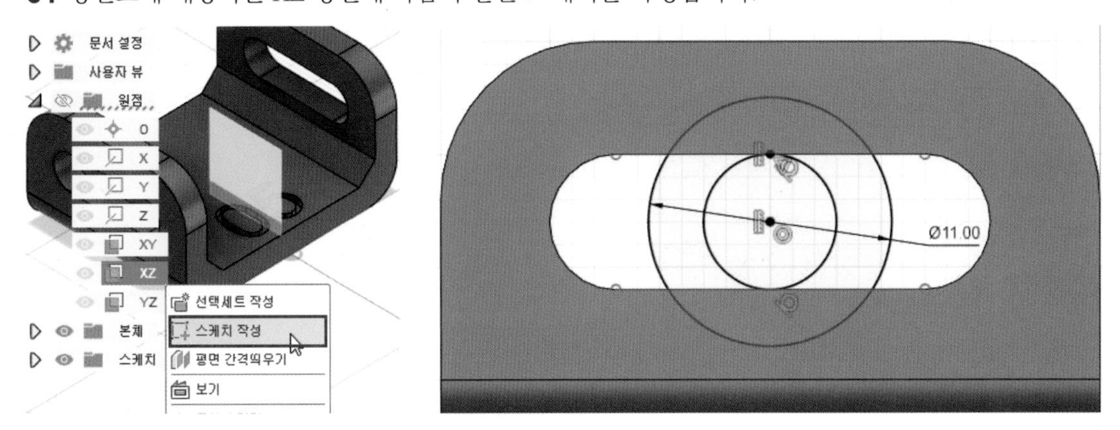

02 [돌출] 명령을 실행하고 다음과 같이 옵션 및 값을 입력하여 형상을 작성합니다. 이때, 본체 1은 가시성을 끄고 작업합니다.

· 방향 : 대칭 / · 측정값 : 전체 길이 / · 거리 : 60mm / · 생성 : 새 본체

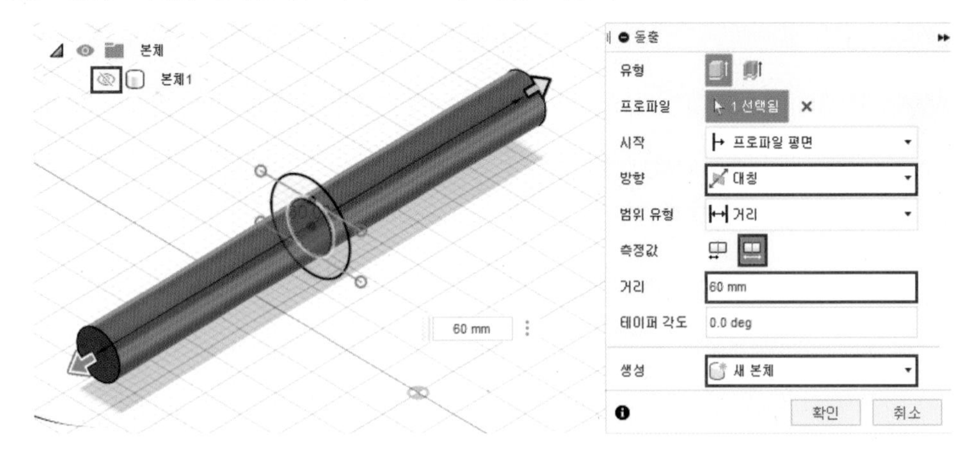

03 [돌출] 명령을 실행하고 다음과 같이 옵션 및 값을 입력하여 형상을 작성합니다.

· 방향 : 대칭 / · 측정값 : 전체 길이 / · 거리 : 54mm / · 생성 : 접합

04 [돌출] 명령을 실행하고 다음과 같이 옵션 및 값을 입력하여 형상을 작성합니다.

· 방향 : 대칭 / · 측정값 : 전체 길이 / · 거리 : 40mm / · 생성 : 잘라내기

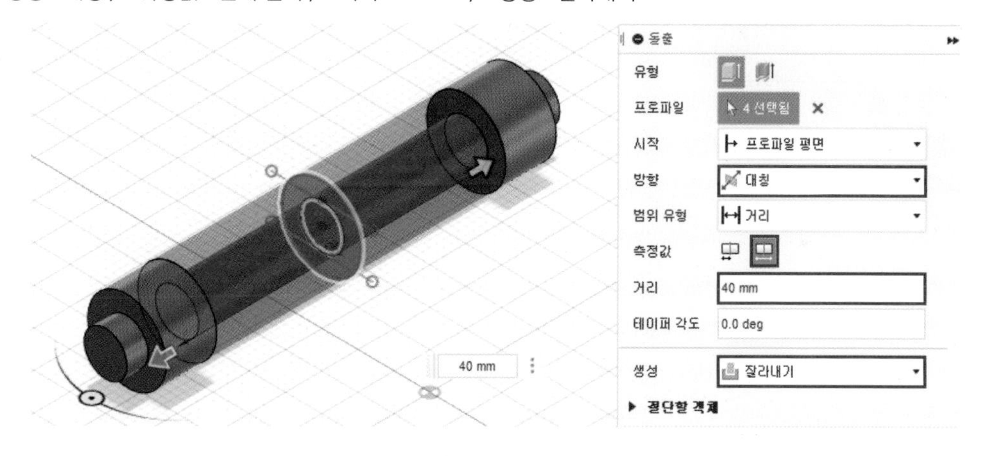

05 [모따기] 명령을 실행하고 선택한 모서리에 1mm의 모따기를 작성합니다.

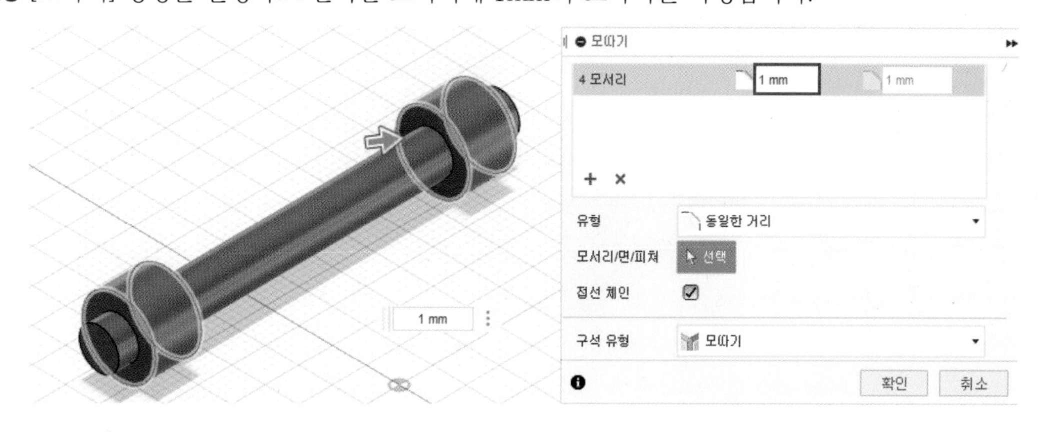

06 움직임이 발생하는 부위에 틈새를 주기 위해 [밀고 당기기] 명령을 실행하고 선택한 양쪽 원통면의 반지름을 -0.5mm 줄입니다.

07 [밀고 당기기] 명령을 실행하고 선택한 양쪽 면을 1mm 늘립니다.

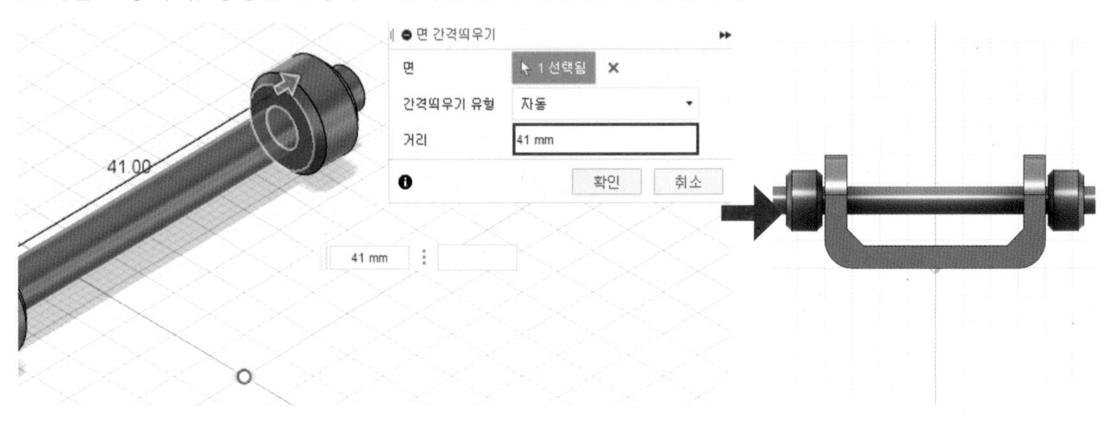

08 ①번과 ②번 부품 모델링이 완료되었습니다.

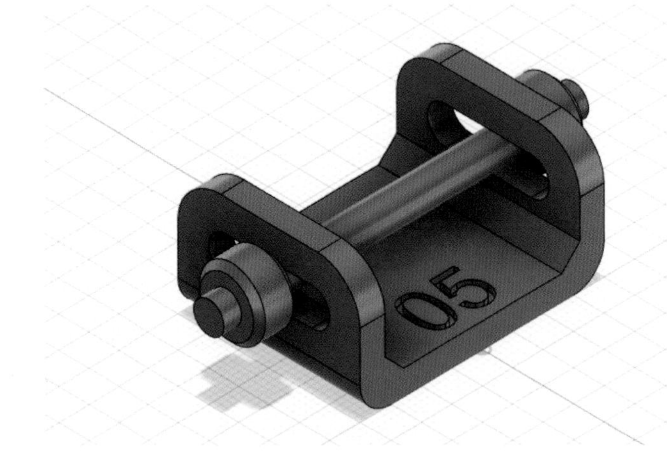